プラズマ工学の基礎

(改訂版)

赤﨑正則　村岡克紀
渡辺征夫　蛯原健治　共著

産業図書

改訂版への序文

「プラズマ工学の基礎」を著して15年以上が経過しました．この間，本書は幸いにも学生や一般の方々に好意をもって迎えられ，毎年増刷を行い，1999年3月には第13刷を行いました．これは，プラズマの利用が益々盛んになり，本分野の知識の必要性が高まったことの反映でしょう．

増刷の度に気がついた記述の誤りや誤値は正してきましたが，内容にわたる改訂を行ってきませんでした．しかし，日進月歩のプラズマ工学にあっては，本書の内容がかなり古くなり，時代に合わなくなっているのも事実です．この間，半導体製造を中心としてプラズマプロセスは大きく発展しましたし，プラズマディスプレイによるフラットパネルは大型壁掛テレビへの商品化がなされました．また，制御核融合に必要な臨界プラズマ条件が達成され，いよいよ核反応エネルギーの取り出しが話題の中心になりつつあります．

これら過去15年余の進展は，本書の中では主として第4章にかかわることですが，関連して，第3章に示したプラズマの性質についても記述の変更の必要が生じました．そこで，今回の改訂版では第3，4章はほぼ根本的に書き改め，他の章にも必要な記述の変更を行いました．第4章の改訂に際し多くの方々から図面や資料の提供をいただきました．それらは本文の図の説明等の中に記して出典を明らかにしました．同時に，中井貞雄教授，和田成伍博士，岡田龍雄教授，村上宏博士には関連する専門的な部分に目を通していただき，貴重なコメントをいただきました．記して感謝いたします．

改訂版「プラズマ工学の基礎」が現在のプラズマ研究・開発・商品化の状況を反映したものとなり，旧版にもましてプラズマに関心を持つ方々に役立つことを願っています．

平成12年7月

著　者

初版のまえがき

電離気体に「プラズマ」の名称が与えられてから半世紀以上になりますが，その性質を産業・工業の各分野へ利用しようとする動きは最近目覚ましいものがあります．

従来，大学，短期大学，工業高等専門学校ではプラズマの工業的応用について，電気系学科では放電・高電圧工学の一部として，機械系および航空・宇宙系学科では流体力学・熱力学の一部として，化学系学科では高温熱源・反応論の一部として，さらには原子力系学科では核融合論の一部として取り扱われてきました．しかし，それら各分野にまたがった内容を，「プラズマの性質の把握と，それを活用しての産業への応用」を主旨とする**プラズマ工学**として，学問的に再編成することの必要性が痛感され，独立した科目としてカリキュラムに取り入れる学科も増えてきています．

本書は，このような工学系学科でのプラズマ工学の講義のために構成したもので，プラズマの産業への応用（4章）の立場を明確にし，それを中心としてプラズマの生成法（2章），プラズマの性質（3章），およびプラズマの諸パラメータの計測法（5章）の各項目について述べています．従来のプラズマの教科書の多くが，物理的発想に立って書かれていたため現象の記述が中心になり，プラズマ工学としての全体像をつかむには読者ひとりひとりが内容の再構築を迫られていたのに対し，本書では工学系学生および現場技術者・研究者が興味をもち，あるいは直面しているプラズマの応用を理解するための基礎を重点に説明しています．

プラズマの性質を理解するためには，電磁気学，流体力学，統計熱力学など幅広い基礎的素養が必要ですが，本書ではできるだけそのような基礎知識を予想しないで記述しました．特に，中心になる4章はそれだけでも理解できるような内容になっています．4章の勉強の結果，プラズマの新旧応用分野の拡が

りに触発されて，他の章の内容とのつながりが理解できるようになればプラズマ工学の体系の掌握は目前です．工学とは，本来そのような応用分野に必要な基礎学問を再編成し直して体系化し，さらにはそのような学問分野を形成するものなのです．

本書が，プラズマの工学的応用に関心をもつ方々に役立つことを願っています．

本書で使用した単位系は，SI 単位に統一しました．また用語については，多くを慣例に従いました．たとえば，工学系の学会ではレーザーをレーザとしたり，さらにはエネルギーをエネルギと表記するよう決めている例などもありますが，それらは各学会で必ずしも統一されておりませんので，本書では一般の新聞，科学雑誌での常識的用語を使用しました．

本書を執筆するに当たり，産業図書編集部の戸崎勝義氏には絶えざる激励・鞭撻をいただきました．記して感謝いたします．

昭和59年9月

著　者

目　次

1. プラズマ工学とは …………………………………………………… 1
   1.1 プラズマ研究の歴史的発展 ……………………………………… 1
   1.2 プラズマ状態 ……………………………………………………… 4
   1.3 プラズマ物理学 …………………………………………………… 6
   1.4 プラズマ工学の構成 ……………………………………………… 8

2. プラズマの生成 ……………………………………………………… 11
   2.1 荷電粒子の発生と消滅 …………………………………………… 11
   2.2 荷電粒子群の生成と消滅 ………………………………………… 25
   2.3 気体のプラズマ化の方法 ………………………………………… 41
       演習問題 ……………………………………………………………… 43

3. プラズマの性質 ……………………………………………………… 45
   3.1 プラズマ状態の特徴 ……………………………………………… 45
   3.2 単一粒子として取り扱える場合 ………………………………… 50
   3.3 連続体として取り扱える場合 …………………………………… 69
   3.4 プラズマ中の波動現象 …………………………………………… 97
   3.5 プラズマにおける電磁波現象 ………………………………… 114
   3.6 プラズマ現象 …………………………………………………… 131
       演習問題 …………………………………………………………… 150

4. プラズマの応用 …………………………………………………… 153
   4.1 プラズマプロセス ……………………………………………… 153
   4.2 電磁波への応用 ………………………………………………… 185

4.3 プラズマの運動エネルギーの利用 …………………………………… 200
4.4 制御熱核融合 ………………………………………………………… 209
　　 演習問題 ……………………………………………………………… 234

5. プラズマ計測 ……………………………………………………… 237
5.1 電気的計測 …………………………………………………………… 238
5.2 探針測定 ……………………………………………………………… 243
5.3 電磁波計測 …………………………………………………………… 252
5.4 粒子計測 ……………………………………………………………… 272
　　 演習問題 ……………………………………………………………… 277

付　録 ……………………………………………………………………… 279
1. 参考書 ………………………………………………………………… 279
2. 物理定数 ……………………………………………………………… 280
3. 単位換算 ……………………………………………………………… 280
4. プラズマの基本諸量 ………………………………………………… 281
5. 演習問題解答 ………………………………………………………… 283

索　引 ……………………………………………………………………… 285

1. プラズマ工学とは

1.1 プラズマ研究の歴史的発展

プラズマの研究は18世紀末から放電,雷などとの関連で始められたが,19世紀の揺らん期を経て,20世紀とくに第二次大戦後爆発的な進展を見せて,現在に至っている.それは,いわば山間の小渓が地の利,時の勢いを得て,大奔流となるもののようである.現在この勢いはますます加速され,プラズマの性質を応用する「プラズマ工学」がどのような学問の大河になるか予測が困難なほどであるが,まず現在までの流れを振り返ってみるのは有益であろう.

放電プラズマ 古来,各種の電気現象は科学者の興味深い研究対象であり,当初は電磁力や発光を仲介にして,プラズマ現象の解明が行われた.例えば,フランクリン(B. Franklin, 1706-1790)は雷雲中に針金を糸にした凧を上げて,その針金と大地間の空気中での火花放電を起し,それよりわずかに遅れてイギリスで電池による気中放電が発明された.つづいて,ファラデー(M. Faraday, 1791-1867)やクルックス(W. Crookes, 1832-1919)は,低圧放電によって生成される気体が従来の物質にない性質を備えていることに興味をもち,この研究はトムソン(J. J. Thomson, 1856-1940)やタウンゼント(J. S. Townsend, 1868-1957)に引き継がれた.

その後,アメリカのG. E. 社の研究員ラングミュア(I. Langmuir, 1881-1957)は,低圧放電の際発生した気体中に特有の振動が生じていることを発見して,プラズマ振動(plasma oscillation)と名付けた.このラングミュアの研究以降電離気体についての体系的な研究が進められ始め,プラズマの名称も普遍的に用いられるようになった.このように,放電発生の機構やプラズマの

固定振動の知識は現在のプラズマ工学体系の基礎をなすものである．

自然界プラズマ　太陽をはじめとして，宇宙の大部分は電離気体よりなり，人間はこれらの自然界プラズマの示す様々な神秘的振舞を観察してきた．太陽黒点(sun spot)，太陽面爆発(solar flare)や，地球上でみられるオーロラ(aurora)，稲妻(lightning)とそれに伴う雷(thunder)などである．また，電離層(ionosphere)やバンアレン帯（Van Allen belt）が，太陽から放射される太陽風（solar wind）というプラズマ流と地磁気とが作用する結果生ずるものであることが明らかになり，電離層は短波通信などにも利用されている．

天体物理学者であるインドのサハ（M. Saha, 1893-1956）やスウェーデンのアルベーン（H. Alfven, 1908-1995）らの研究，すなわち前者の熱平衡状態にあるプラズマの平衡組成に関する理論と，後者の磁界中にあるプラズマの運動を取り扱う電磁流体力学(magneto-hydrodynamics, MHD)の理論は，現在の核融合研究やMHD発電のプラズマ工学研究上重要な役割を果している．

核融合プラズマ　「星のエネルギーを地上で実現する」ことを目標に1940年代後半より核融合研究開発が始められ，これはまず水素爆弾という不幸な形で実現した．その後，人類のエネルギー源を目指した制御熱核融合(controlled thermonuclear fusion)の研究が1950年代より本格化した．当初のプラズマ閉じ込めに関する困難もプラズマ物理学および技術の発展により順次克服され，今後一世代以内に人類はこの究極のエネルギー源を手に入れることができると期待されている．この核融合プラズマ実現に際して，プラズマの電磁界中の振舞，電磁波の放射・吸収，さらにはプラズマ基礎過程を解明する上で必要な分子・原子・イオンの諸断面積などに関して莫大な知識が得られ，それらはプラズマ工学の体系を構成する中核的役割を果たしている．

機能性薄膜形成　ミクロン以下の寸法の微細加工を行わせるプラズマエッチングやプラズマ中の反応により形成された活性分子種（radical）の表面への堆積などは今や**集積回路**（integrated circuit, IC）の形成プロセスとして不可欠の確固たる地位を占めている．そのほかに超伝導薄膜やアモルファス太陽電池形成など各種の高機能性薄膜形成のためのプロセス，さらには表面の親疎水性制御などを通じての表面機能化プロセスなどが開発されつつある．これら研究開発の進展のニーズが，特に最近10年余で熱非平衡のプラズマの発生および制御法における

大きな発展の駆動力となっている．これらについては，第3，4章で詳しく述べる．

レーザー　レーザーのプラズマ工学への影響は二方向から考えることができる．一つはヘリウムネオンレーザー，炭酸ガスレーザー，アルゴンイオンレーザーなど，気体レーザーの発振に放電現象を利用してのエネルギー注入を行うので，その際，最も効率よくレーザー発振させるための放電制御の必要性からプラズマ工学に新しい領域が開けつつあることである．他方は大出力レーザーを用いて非常に短時間（1ナノ秒程度）に固体を高温プラズマ化し，それにより制御核融合を起させようとする試みを可能にしたことである．これら気体レーザー発振のための放電制御技術およびレーザー核融合は，プラズマ工学の不可欠の分野を形成するものとなりつつある．

光の利用　身近なものでは放電プラズマを用いる蛍光灯による照明やネオンサインなどの表示灯，さらには複写機の光源や半導体プロセスでのリソグラフィ光源など，プラズマからの光放出過程を利用する分野は列挙するいとまがないほどである．最近ではこれに加えて，大型壁掛テレビとして**プラズマディスプレイパネル**（plasma display panel, PDP）が開発され普及され始めた．これは0.2mm程度の放電セル100万個程度を平面に配置して，その点滅による紫外線の発生で蛍光体を発光させて画像を作るもので，対角1m以上の大画面の高品位(high precision)テレビを厚さ100mm以下で実現している．PDPの長寿命化，高効率化および高輝度化への要請から，マイクロ放電(micro-discharge)研究が盛んになりつつある．

その他MHD発電など　プラズマを磁界中に直角に流すことにより，磁界と流れの両方に直角方向に起電力を生ずる**電磁流体力学**（magnetohydrodynamic, MHD）発電や，宇宙ステーションの位置・姿勢制御に用いられる宇宙推進機などの開発が進められつつある．

以上，極めて広範な広がりをもつプラズマ工学の構成を模式的に図1.1に示す．同図より放電，自然界プラズマ，天体プラズマ現象および統計・熱・物性物理学を根として，プラズマ工学の大幹が育ち，各応用分野の花を開き，またこれから開こうとしている様子が読み取れるであろう．また，これら応用分野

での必要性が根の滋養分となり，それら基礎学問を幅広く豊かなものにもしているのである．

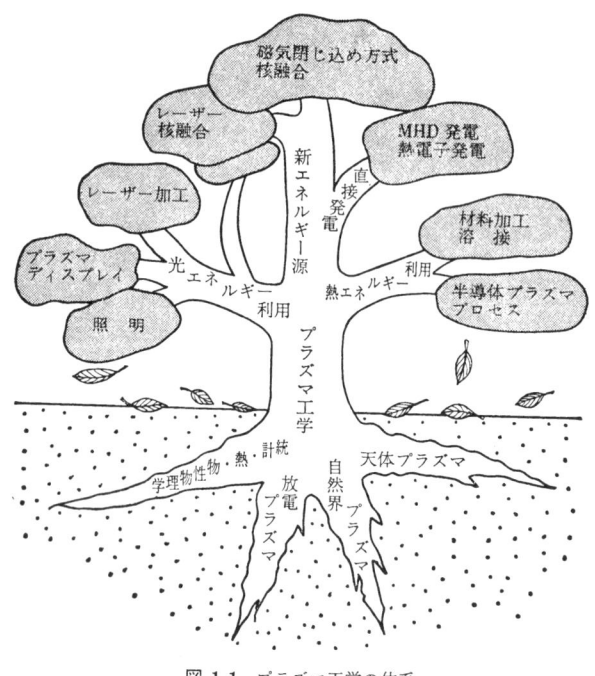

図 1.1　プラズマ工学の体系

1.2　プラズマ状態

我々が日常身近に接する物質は固体，液体，気体のいずれかの状態にあり，それら状態の基本的構成要素は原子，または原子がいくつか集まった分子ないし化合物である．ところが，プラズマでは原子・分子・化合物を構成する電子が，核の束縛から離れて自由に動きまわれる状態にある．すなわち，プラズマは負に帯電した電子と，正に帯電したイオン*の集合体により構成されている．

物質をプラズマ状態にするには，原子核に束縛されている電子にエネルギーを与えて，その束縛から解き放たなければならない．それは丁度常温常圧では固体状態の物質にエネルギーを与えて高温にすれば，溶解して液体状態にな

---

*　原子・分子に電子が付着したことによる負イオンもあるが，本節では考えない．

り，さらにエネルギーを与えて高温にすれば蒸発して気体状態になる次の段階として，よりエネルギーの高い状態と考えることができる．この間の遷移の様子は，最も身近な氷—水—水蒸気の変化を考えれば理解できるであろう．1気圧下の水は，0℃以下では氷という固体状態(solid state)にある．そこでは水を構成する基本要素である H_2O の個々の分子はお互いのポテンシャルエネルギーで結晶構造の決められた場所に固定されており，この決められた場所を中心にして，わずかの振幅の運動をしているだけである．氷の温度を上げると，熱運動の振幅は次第に大きくなり，H_2O 分子はお互いのポテンシャルエネルギーで決められた位置に固定されなくなる．その点が1気圧下では 0℃ であり，氷から水への遷移が起ったのである．これを通常，融解(melting)と呼ぶ．0℃の氷から水への遷移に際して，融解熱と呼ばれるエネルギーを要する．0〜100℃間では，水と呼ばれる液体状態(liquid state)にある．液体では固体の時ほどには H_2O 分子間の相対的位置が固定していないが，まだお互いに近接した位置にあるので，熱運動による運動エネルギーよりポテンシャルエネルギーによる力が大きく，個々の分子がそれぞれ独立に運動できる状態ではない．ところが，水の温度を徐々に上げると分子の運動エネルギーが十分大きくなり，その表面から他の分子の束縛を振り切って飛び出すものが現れてくる．この点が1気圧下では100℃であり，水から水蒸気への遷移，すなわち蒸発(vaporization)ないしは気化(gasification)が起ったのである．100℃の水から100℃の水蒸気への遷移に際しては，蒸発熱ないし気化熱と呼ばれるエネルギーを要する．水蒸気という気体状態(gaseous state)では，H_2O 分子はそれぞれに熱運動で直線運動をし，他の分子または固体，液体と衝突した時のみ，その方向および速度を変える．水蒸気の温度を上げれば2000℃程度までは熱運動速度が大きくなるだけであるが，それを越えると熱運動速度が十分大きくなり，H_2O 分子同志の衝突に際して $H_2O \longrightarrow H+OH$，さらには $2H+O$ などの形で構成分子に破壊されるようになる．この破壊過程を解離(dissociation)といい，その際に要するエネルギーを解離エネルギーという．解離した気体の温度をさらに上昇させると，原子の熱運動による運動エネルギーはますます大きくなり，数千℃になると原子同志の衝突に際して，例えば $H \longrightarrow H^+ + e^-$ の形で原子がその構成要素である電子とイオンに破壊されるようになる．この破壊

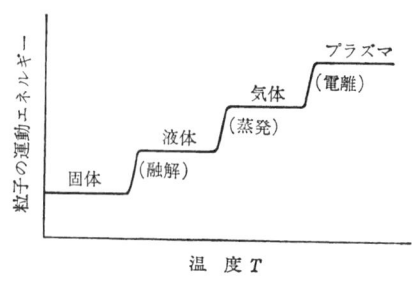

図1.2 物質の四態

過程を電離 (ionization) といい，その際に要するエネルギーを電離エネルギーという．以上の様子を示せば，図1.2のようになる．この図は，単位体積の氷にエネルギーを与えていけば温度の高い氷になり，次いで融解を経て水となり，さらには蒸発を介して水蒸気となり，また解離を経てH，O原子よりなる気体となり，遂に電離を経てH，Oのプラズマ状態になることを示している．水蒸気と，H，Oなどの原子からなる気体は基本的に同じ性質を示すので，ひとまとめにして気体と考えれば，プラズマ状態は固体，液体，気体に続く，よりエネルギー状態の高い物質の**第四状態** (the fourth state of matter) と考えることができることが明らかであろう．

それでは，どの程度の電離が生じた気体をプラズマというかが問題になるが，それには明確な境界はない．物質が「プラズマ状態にある」というとき，それは電離の程度でいうのではなく，その振舞，性質が，後に示す気体とは違ったプラズマの際立った特徴を示す時に用いる言葉だと考えた方がよい．

さらには，図1.2において，氷―水―水蒸気への遷移に際してのエネルギーの与え方として，電熱線などによる加熱法を用いればよいが，解離，さらには電離するような温度では電熱線自体が蒸発してしまうので，他のエネルギー注入法を考えねばならない．その最も簡単な方法は放電によるものであるが，これらについては2章で述べる．また，物質をプラズマ状態にするに必要なエネルギーは，対象とする原子の元素によって異なる．それは丁度固体の融解熱，液体の気化熱が物質により異なるのと同じ事情にある．

1.3 プラズマ物理学

プラズマ状態は，物質の三態に続く第四態と看做せることを示した．物質の三態のそれぞれについて，一般的性質を明らかにする学問をそれぞれ固体物理

学(solid state physics),液体物理学(liquid state physics)および気体物理学(gaseous state physics)と呼ぶが,それに引続き,プラズマ状態にある物質のもつ一般的性質を明らかにしようとするプラズマ物理学(plasma physics)と呼ばれる分野が最近20〜30年で確立されつつある.プラズマ工学は,プラズマ状態にある物質の性質を有効に利用しようとするものであるから,その研究に際してはプラズマ物理学の知識は不可欠のものである.

プラズマの振舞を特徴あるものにしているのは,基本的には

(1) 電子とイオンは電荷を帯び,その間の相互作用は遠達力のクーロン力であること.

(2) 電子とイオンの大きな質量の違いと,それにも拘わらず電荷量は同程度であること.

に起因する.(1)の特性により,プラズマが導電性を帯び,導体と考えられると同時に,プラズマ中では粒子の相互作用は一時に多数のものが関与する「多体問題(many-body problem)」となり*,プラズマの運動を気体状態のものとは際立って異ならせている「集団運動(collective behaviour)」を引き起させる.ここでは他の多数の粒子の影響下での個々の粒子の運動と,その個々の粒子の集合により決まる全体の電磁場との,いわばプラズマ構成粒子の「個別性(individuality)」と「集団性(collectiveness)」が密接に絡み合って極めて特徴ある振舞を示す.また,(2)の特性によって,電子群とイオン群とは際立って異なった振舞を示す.例えば電界による電子とイオンの加速の程度が異なり,また電子とイオン間の衝突でのエネルギー移動は小さいので,プラズマに電界を加えた場合,電子群がイオン群より高エネルギー状態になりやすい.そのことからプラズマ中では,電子とイオンでは異なる二温度を定義しなければならなくなることが多い.また,電子とイオンの質量の違いにより種々の振動の固有振動数に大きな差が出ることから,電子群,イオン群単独にも,またこれらが結合した形ででも,さらには外部から印加した電磁界と結合しても,極めて多くの様式(mode)の振動,波動が誘起されうる.これらのことから,プラズマは「波動の宝庫」と呼ばれ,波動力学(wave mechanics)の立場からも関

---

* 気体中の原子の相互作用は,ビリヤード球の衝突のように一時には2個の間のものしか考えなくてよい.

心を集めている.

　以上,電子とイオンのもつ基本的特性(1),(2)からもたらされるプラズマの種々の興味ある性質は,多数の粒子群の個々の性質から全体としての振舞を帰納しようとする統計物理学(statistical physics)の一分野としてのプラズマ物理学の課題であるが,逆にプラズマ工学の立場から,実用上目標とする状態へプラズマを制御する必要性がプラズマ物理学へ新たな課題を提供してきた.過去20年に亘るプラズマ物理学の爆発的ともいえる発展は,主としてエネルギー源としての**制御熱核融合**(controlled thermonuclear fusion)に必要なプラズマを実現するための対策を考える過程で,プラズマの基本的性質に関する知識が不可欠になり体系化がもたらされたものである.現在ではこのようにして得られた知識は,制御熱核融合への応用のみならず,他の広い工学領域の研究へ拡大され,**プラズマ工学**(plasma engineering)と呼ぶにふさわしい体系を整えつつある.

1.4 プラズマ工学の構成

　以上述べてきたところから明らかなように,固体,液体,気体に続く第四態としてのプラズマが,人間生活,特に産業活動において物質の他の三態と同等の重みを担うようになったのは,近代科学技術の革新により,高エネルギー密度発生が可能となり,また得られたプラズマの新しい利用法の開発が進められた結果である.前者すなわち高エネルギー密度発生技術としては,高速大電流の放電・制御技術,電子・イオンビームおよび大出力レーザービームの発生技術,高密度燃焼技術などが挙げられよう.また,後者すなわちこれらの技術によって得られたプラズマの新しい利用法としては,制御核融合,MHD発電などエネルギー源開発に関連したもの,固体材料の高速精密切削・溶接,プラズマエッチングなど新加工法の開発に関連したもの,気体レーザー,電気開閉器,UHV送電における絶縁設計など高電圧・放電応用機器の改良に関連したものがある.これらプラズマの発生技術と新応用技術は,いわば車の両輪のように一方の進歩が他方の飛躍を招く,という形で近年目覚ましく発展し,学問的には「プラズマ工学」という新しい分野を形成するものとなり,その内容は

1.4 プラズマ工学の構成

日々豊かになりつつあると言っても過言ではない．プラズマ工学とは，各利用法の目的に適うプラズマを高エネルギー密度発生技術を駆使して生成する方法を体系化し，さらに開拓する学問であるということができる．

以上を背景として，本書では，2章でまず原子，分子に電離を起させるに必要な条件と，気体中で電離が多数起ってプラズマへ移行する条件について述べる．

次いで3章では，そのようにして得られたプラズマの性質を示す．これは上述の1.3節の内容に当るものであるが，この中で直接プラズマ工学と重要な関連があるもののみを抽出して述べたものである．

4章では，プラズマ工学の中心的課題であるプラズマの応用について述べるが，その際応用されるプラズマの性質により分頒し，説明している．

プラズマを実用に供しようとするとき，実現されているプラズマの諸パラメータを実測することが，性能改善または新利用法を考えるための基本となる．ところが，プラズマは物質の三態よりエネルギーが高い状態にあるため，例えばセンサーをこの中に挿入して温度，圧力などを測るのは不適当なことが多い．そこで，電磁波や粒子線を用いたプラズマ計測に特有の技術が発展させられ，**プラズマ計測学**または**プラズマ診断学**(plasma diagnostics)という分野を形成しつつある．5章では，この概要を述べる．

以上のように，プラズマ工学は4章に示す内容のものであるが，そのための基礎となる2，3章および応用上の基盤となる5章の知識が一体となって，将来の発展に役立つものとなる．また本書で4章に記述した内容に限らず，3章のプラズマの性質をうまく利用して，将来新しい応用分野が開け，プラズマ工学の内容がより豊かになることも十分期待されるのである．

2. プラズマの生成

　常温常圧での物質の三態の構成要素は，原子，分子であるから，気体状態からプラズマ状態にするには，まず原子，分子から電子を引き離すこと，すなわち電離を起させることが必要である．本章では，電離に必要なエネルギーと，電離が進んでプラズマ状態へ近づくための条件，およびそのエネルギーの与え方について述べる．

2.1 荷電粒子の発生と消滅

2.1.1 電離に必要なエネルギー

　原子核に束縛された電子を，その束縛から解放するに必要なエネルギー，すなわち電離エネルギーを，原子構造の一番簡単な水素について考える．以下，直観的イメージをもちながら議論を進めるため，前期量子論の立場で記述する*．水素は，図2.1に示すように，1個の陽子よりなる原子核**と，そのまわりを周回する電子で構成されている．電離エネルギーを求めるには，電子を原子核から無限遠の距離まで持ち去るために必要なエネルギーを求めればよい．ボーア（N.

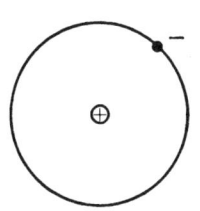

図2.1 水素原子の構造（＋：陽子，－：電子）

　＊　現在では，波動力学を基にした首尾一貫した量子力学が完成されており，それについては多数の成書が著されている．しかしプラズマ工学を理解する上では，前期量子論による計算およびイメージが有用であり，また普通それで十分である．

　＊＊　水素には，原子核に陽子以外に1個の中性子をもつ重水素（deuterium）および2個の中性子をもつ三重水素［またはトリチウム（tritium）とも呼ばれる］がある．これらは水素原子の同位体（isotopes）と呼ばれ，4章で述べるように，制御熱核融合において燃料となる重要な元素である．

Bohr, 1885-1962)の量子仮説*によれば,

(i) 原子内の束縛電子は,古典力学および静電気学の法則に従い,ある定まった軌道上を定常的に運動し続ける.

(ii) その軌道は,次の量子条件を満たすもののみ実現可能である.

$$\oint p dq = nh \tag{2.1}$$

ここでpは運動量, qは座標であり, nは自然数($n=1, 2, 3, \cdots$), hは6.63×10^{-34} J·s という値をもち, **プランク定数**と呼ばれる. この仮説に従えば, 図2.2 に示すように, 原子核を原点とした座標系において電子の軌道半径をr, 角周波数をω, 原子核と電子のもつ電荷をそれぞれe, $-e$として, (i)より

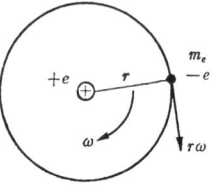

図 2.2 束縛電子運動

$$m_e r \omega^2 = \frac{e^2}{4\pi\varepsilon_0 r^2} \tag{2.2}$$

となる. また$p=m_e r\omega$, $dq=rd\theta$ であるから, (ii)より

$$\oint p dq = \int_0^{2\pi}(m_e r\omega) r d\theta = 2\pi m_e r^2\omega = nh \tag{2.3}$$

が得られる. 式(2.2), (2.3)からωを消去すれば

$$r = \frac{n^2 h^2 \varepsilon_0}{\pi m_e e^2} \tag{2.4}$$

となり, $n=1$では

$$r_1 = \frac{h^2 \varepsilon_0}{\pi m_e e^2} = 0.53\times 10^{-10}\text{m} \equiv a_0$$

また一般には, 式(2.4)に対応するrをr_nとすれば$r_n=n^2 a_0$となる. このa_0を**ボーア半径** (Bohr radius), $\pi a_0^2 = 0.88\times 10^{-20}\text{m}^2$ を**ボーア断面積**と呼び, 原子の諸断面積を求める際の基準とすることが多い**.

次に$r\to\infty$の時の電子のポテンシャルエネルギーを基準として0とすると, 電子の全エネルギー(運動エネルギー+位置エネルギー)は

---

* 仮説とは証明できるものではなくて,「このように考えれば,観測されている事実がすべて合理的に説明できる」という,いわばすべての議論の出発点となるものである.古典力学におけるニュートンの仮説を考えれば,その事情はよく理解されるであろう.

** これから,電子の軌道の位置は,原子核の寸法 (10^{-14}m 程度) より四桁程度大きいので, 図2.2 のような質点の運動として取り扱えることを示唆している. また,後に示すように,原子同志の衝突断面積を決めるのは,この原子内電子の軌道運動の半径である.

2.1 荷電粒子の発生と消滅

$$E = \frac{1}{2} m_e (r\omega)^2 - \frac{e^2}{4\pi\varepsilon_0 r} \tag{2.5}$$

である．また，r_n に対応する E の値を E_n と書けば

$$E_n = -\frac{m_e e^4}{8\varepsilon_0^2 h^2} \frac{1}{n^2} \tag{2.6}$$

となり，$n=1$ では

$$E_1 = -\frac{m_e e^4}{8\varepsilon_0^2 h^2} = -2.168 \times 10^{-18} \text{ J} \tag{2.7}$$

である．また，$E_n = E_1/n^2$ となる．式(2.7)より，電子のもつエネルギーとして J は余りにも大きな単位なので，その代わりに電子ボルト (eV) という単位がよく用いられる*．それによれば

$$\left. \begin{array}{l} E_1 = -13.6 \text{ eV} \\ E_2 = -\ 3.4 \text{ eV} \\ E_3 = -\ 1.5 \text{ eV} \\ \vdots \end{array} \right\} \tag{2.10}$$

となる．この各電子軌道に対する全エネルギーをまとめれば，図 2.3(a) のようになる．

以上より，原子内に束縛された電子は，任意の軌道 r およびエネルギー E をもつことはできず，$n = 1, 2, 3, \cdots$ などで決ま

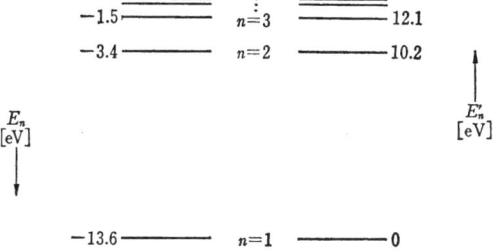

(a) $r=\infty$ の電子の位置エネルギーを 0 とした場合　　(b) 基底状態($n=1$)のエネルギーを 0 とした場合

図 2.3　水素のエネルギーレベル

るとびとびの (discrete) 値しかもてない．これら n により決まるエネルギー状態を **エネルギー準位** (energy level) という．特に $n=1$ は最もエネルギー値の低い状態なので，**基底準位** (ground level) または **基底状態** (ground

---

* 1eV は，電子が 1V の電圧で加速された時に得る運動エネルギーとして定義され

$$\frac{1}{2} m_e v_e^2 = e\phi \tag{2.8}$$

において，$e = 1.60 \times 10^{-19}$C, $\phi = 1$V とすれば

$$1\text{eV} = 1.60 \times 10^{-19} \text{J} \tag{2.9}$$

となる．この値は，式 (2.7) の値と同程度であり，原子内電子のエネルギーを表現するのに適当な値であることがわかる．

state)といい，$n=2$ 以上を**励起準位**または**励起状態**(excited level, excited state) という．

図2.3(a)では $r=\infty$($n=\infty$)の電子の位置エネルギーを0としたが，逆にn = 1の基底状態でのエネルギーを0とすれば，図2.3(b)が得られる．この図から，電子に 13.6eV のエネルギーを与えれば，その電子を原子核の束縛から解放することができることがわかる．したがって，この 13.6eV が水素原子の**電離エネルギー**[ionization energy，または電子ボルトに相当する電圧の単位で表して**電離電圧**(ionization potential)ともいう]になる．

表 2.1 諸原子の電離電圧

原　子	H	He	Li	Be	B	C	N	O	F	Ne
電離電圧[V]	13.60	24.59	5.39	9.32	8.30	11.27	14.53	13.62	17.42	21.57
原　子	Na	Mg	Al	Si	P	S	Cl	Ar	K	Ca
電離電圧[V]	5.14	7.64	5.99	8.15	10.49	10.36	12.97	15.76	4.34	6.11
原　子	Sc	Ti	V	Cr	Mn	Fe	Co	Ni	Cu	Zn
電離電圧[V]	6.54	6.82	6.74	6.77	7.43	7.87	7.86	7.64	7.73	9.39

水素以外の原子についても，原理的には同じようにして電離エネルギーを求めることができるが，軌道電子の数が増してくるほどその計算は複雑になる．ここでは，同様な計算または実験により求められた電離電圧の値の例を 表2.1 と図2.4に示すにとどめる．

これらの表，図より，電離電圧が周期律表の配置とよく対応していることが明らかである．これは直観的なイメージとしては，原子内の電子のエネルギー準位が多層状の殻構造をしており，それぞれの殻には限られた数

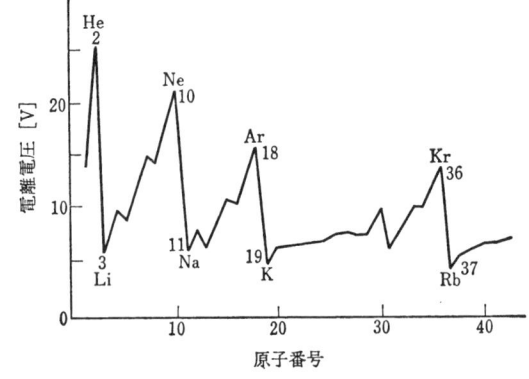

図 2.4　電離電圧の原子番号依存性

の電子しか入れないと考えることによって理解できる．不活性原子 (He, Ne, Ar, Kr, Xe など)では，各層の最外殻まで電子がつまった状態であり，それら電子は原子核との結びつきが強く電離には大きなエネルギーを要するのに対し，最外殻に1個の電子しかない原子(水素，アルカリ金属)では，最外殻電子は比較的容易に電離され得るのである．また，不活性原子の中でも，電子数の少ないものほど電離電圧が高いことも同様にして理解し得るであろう．

以上，原子のみを考えてきたが，常温常圧では2原子以上が結合して分子を構成するものがある．それらを電離するには，一度**解離**(dissociation)過程を経るものが多い．解離するには原子の電離の場合と同様，分子にエネルギーを与えて分子間結合を引き離す必要がある．この解離に必要なエネルギーを**解離エネルギー**(dissociation energy)と呼び，代表値を表2.2に示す．この表から，大部分の分子の解離エネルギーは，アルカリ金属の電離エネルギーと同程度の値であることがわかる．

表 2.2 解離エネルギー

解離の種類	解離エネルギー [eV]
$H_2 \rightarrow H+H$	4.4
$H_2O \rightarrow OH+H$	4.7
$O_2 \rightarrow O+O$	5.1
$NO \rightarrow N+O$	6.1
$N_2 \rightarrow N+N$	9.1
$CO \rightarrow C+O$	10.0

2.1.2 粒子の衝突による電離

以上により，電離に必要なエネルギー値は明らかになったので，次に，このエネルギーを原子内電子に与える過程について考える．その中で最も単純で基本的なものは，粒子間の衝突によるものである．粒子間の衝突には，原子同志間の衝突以外に，原子がすでに電離して発生した荷電粒子(電子およびイオン)との衝突を考えねばならない．すなわち，衝突の種類として，図2.5に示す6種類を考える．

いずれの衝突に対しても，衝突時の相対運動のエネルギーが小さい間は，衝突前後の運動エネルギーは保存される．いわばビリヤード球同志の衝突のような，運動エネルギーを交換するだけの衝突しか起らない．このような衝突を**弾性衝突**(elastic collision)という．衝突時の相

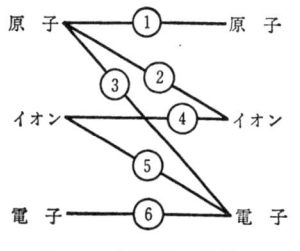

図 2.5 粒子衝突の種類

対運動エネルギーが大きくなっても，⑥の電子同志の衝突および④のイオン同志の衝突のうち完全に電離したイオン同志の衝突では，弾性衝突しか起らない*．しかし，①，②，③，⑤および完全に電離していないイオン間の④の過程においては，運動エネルギーの全部または一部が原子，イオン間の電子ポテンシャルエネルギーとして吸収されることが可能になる．このような衝突では，粒子の衝突前後の運動エネルギーは保存されないので，**非弾性衝突** (inelastic collision) と呼ばれる．衝突粒子の質量を m_1, m_2, それぞれの衝突前後の速度を v_{11}, v_{12}, v_{21}, v_{22} とすれば，非弾性衝突の起るための必要条件は

$$\frac{1}{2}m_1v_{11}^2+\frac{1}{2}m_2v_{21}^2=\frac{1}{2}m_1v_{12}^2+\frac{1}{2}m_2v_{22}^2+\phi \tag{2.11}$$

とした場合に，ϕ が 2.1.1 項で求めた電子の基底準位から励起準位へ持ち上げるに要するエネルギー，または電離を引き起すに要するエネルギーより大きいことである．前者の励起が起る衝突は**励起衝突** (exciting collision)，また後者の電離が起る衝突は**電離衝突** (ionizing collision) と呼ばれている．励起レベルに持ち上げられた電子は，その準位である時間**だけそこにとどまり，より低い準位へ**自発的に** (spontaneous) 遷移し***，最終的に安定な基底状態に落ち着く．一般にこの寿命は極めて短く，$10^{-8} \sim 10^{-9}$ 秒程度であるが，中には 10^{-4} 秒以上，場合によっては 1 秒以上の寿命をもつものもある．これらの**準安定状態**または**準位** (meta-stable state, level) は長寿命であるため，その状態のものに他の粒子が衝突する可能性が高い．準安定状態にある原子は，衝突によってもっている励起エネルギーを相手に与える確率が高く，その際相手の粒子の電離電圧が低い場合にはそれを電離することができる****．また準安定原子自体についてもそこからの電離には，基底状態からのものより小さなエネルギーしか要しないので，電離が起りやすく，電離過程の上で重要な役割をしている．

---

* 原子内のエネルギーの励起および核変換（衝突前とは異なる原子核に変わること）は，核融合上重要な過程であるが，本章で取り扱う衝突エネルギーよりずっと大きな領域での問題であり，ここでは考えない．それらについては，各種粒子の中性子との衝突も含めて 4.4 節で述べる．
** この時間をその準位の寿命 (life time) といい，各準位により決まった値をもつ．
*** この際エネルギー差に相当する電磁波を放出する．すなわち自発遷移間のエネルギー差を ΔE とすれば，放出電磁波の振動数 ν は

$$h\nu = \Delta E \tag{2.12}$$

となり，これから電磁波の波長は $\lambda = c/\nu$ より求まる．
**** この過程が生じている現象として**ペニング効果** (Penning effect) があり，4.2.1 項で示すように蛍光灯，水銀灯などの放電電圧を下げるのに応用されている．

2.1 荷電粒子の発生と消滅

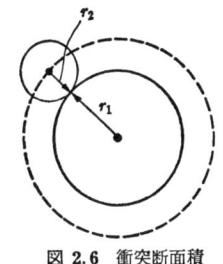

図 2.6 衝突断面積

表 2.3 原子衝突の半径

原子	半径 r [m]	$\pi r^2 [\pi a_0^2]$
He	1.09×10^{-10}	4.3
Ne	1.30	6.1
Ar	1.82	11.9
Kr	2.08	15.5
Xe	2.42	21.0
H	0.53	1.0
Hg	1.08	4.2

粒子間の衝突を考える際，**衝突断面積** (cross section of collision) の値を用いる．これは半径 r_1, r_2 のビリヤード球の衝突断面積が図 2.6 から

$$\pi(r_1+r_2)^2 \tag{2.13}$$

と考えることができることを原子レベルでの衝突に拡張して考えれば容易に理解できる．まず，弾性衝突の際の粒子寸法の実験値を表2.3に示す*．この半径の値を用いれば，同種または異なる原子間の衝突に際しての衝突断面積を式(2.13)から求めることができる．

電子と原子の弾性衝突の断面積は，電子の速度が十分大きく，電子を波動［**ド・ブロイ** (de Broglie) **波**という］的に取り扱う必要がない場合には，電子半径を原子半径に比して無視できるものとして表2.3から求めることができる．電子の速度が低く，電子のド・ブロイ波の波長 ($\lambda = h/m_e v_e$) が原子の直径程度 (数Å) になると電子は波動として取り扱う必要があり，電子を剛体球として考えることができなくなる．この様子を，電子

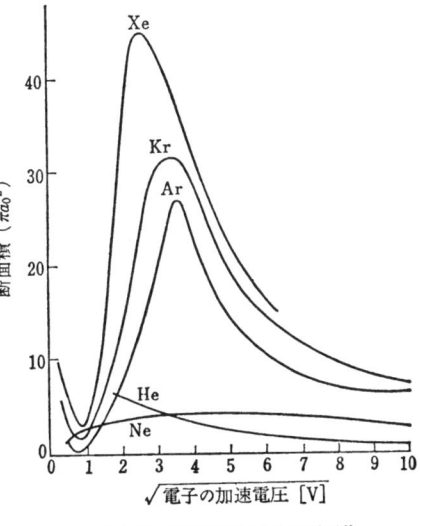

図 2.7 電子衝突に対する断面積

---

* この大きさは，2.1.1項で述べたように原子内の最外殻電子の軌道半径で決まると考えてよい．すなわち，原子衝突の際にお互いの最外殻の電子が重なり合う状態以上には接近できないと考えられる．

衝突時のエネルギーをパラメータとして示すと図2.7のようになる．すなわち断面積が衝突粒子のエネルギーによって異なっているわけで，この場合には粒子衝突にビリヤード球のような剛体球同志の衝突モデルで考えることができるのは，表2.3とこの図からも電子速度が大きい場合であることがわかる*．

衝突の断面積が衝突のエネルギーによって変化することは，非弾性衝突まで含めて考えればむしろ自然である．式(2.11)において，左辺の値が基底準位から第一励起準位(図2.3で $n=2$ の準位)のエネルギー差 ϕ に及ばない場合（または準安定状態の原子の場合，その上の準位とのエネルギー差)，$\phi=0$ となり弾性衝突しか起り得ない．この場合，**非弾性衝突の断面積** (cross section for inelastic collision) は0になる．衝突時のエネルギーが大きくなり，式(2.11)の左辺の値が ϕ より大きくなると，第一励起準位への励起断面積 σ_1 が有限になり，式 (2.11) の $\phi=\phi_1$ を満たすように v_{12}，v_{22} が決まる．エネルギーが大きくなり，$\phi>\phi_1$, $\phi>\phi_2$ となるにつれて順次 $n=2, 3, \cdots$ の励起断面積が有限になり，$\phi \geqq \phi_\infty$ すなわち電離エネルギーを超えると電離の断面積が有限になる．この間の事情を模式的に示せば，図2.8のようになる．あるエネルギーの各断面積の和 $\sigma=\sum_j \sigma_j$ は，各エネルギーについて大きくは変化しない．

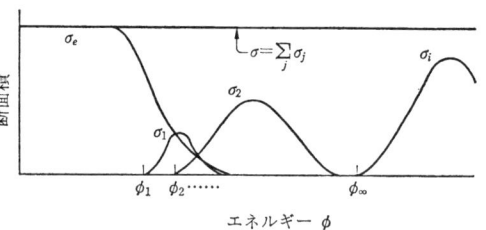

図 2.8　種々の断面積の衝突エネルギー依存性 (σ_e：弾性衝突断面積，$\sigma_1 \sim \sigma_j$：各励起レベルへの励起断面積，$\sigma_\infty = \sigma_i$：電離断面積)

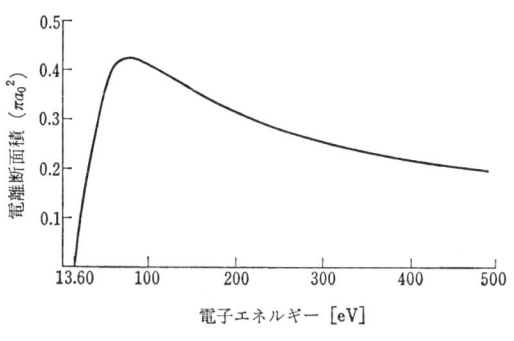

図 2.9　電子衝突による水素原子の電離衝突断面積

---

* 図2.7のように衝突電子のエネルギーにより弾性衝突断面積が変化することを，発見者の名に因んで**ラムザウア効果** (Ramsaur effect) と呼ぶ．

以上の過程は図2.5の①〜⑤のいずれでも可能であるが（④は少なくとも片方は電子が残ったイオンを考える），最も重要なのは③，⑤の電子が関与したものである．その理由は，電子が電界により加速され容易に大きなエネルギーを得るためである．図2.9に水素原子に電子が衝突した場合の電離断面積をπa_0^2の単位で示す．この図と表2.3とを比べてみれば，電子エネルギーが100eV程度以上では，σ_iはσ_eの程度（〜1/3）であることがわかる．図2.5の①〜⑤の組合せで，各元素について詳細な数表として実験および一部計算値がまとめられている*ので，プラズマを発生する時は参照することができる．

2.1.3 光による電離

波長λの光は$h(c/\lambda)$のエネルギーを有するので，この値がϕ_1より大きければ励起［光励起(photo-excitation)］が，またϕ_∞より大きければ電離［光電離(photo-ionization)］が可能になる．一般に

$$hc/\lambda \geq \phi_j \tag{2.14}$$

から，励起・電離するために必要な光の波長は

$$\lambda \leq \frac{1239.8}{\phi_j[\mathrm{eV}]} \; [\mathrm{nm}] \tag{2.15}$$

で与えられる．

図2.3を参照すれば，水素原子の励起（$\phi=10.2\mathrm{eV}$）には$\lambda<120\mathrm{nm}$程度，電離（$\phi=13.6\mathrm{eV}$）には91nm程度以下の真空紫外光**を要する．表2.1または図2.4から明らかに，アルカリ金属（$\phi\sim5\mathrm{eV}$）の電離にも250nm程度の紫外光が必要であり，可視光では原子の電離は行えない***．

2.1.4 その他の過程による荷電粒子の生成

以上，原子を基礎とした荷電粒子生成の過程を，最も単純ながら実用上重要な衝突電離および光電離について述べた．しかし，実際にはこれ以外に多くの

---

* 例えば S. Brown, Basic Data of Plasma Physics, (MIT press, 1962) などを参照のこと．
** 波長が 380nm 以下の電磁波を紫外 (ultraviolet, u. v. と略す) 光というが，190nm 以下になると空気による吸収が大きくなり真空中でないと伝播しなくなるので，この領域の紫外線を特に真空紫外 (vacuum ultraviolet, v. u. v. と略す) と呼ぶ．
*** 準安定準位からは可視光による電離が可能である．

過程を通じて荷電粒子が発生させられる．以下には，このうち代表的なものについて定性的に述べる．

分子からの電離　衝突による分子からの電離は2.1.2項で考えた過程の中で原子を分子に置き換えて考えればよいが，基本的に異なるのは，分子内の原子の結合が比較的弱く（表2.2参照），分子から直接電離するよりも解離する確率が高いことである．

したがって分子から解離で原子状になり，その後上記の過程を経て電離すると考えるのが普通であるが，一部の分子の電離電圧は原子からのそれと同程度のものがあるので注意を要する．

他に分子からの電離で実用上重要なものは，光による電離である．表2.4に示すように，ある種の分子の電離電圧は10eV以下であり，図2.4からわかるようにアルカリ金属などを除いた大部分の原子の電離電圧より低い．そこで，例えば不活性気体中に一様な荷電粒子の「たね」を発生させ，その後の主放電を一様にしようとする時，表2.4に示す分子を少量添加し，紫外光で照射することが行われる．

表 2.4　分子の電離電圧と対応する電磁波波長

分　子	電離電圧 eV_i[eV]	$\lambda_i = \dfrac{hc}{eV_i}$ [nm]
CO	14.0	86
NO	9.25	134
OH	13.8	90
NO_2	11	113
Hg_2	9.7	128
C_6H_6	9.6	129
$(CH_3CH_2CH_2)_3N$	7.2	172

負イオンの生成　電子が原子または分子に付着し，負に帯電した粒子となるもので，今までに考えてきたような電子が原子，分子からはぎ取られることにより，正，負両荷電粒子を同時に発生するものとは異なる．電子の分子への付着の強さを**電子親和力**（electron affinity）と呼び，直観的には図2.3などに示した原子内電子のエネルギー準位図の電離レベル（$n \simeq \infty$）から少し下った E_a の位置に，他からの電子が入り得る別のエネルギーレベルがあると考えて理解できる．E_a の値の代表値を表2.5に示す．同表で He, Ne, Ar など不

活性原子および Mg, Al など金属原子の E_a が負になっているのは，そのような準位が安定にないことを示しており，これらは負イオンを形成しない．また，Li, Na などアルカリ金属および H, N などの原子の E_a は極めて小さい（$\ll 1\,\text{eV}$）ので，電子のエネルギーが 1 eV よりかなり小さくないと付着は起らない．したがって，数 eV のエネルギーをもつ電子の付着が問題となるのは，F, Cl, Br, I などハロゲン族および O, O_2 などの原子，分子であり，これらを負イオンを作る元素と呼ぶことにしよう．

表 2.5 各種元素の電子付着力 E_a

元素	H	He	Li	C	N	O
$E_a[\text{eV}]$	0.76	−0.53	0.34	1.37	0.04	1.80
元素	F	Ne	Na	Mg	Al	S
$E_a[\text{eV}]$	3.94	−1.2	0.08	−0.87	−0.16	2.06
元素	Cl	Ar	Br	I	Hg	O_2
$E_a[\text{eV}]$	3.75	−1.0	3.6	3.2	1.79	1.0

負イオンが実用上重要になるのは，電子のままでは電界中で活発に運動する電子が質量の大きな原子，分子に捕えられて運動が制約され，これ以後の電離の過程などに大きな影響を与えるからである．気体放電中（放電中の電子のエネルギーは 1 eV 程度であることが多い）にハロゲン族原子を添加すれば，放電特性が大きく変化させられるであろうことは十分に想像がつくが，実際にこのような過程は回路開閉器などで広く用いられている．

E_a がせいぜい数 eV であることから，電子付着現象は電子のエネルギーが数十 eV 以上では無視してよい．

荷電交換

$$X^+ + Y \longrightarrow X + Y^+ \tag{2.16}$$

の形に書ける過程を**荷電交換**（charge transfer）という．この場合，X^+ の運動エネルギーは衝突後 X に，Y の運動エネルギーは衝突後 Y^+ に引き継がれる．荷電交換は負イオン生成と同様，新たな荷電粒子を生成させるものではないが，以下に示す実例からその重要性が認識されるであろう．その一つは，電界中でのイオン X^+ の運動を考える場合，ある程度加速されて後 Y と衝突して式（2.16）に示す過程が起れば，一般に，低速で電界方向に無関係な運動をし

ているイオン Y^+ ができ, そこまでの X^+ イオンの運動エネルギーは荷電粒子群から消滅したように見える. そこで, 電界中のイオンの運動が式 (2.16) の過程の起り易さにより大きく左右されることが想像されるであろう. 他の例は, X^+ イオンを 3.2 節で示すように磁界の力を利用して制約し, ある領域に閉じ込めようとするとき, Y 分子との間で式 (2.16) の反応が起れば, Xがイオンでなくなり, これ以後, 磁界による閉じ込めができなくなる. したがって式 (2.16) が起れば, これによりXのエネルギー損失となる. これは, 4.4 節で述べる制御熱核融合の際に重要な問題となる.

式 (2.16) の過程でXとYは異種の原子, 分子であってもよいが, 同種間でもこの過程は起りうる. 後者の場合, 最初の原子が低速ならば, 速いイオンが遅いイオンになったように見えることになる.

諸種の断面積　　弾性衝突, 励起衝突, 電離衝突が起る確率を定量的に求めるために, 2.1.2 項にそれぞれに対する衝突断面積を定義したが, 同様にして本項で述べた**分子の電離** (cross section for ionization of molecules; σ_M), **負イオン生成** (cross section for negative ion creation; σ_N), **荷電交換** (cross section for charge transfer; σ_{CT}) の断面積を導入して定量的計算に用いる. これらは, 衝突粒子の種類および相対運動のエネルギーに依存し, 数表として与えられているので利用することができる (p. 19 の脚注*).

固体からの電子放出　　今までは原子, 分子から電子をはぎ取る, または電子が付着移動することによる荷電粒子の発生を考えてきたが, この他に実際上重要なのは, 固体からの電子放出による荷電粒子 (今の場合, 電子) の発生である.

真空中に置いた金属の中の電子は, 真空中より $e\phi$ だけエネルギーが低い状態にある. この $e\phi$ を金属の**仕事関数** (work function) といい, 金属により異なる. 金属内電子に $e\phi$ 以上のエネルギーを与えれば, その電子は金属の束縛から解放されて, 真空中に飛び出すことが可能になる. 各種物質の $e\phi$ の値を表 2.6 に示す.

電子に $e\phi$ 以上のエネルギーを与える方法として実用上重要な, 電子による二次電子放出, 熱電子放出, 光電子放出, および電界放出を略述する.

電子による二次電子放出 (secondary electron emission by electron impact) は, 物質表面に $e\phi$ より大きなエネルギーの電子を入射することにより

電子が固体表面から放出されることであるが，この放出過程の詳細はまだはっきりわかっていない．1個の電子により放出される二次電子の数を**二次電子放出係数**といい，δ で表す．δ の最大値の代表例を表2.7に示す．δ の大きなものは，例えば微弱光を電気信号に変換するのに用いられる**光電子増倍管**（photomultiplier）の**中間電極**(dynode)*の物質として用いられている．電子と同様に，イオンの衝突によっても二次電子放出が可能である．この現象は，低気圧における放電現象において陰極からの電子放出機構として重要である．

表 2.6 各種物質の仕事関数 $e\phi$ の値

物 質	Al	Ba	C	Cu	Li	Mo	W	BaO	SrO	K	Ca	Ni
$e\phi$[eV]	4.25	2.11	2.5~4.7	4.33	2.1~2.9	4.15	4.54	0.99	1.27	1.76~2.5	2.24~3.2	5.01~5.03

物 質	Zr	Cs	Hg	Ta	Th	Al$_2$O$_3$	CaO	W-Cs	W-Ba	W-Th	W-Zr
$e\phi$[eV]	4.2	1.80~1.96	4.52	4.04	3.35	3.9	1.77	1.36	1.56	2.63	3.14

表 2.7 二次電子放出係数の例

物 質	Li	K	Cu	MgO	BaO SrO	W	Pt	Mo	NaCl
δ	0.5	0.7	1.3	6~7	5~12	1.5	1.6	1.3	6~7

熱電子放出（thermionic emission）は，物質の温度を上げることにより電子のエネルギー分布の高エネルギー部分で，表2.6の $e\phi$ を越える部分が物質から真空中に放出されるもので，物質の単位面積当りの電流密度 j は**リチャードソン**（Richardson）の式

$$j = AT^2 \exp(-e\phi/\kappa T) \tag{2.17}$$

で与えられる．ここで，A は**放出定数**と呼ばれ物質を決めれば決まる定数，κT は温度(11600K＝1eV として換算)である．A が大きく $e\phi$ が小さい物質は，j が大きいので陰極材料として適しており，各種真空管，放電管に用いられている．A の値の代表例を表2.8に示す．

光電子放出（photo-emission）は，光子のエネルギーにより固体中から電子を放出させるもので，アインシュタインの光電効果の実験により光の粒子性が

---

* 多くの場合，10段以上に及ぶ電子放出面を対向させ，各段には順次正の電圧を加加したものである．ある段から放出された電子は電界で加速されて次段に衝突し，そこで δ 倍の電子が放出され，理想的には N 段の中間電極で δ^N の電流増幅が可能である．$\delta=5$，$N=12$ とすれば，電子は 2×10^8 倍にも増幅される．

表 2.8 各種陰極材料の放出定数 A

陰 極 材 料	W	W-O-Ba	Ba 酸化物	Th	Th 炭化物	C
$A[\text{A/cm}^2 \cdot \text{K}^2]$	70	3	40	3	550	48

明らかにされたことで有名である. 光電子放出が可能になるためには, 波長 λ の電磁波の1個の光子のエネルギー hc/λ が表 2.6 の $e\phi$ より大きくなければならないので, 電磁波波長は式 (2.15) の ϕ_j の代りに $e\phi$ を用いた値より短いことが必要である. 1個の光子が入射した時に放出される電子の数のことを**量子効率** (quantum efficiency) といい, η_Q で表す. η_Q の値の代表例を図 2.10 に示す. 同図よりわかるように, 諸種の化合物を工夫して現在では赤外線でも

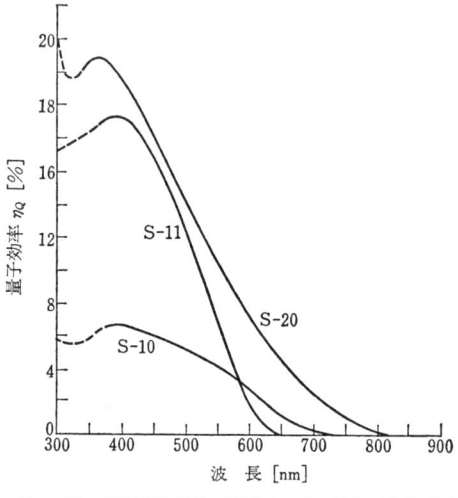

図 2.10 光電子増倍管の光電面の量子効率 (光電面材料 S-10: Ag-Bi-O-Cs, S-11: Sb-Cs, S-20: Na-K-Sb-Cs. 破線部分は溶融ケイ酸ガラス使用)

光電子放出可能になっている. η_Q の大きなものは, 光電管や先に述べた光電子増倍管の陰極面の物質として用いられている.

電界放出 (field emission) とは, 真空中で物質面に直角方向に物質の電位を負にして $10^8 \sim 10^9$ V/m 以上の電界をかけると, この表面から電子が放出される現象で, この電流は熱電子放出による値よりはるかに大きく, また入射電子や電磁波によるエネルギー入射を絶った状態でも観測される. この現象は, 外部電界が強くなると電子に対する電位障壁 (potential barrier) の厚さが薄くなる, いわゆる**トンネル効果** (tunnel effect) によって電位の障壁を透過する電子が現れることによるもので, **強電界放出** (high field emission) または**冷陰極放出** (cold-cathode emission) と呼ばれている. 融解温度の低い金属 (銅や水銀) を陰極としたアーク放電の電極からの電子放出機構は, 電界放出であると考えられている.

2.1.5 荷電粒子の再結合

粒子の衝突による電離過程に関連して,図2.5に衝突の種類を示した.このうち④,⑤の衝突過程で,正負の荷電粒子が結合して中性原子,分子にもどる可能性もある.この過程を**再結合**(recombination)の過程という.再結合後は,衝突前よりエネルギーの低い状態に落ち着くから,その前後のエネルギー差を放出しなければならない.このエネルギー値は当然電離に要するエネルギーと同じであるが,それは多くの場合,光子すなわち電磁波として放出され,結合粒子の運動エネルギーの増加となることは少ない.

再結合過程の起り易さを定量的に評価するためには,以前の諸種の断面積と同様,**再結合断面積**(cross section for recombination)σ_r を定義して用いることができる.この場合,σ_r は図2.7に関連して述べたと同様,衝突粒子の種類およびそのエネルギーの関数である.しかし,再結合に関しては一般に荷電粒子の個々の性質の多数の粒子にわたる平均値である**再結合係数**(recombination coefficient)を用いることが多い.再結合係数は,当然 σ_r と荷電粒子群の平均エネルギーから求められる量である.

ここで,再結合過程について次の点に注意しておく.陽イオン-陰イオン間の再結合断面積 σ_{ii} は,陽イオン-電子間の σ_{ie} に比して圧倒的に大きい.これは電子の運動が活発なので陽イオン近傍での滞在時間が短く,それだけ再結合の機会が減ると考えることにより理解される.したがって不活性気体など陰イオンを作らない気体中での再結合過程は起りにくいので,電子が動きまわっているうちにプラズマ発生容器壁などに衝突して吸着され,そこを負に帯電させる結果,イオンを引き寄せ再結合する過程が起る可能性が大きくなる.前者すなわちイオン-イオンまたはイオン-電子の衝突に際しての再結合は,空間内で起るものであるから**空間再結合**(volume recombination)という.これに対して,後者を**表面再結合**(surface recombination)という.

2.2 荷電粒子群の生成と消滅

前節では,個々の荷電粒子の発生および消滅の条件,およびこれを定量的に取り扱うための断面積の概念を述べた.これら個々の過程が積み重なって荷電

粒子が増えてプラズマに移行するか，または消滅して中性粒子群にもどるかを考えるのが本節の課題である．これらの議論の前に，粒子群の性質の表し方をまとめておくために，2.2.1項で気体の性質について簡単に述べる．

2.2.1 気体の性質

1.2節で物質の三態を説明した際，気体状態では構成粒子は原子，分子（この項では以下原子も含めて分子と略述）の形で個々に熱運動をし，他の分子または固体，液体の表面と衝突した時のみ運動の方向を変えるものであることを述べた．**電離気体**（ionized gas）とも呼ばれるプラズマの性質を理解するには，気体の性質を知ることが必須であるから，以下にそれを略述する．

密度 図2.11の容器（容積$V=abc$）に入れた質量mの同一分子の気体の性質を考える．分子の総数をNとすれば，容器内の分子の**平均粒子数密度**(average particle number density) n は

$$n = \frac{N}{V} \quad [1/\text{m}^3] \tag{2.18}$$

である．Nが十分大きく，またこの容器内にこの分子を入れたのち十分長い時間たった後なら，器内のどの場所での粒子密度もほぼ式(2.18)で表されるものに近いであろう．また個々の分子の質量がmであるから，気体の密度ρは

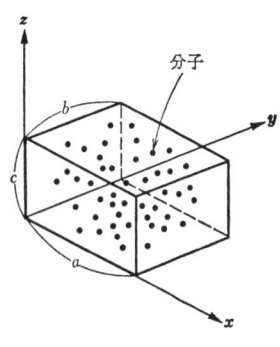

図 2.11 容器内の気体分子

$$\rho = mn = \frac{mN}{V} \quad [\text{kg/m}^3] \tag{2.19}$$

で与えられる．

速度分布関数 さて，これらの分子群を長時間この箱の中に閉じ込めて容器壁の温度を一定値Tに保ったときの分子の運動状態について考える．分子の速度は速いもの，遅いものが種々に入りまじっているが，壁と十分にエネルギーのやり取りをした後は，集団としての運動の様子は変わらなくなる．この状態を**熱平衡状態**（state of thermodynamic equilibrium）と呼ぶ．熱平衡状態での気体分子群の運動の熱統計力学的性質を求めるのが，本項の課題である．

2.2 荷電粒子群の生成と消滅

まず，分子に働く重力の影響は無視できるので，熱平衡状態では，図2.11でx方向，y方向，z方向の分子群の運動は同じであると考えられる．このように分子群の運動は方向に関係ないことを，運動は**等方的**(isotropic)であるという．そこで，単位体積中にあるn個の分子のうちでx方向の分子の運動速度の大きさがv_xからv_x+dv_xの幅にあるものの数をdn_xとすれば，dn_x/nはdv_xが小さい時はdv_xの大きさに比例するであろう．そこで，この比例係数を$f(v_x)$で表せば

$$dn_x/n = f(v_x)dv_x \quad (2.20)$$

と書ける．$f(v_x)$は分子群の速度の分布状態を示すものであるから，x方向の**速度分布関数**(velocity distribution function)と呼ぶ．同様にy，z方向について

$$dn_y/n = f(v_y)dv_y$$
$$dn_z/n = f(v_z)dv_z \quad (2.21)$$

と表される．[分子の運動が等方的であることから，比例係数は同じ関数形$f(\ )$で表されることを用いた]．今までは一方向に注目した場合，他の二方向の速度の大きさを問わなかったが，単位体積中の分子の中でx方向の大きさがv_xとv_x+dv_x，y方向のそれがv_yとv_y+dv_y，z方向のそれがv_zとv_z+dv_zの間にあるものの数を$dn_{x,y,z}$とすれば，式(2.20)，(2.21)から

$$dn_{x,y,z}/n = f(v_x)f(v_y)f(v_z)dv_xdv_ydv_z \quad (2.22)$$

となる．速度分布関数fの形を求めるには，気体の熱統計力学の一般形を扱う**ボルツマン方程式**(Boltzmann equation)によらなければならない．本項では，その結果のみを用いれば

$$f(v_x) \propto \exp(-av_x^2/T)$$

同様に

$$f(v_y) \propto \exp(-av_y^2/T)$$
$$f(v_z) \propto \exp(-av_z^2/T) \quad (2.23)$$

$f(v_x)$の形を図2.12に示す．この関数は**ガウス**(Gauss)**関数**と呼ばれ，その

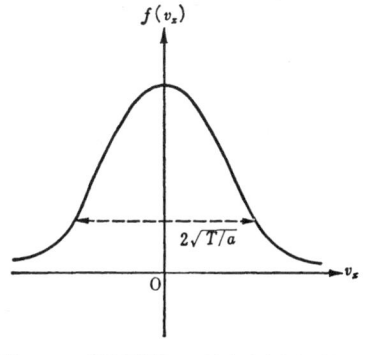

図 2.12 熱平衡状態での速度分布関数$f(v_x)$の形

$v_x=0$ での値の $1/e=1/2.718$ になる速度の幅は $2\sqrt{T/a}$ で与えられる．式 (2.23)を式(2.22)に代入し，比例定数をAとすれば

$$dn_{x,y,z}=A\exp\{-a(v_x^2+v_y^2+v_z^2)/T\}dv_xdv_ydv_z \qquad (2.24)$$

$dn_{x,y,z}$ を全速度空間にわたって積分すれば，分子密度 n になる．すなわち

$$n=\int dn_{x,y,z}=A\int_{-\infty}^{\infty}\int_{-\infty}^{\infty}\int_{-\infty}^{\infty}\exp\{-a(v_x^2+v_y^2+v_z^2)/T\}dv_xdv_ydv_z \qquad (2.25)$$

積分公式 $\int_{-\infty}^{\infty}\exp(-\alpha x^2)dx=\sqrt{\pi/\alpha}$ を用いて計算すれば

$$A=\left(\frac{a}{\pi T}\right)^{3/2}n \qquad (2.26)$$

$$\therefore \quad dn_{x,y,z}=\left(\frac{a}{\pi T}\right)^{3/2}n\exp\{-a(v_x^2+v_y^2+v_z^2)/T\}dv_xdv_ydv_z \qquad (2.27)$$

速度分布関数と巨視量の関係　　式(2.27)の $dn_{x,y,z}$ を用いれば，v_x, v_y, v_z により決まる力学量 $Q(v_x, v_y, v_z)$ の平均値 $\overline{Q}$ は

$$\overline{Q}\equiv\frac{\int Q(v_x,v_y,v_z)dn_{x,y,z}}{\int dn_{x,y,z}}$$

$$=\left(\frac{a}{\pi T}\right)^{3/2}\int_{-\infty}^{\infty}\int_{-\infty}^{\infty}\int_{-\infty}^{\infty}Q(v_x,v_y,v_z)\exp\{-a(v_x^2+v_y^2+v_z^2)/T\}dv_xdv_ydv_z$$

$$(2.28)$$

以下に，種々のQに対する平均値 $\overline{Q}$ を求め，物理的意味を考える．

(i) $Q(v_x,v_y,v_z)=1$ のとき

$$\overline{Q}=1 \qquad (2.29)$$

これは，個々の分子に1という力学量を与えたもの，すなわち規格化密度の平均値が1であることを示す．

(ii) $Q(v_x,v_y,v_z)=v_x$ のとき

$$\overline{Q}=\overline{v_x}=0 \qquad (2.30)$$

同様に $\overline{v_y}=\overline{v_z}=0$，すなわち分子全体としては静止していることを示している．

(iii) $Q(v_x,v_y,v_z)=v^2=v_x^2+v_y^2+v_z^2$ のとき
$\overline{Q}=\overline{v^2}$

$$=\left(\frac{a}{\pi T}\right)^{3/2}\int_{-\infty}^{\infty}\int_{-\infty}^{\infty}\int_{-\infty}^{\infty}(v_x^2+v_y^2+v_z^2)\exp\{-a(v_x^2+v_y^2+v_z^2)/T\}dv_xdv_ydv_z$$

ここで

$$\int_{-\infty}^{\infty}x^2\exp(-\alpha x^2)dx=\frac{1}{2}\frac{\sqrt{\pi}}{\alpha^{3/2}}$$

の積分公式を用いれば

$$\overline{v^2}=\frac{3}{2}\frac{T}{a} \tag{2.31}$$

以上(i), (ii), (iii)で粒子群の運動状態を示す最も基本的な量である密度,平均速度,二乗平均速度を求めたが,vについてより高次のQについても同様の計算を行うことができる.

温度スケール 各分子の運動エネルギーは$\frac{1}{2}mv^2$で与えられるので,その全分子にわたる平均値は式(2.31)より

$$\frac{1}{2}m\overline{v^2}=\frac{3}{4}\frac{m}{a}T \tag{2.32}$$

ここで,分子は外壁とエネルギーのやり取りを十分に行うことによって熱平衡状態に達したのであるから,分子の平均エネルギーは外壁の温度のみによって決まり,分子の種類には依存しないはずである.そこで,式(2.32)からm/a=const. でなければならないが,後の都合から

$$\frac{m}{2a}=\kappa \tag{2.33}$$

と置き,**ボルツマン定数** (Boltzmann's constant) と呼ぶ.したがって,式(2.32)から

$$\frac{1}{2}m\overline{v^2}=\frac{3}{2}\kappa T \tag{2.34}$$

が得られる.κTは式(2.34)から明らかにエネルギーの次元をもつが,MKS単位系ではその単位はJであるから,TをKで目盛れば

$$\kappa=1.380\times10^{-23} \quad [\text{J/K}] \tag{2.35}$$

で表される*.

---

* ここでκの値は,$\kappa=(2/3)d(mv^2/2)/dT$ で与えられるように,図2.11の容器の温度を単位温度上昇させた時の原子の平均運動エネルギーの増加分の実験式だと理解すればよい.1Kの壁温度上昇による原子の運動エネルギーの変化をJ単位で測った場合,式(2.35)で示すように,極めて小さい値になることは直観的に理解できるであろう.

式(2.33)を式(2.27)に代入すれば

$$f(v_x, v_y, v_z) = \left(\frac{m}{2\pi\kappa T}\right)^{3/2} \exp\{-m(v_x^2+v_y^2+v_z^2)/2\kappa T\} \quad (2.36)$$

これを **マックスウェル・ボルツマンの速度分布関数** (Maxwell-Boltzmann's velocity distribution function) という.

マックスウェル・ボルツマンの速度分布関数に対する種々の平均速度　式(2.31)から，二乗平均速度を v_{th} で示せば

$$v_{th} \equiv \sqrt{\overline{v^2}} = \sqrt{\frac{3\kappa T}{m}} \quad (2.37)$$

これは通常，分子の**熱速度** (thermal velocity) と呼ばれる．一次元運動の二乗平均速度を $v_\parallel$ で表せば*

$$v_\parallel \equiv \sqrt{\frac{\overline{v^2}}{3}} = \left(\frac{\kappa T}{m}\right)^{1/2} \quad (2.38)$$

同様に，二次元運動のそれを $v_\perp$ で表わせば

$$v_\perp \equiv \sqrt{\frac{2\overline{v^2}}{3}} = \left(\frac{2\kappa T}{m}\right)^{1/2} \quad (2.39)$$

全分子の速さの算術平均を $\langle v \rangle$ とすれば，それは速度の絶対値 $v\,(\equiv\sqrt{v_x^2+v_y^2+v_z^2})$ が v と dv の間にある確率 $4\pi v^2 f(v)dv$ に，v を掛けたものを全分子について加え合せたものになる．すなわち

$$\langle v \rangle = \frac{1}{n}\int_0^\infty v 4\pi n\left(\frac{m}{2\pi\kappa T}\right)^{3/2} v^2 \exp(-mv^2/2\kappa T)dv$$

これを1回部分積分し，式(2.31)を導く時に用いた積分公式を用いれば，次式を得る．

$$\langle v \rangle = (8\kappa T/\pi m)^{1/2} \quad (2.40)$$

式(2.30)で示したように $\overline{v_x}=\overline{v_y}=\overline{v_z}=0$ であり，分子全体としては動いていないことを示したが，これは見方を変えれば速度の正の方向への分子群と負の方向へのものが同数であって，全体としてはそれらが釣り合っていると見ることができる．そこで，その正方向または負方向一方の平均速度を $\overline{v_{x+}}$ で示せば

---

* 後に示すように，プラズマ工学では，三次元の速度分布を，外部から印加した磁界方向（一次元）とそれに直角な平面（二次元）のものに分けて考えなければならないことが多い．そこで，ここでも一次元運動を $v_\parallel$，また二次元平面内の運動を $v_\perp$ で示す．

2.2 荷電粒子群の生成と消滅

$$\overline{v_{x-}} = \frac{\int_{-\infty}^{\infty}\int_{-\infty}^{\infty}\int_{0}^{\infty} v_x f(v_x, v_y, v_z)dv_x dv_y dv_z}{n}$$

$$= \left(\frac{m}{2\pi\kappa T}\right)^{1/2}\int_{0}^{\infty} v_x \exp(-mv_x^2/2\kappa T)dv_x$$

$$= \sqrt{\frac{\kappa T}{2\pi m}} \tag{2.41}$$

また,単位時間に単位面積を通過する分子数は

$$\overline{nv_{x-}} = \int_{-\infty}^{\infty}\int_{-\infty}^{\infty}\int_{0}^{\infty} v_x f(v_x, v_y, v_z)dv_x dv_y dv_z$$

で表され,これは式(2.40)を用いれば

$$\overline{nv_{x-}} = \frac{1}{4} n \sqrt{\frac{8\kappa T}{\pi m}} = \frac{1}{4} n \langle v \rangle \tag{2.42}$$

となる.

全分子の速さの中で最も多いものを**最確速度**といい,v_m で示す.この v_m の値は,次のようにして求めることができる.速さ v が v と $v + dv$ の間にある確率は

$4\pi v^2 f(v)dv = 4\pi v^2 n (m/2\pi\kappa T)^{3/2}$
$\exp(-mv^2/2\kappa T)dv$

であるから,$(m/2\kappa T)^{1/2} v \equiv x$ と書けば

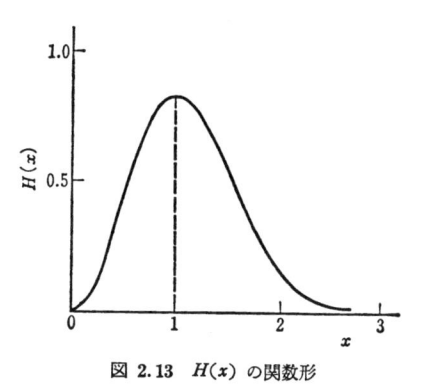

$$n \frac{4}{\sqrt{\pi}} x^2 \exp(-x^2) dx \equiv n H(x) dx \tag{2.43}$$

図 2.13 $H(x)$ の関数形

この関数形を図2.13に示す.同図のピーク値,すなわち最も高い確率の速度にあたる分子速度が v_m であるから,その点は

$$\frac{dH(x)}{dx} = 0 \tag{2.44}$$

より $x = 1$ となり

$$v_m = \sqrt{\frac{2\kappa T}{m}} \tag{2.45}$$

これは,先に式(2.39)で求めた $v_\perp$ に等しい.

これら諸平均速度を速度分布関数 $f(v_x)$ のグラフの中に示せば，図2.14のようになる．

[例題 2.1] 上記の各種速度を常温の空気に対して求めよ．

[解] 空気分子の平均質量 $m=4.93\times10^{-26}$kg を用い，常温として $T=300$K を用いれば，$\overline{v_{x+}}=116$m/s, $v_{\parallel}=290$m/s, $v_{\perp}=v_m=410$m/s, $\langle v \rangle=464$m/s, $v_{th}=502$m/s となる．これらは後述する常温空気中の音速（=377m/s）と同程度である．空気中の音波（微小振幅縦波）は圧力疎密により伝搬するが，その速度は分子レベルでは空気分子の平均速度と関係していることは容易に推測されるであろう．

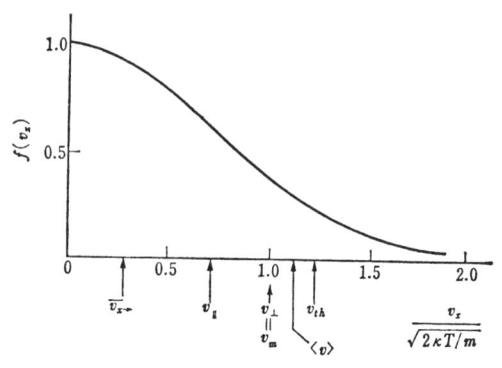

図 2.14 諸平均速度の大きさ

圧力 図2.11において，ac 面の圧力を求める．分子がこの面と1回衝突したときの分子の運動量変化は $2mv_y$ である．また，1秒間に $v_y/2b$ 回原子が衝突するので，ac 面に働く力は mv_y^2/b で与えられる．したがって，全分子による力は

$$V\int_{-\infty}^{\infty}\int_{-\infty}^{\infty}\int_{-\infty}^{\infty} mv_y^2 f(v_x,v_y,v_z)dv_x dv_y dv_z/b$$

に等しい．

圧力 $p \equiv$（ある面に働く力）/（その面の面積）より

$$p \equiv \frac{mV}{abc}\int_{-\infty}^{\infty}\int_{-\infty}^{\infty}\int_{-\infty}^{\infty} v_y^2 f(v_x,v_y,v_z)dv_x dv_y dv_z$$

$$=\frac{1}{3}nm\overline{v^2}=n\kappa T \tag{2.46}$$

となり，よく知られた**理想気体の状態方程式** (equation of state for an ideal gas) が求まる．式(2.46)は，体積 V の中の温度 T の気体の示す圧力という形で，しばしば

$$pV=N\kappa T \equiv RT \tag{2.47}$$

2.2 荷電粒子群の生成と消滅

となる．ここで，N は体積 V 内の全原子数である．式(2.47)の表現では V として 1 モルの気体の占める体積（比容積と呼ぶ）をとることが多く，式(2.47)の R は 1 モル中の原子数 N_0 とボルツマン定数の積となり，その値は

$$R_0 = N_0 \kappa = (6.02 \times 10^{23}) \times (1.380 \times 10^{-23})$$
$$= 8.317 \quad [\text{J/mol}\cdot\text{K}] \tag{2.48}$$

となる*．

粒子束　図 2.11 において bc 面を x の正方向へ通過する粒子束**Γ_x は，式(2.42)より

$$\Gamma_x = \overline{nv_{x_-}} = \frac{1}{4} n \sqrt{\frac{8\kappa T}{\pi m}} = \frac{1}{4} n \langle v \rangle \tag{2.49}$$

で与えられる．

平均自由行程および平均衝突頻度　これまで，熱平衡状態にある気体の密度，温度および圧力など，直接我々が触れ，または測定できる量［これを巨視量 (macroscopic quantities) という］について述べた．気体を構成する個々の分子はどのような運動をしているのであろうか．個々の分子は，表 2.3 で示した半径をもつ剛体球で近似できる．それぞれの分子は，式(2.36)に示した速度分布に従い活発な運動をしている（その速さは，例題 2.1 に示した程度である）．そこでそれぞれの分子は，1 回の衝突から次の衝突までにどれぐらいの距離飛行するか（自由行程，単位 m）または単位時間に何回衝突するか（衝突頻度，単位 s^{-1}）が問題になる．これらを求めるために図 2.15 に示すように，半径 r_1 の分子のビーム束 I_0 が，半径 r_2 の静止した分子群のターゲット（粒子数密度 n とする）に入射した場合を考える．入射ビームはターゲットに衝突することによりビーム束を減ずるが，その割合は図 2.16 を参照して，ある位置 x から $x+dx$ まで進む間に dI だけ変化するとすれば

$$dI = -\sigma n I dx \tag{2.50}$$

---

* 式(2.34)で与えられる κ が，分子個々の微視量と T という巨視量を結ぶ比例係数で，MKS で表せば式(2.35)で与えられる極めて小さな値になるのに対し，式(2.47)が巨視量間の比例係数として R を導入したので，式(2.48)のように 1 の程度の値になる．実際の計算では，桁数に注意しさえすれば式(2.47)より式(2.46)の方が使いやすいかもしれない．
** 単位時間に単位面積を通過する量を束 (flux) といい，上記の粒子束 (particle flux, 単位 1/m^2·s) 以外に運動量束 (momentum flux, 単位 kg/m·s)，エネルギー束 (energy flux, 単位 J/m^2·s) などを考えることができる．

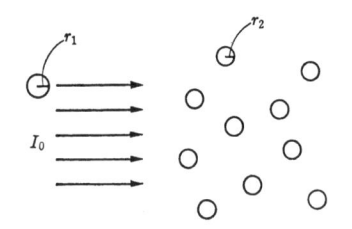

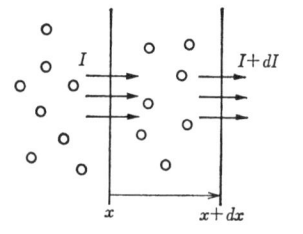

図 2.15 静止ターゲット（原子半径r_2）に衝突するビーム（原子半径r_1）の模式図

図 2.16 入射ビーム束の減衰

と書ける．ここでσは両分子の衝突断面積で，図2.6と式(2.13)より$\pi(r_1+r_2)^2$と書ける．

式(2.50)を積分して，$x = 0$でのビーム束をI_0とすれば

$$I = I_0 \exp(-\sigma n x) \tag{2.51}$$

と書ける．$I/I_0 = 1/e = 1/2.718$の程度になると，ビームは大部分1回の衝突を受けることになるので，その時のxの値を**平均自由行程**（mean free path length）と呼び，λで示す．すなわち

$$\lambda \simeq \frac{1}{n\sigma} \tag{2.52}$$

以上では，静止分子群2に分子ビーム1を入射した場合を考えたが，ビーム1は分子群2の中の特定の1個の運動を代表するもの［これを**試験粒子**（test particle）と呼ぶ］と考えてもよい．そこで，一般に密度nの中の分子の平均自由行程を式(2.52)であると考えることができる．以上の計算ではターゲット分子，入射分子の熱運動を無視したが，それを考慮した計算によれば，式(2.52)の結果に$\sqrt{2}$の補正が必要で

$$\lambda = \frac{1}{\sqrt{2}\, n\sigma} \tag{2.53}$$

と求まる．

［例題 2.2］ 常温，常圧空気中の分子の平均自由行程を求めよ．
［解］

$$n = 2.4 \times 10^{25} \text{ m}^{-3}$$
$$\sigma = \pi(2 \times 0.9 \times 10^{-10})^2$$

$$= 1.0 \times 10^{-19} \text{ m}^2$$

を式(2.53)に代入して

$$\lambda = 2.9 \times 10^{-7} \text{ m } (0.3 \mu\text{m})$$

となる.分子間の平均距離 $l = \dfrac{1}{\sqrt[3]{n}} = 3 \times 10^{-9}$m および原子寸法 $d = 1.8 \times 10^{-10}$ mを考えれば

$$d \ll l \ll \lambda \tag{2.54}$$

であることがわかる.

次に,各分子は平均的には v_{th} 程度の速度で運動しているので,分子の**平均衝突頻度**(mean collision frequency) ν は

$$\nu = \frac{v_{th}}{\lambda} \tag{2.55}$$

で求まる.式(2.55)に式(2.37),(2.53)を代入すれば

$$\nu = \sqrt{\frac{6\kappa T}{m}} n\sigma \tag{2.56}$$

となる.また

$$\tau = 1/\nu \tag{2.57}$$

を**平均自由時間**(mean free time)と呼ぶこともある.

[例題 2.3] 常温,常圧空気中の ν,τ を求めよ.
[解] 式(2.56),(2.57)より

$$\nu = 1.7 \times 10^9 \text{ s}^{-1}$$
$$\tau = 5.9 \times 10^{-10} \text{ s}$$

となり,空気中では粒子は極めて活発な衝突を繰り返していることをうかがわせるであろう.この衝突により,速度分布が式(2.36)から外れていても,急速に(10^{-9} s=1ns 程度の時間で)それに近づくのである.

2.2.2 気体の絶縁破壊

気体状態にある分子群に,2.1節で述べた大きさのエネルギーを与えて電離させ,それを進めてプラズマ状態にするのに最も一般によく用いられるエネル

ギー注入法は電界によるものである．それは電気工学の分野では，絶縁物として働いていた気体がプラズマ化して導体化し，絶縁物の役割を果さなくなるので，**絶縁破壊**または単に**破壊**（breakdown）と呼ばれてきた．絶縁破壊過程を理解することは気体のプラズマ化過程を把握する上で有用であるから，本項ではそれらについて略述する．

絶縁破壊過程を考察するために，図2.17に示す回路を考える．ガラスなどでできた容器C内に適当な圧力の気体を封入して，その中に挿入した一対の電極を外部の電気回路と結び，電圧Vを印加する．**陰極**（cathode）Kと**陽極**

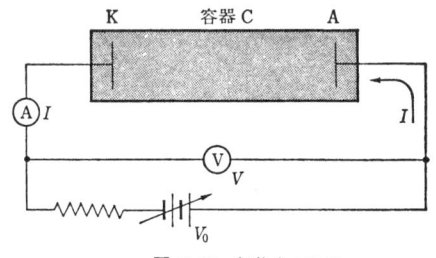

図 2.17 気体中の放電

（anode）A間の空間は，ほとんど中性気体によって満たされているが，わずかではあるがイオンや電子も含まれている．これらの荷電粒子は電界によって加速されて，分子，原子に衝突して電子とイオンをつくる．その際KA間に印加される電界$E(=V/d, d：KA間の距離)$により，質量の軽い電子がイオンよりはるかに高速に加速されるので，以下は電子による電離作用のみ考えよう．加速された電子による分子，原子の電離作用を繰り返して電子・イオン対が次第に増殖すれば**電離度**（degree of ionization, 全粒子密度に対する荷電粒子密度の割合）が増えて，最終的には絶縁破壊の状態にいたる．電子を加速する電界の値が大きければ，電子のエネルギーも大きくなるから，電離も盛んになる．タウンゼントは，電極間の電界が一様な条件下での気体の絶縁破壊について基礎的な研究を行った．その考え方に沿って絶縁破壊現象を調べる．

1個の電子が1m進む間に衝突電離を行って，元の電子以外にイオンと電子の対を生ずる回数をαとして，これを電子の**衝突電離係数**（coefficient of ionization by collision）と呼ぶことにする．図2.18において1個の電子がxから

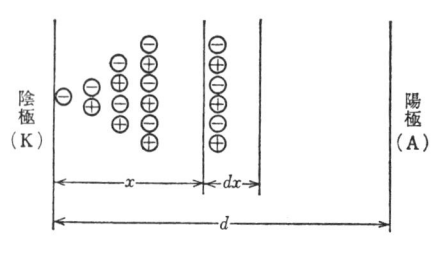

図 2.18 衝突電離作用

$x+dx$ まで微小距離 dx 進む間に，電子の数は αdx だけ増加するから，N 個の電子に対する増加数 dN は

$$dN = \alpha N dx \tag{2.58}$$

である．毎秒当り陰極面（$x=0$）から放出される電子（これを**初期電子**という）の個数を N_0 とすると，式(2.58)から

$$N = N_0 \exp(\alpha x) \tag{2.59}$$

が得られ，陽極の表面（$x=d$）では1秒間に

$$N_a = N_0 \exp(\alpha d) \tag{2.60}$$

の電子が到達する．したがって，陽極に流れ込む電子電流 j は

$$j = eN_0 \exp(\alpha d) \tag{2.61}$$

と表せる．すなわち，毎秒当り陰極から N_0 個の電子が出て，陽極表面では $N_0 \exp(\alpha d)$ になっているから，電子は $N_0 \exp(\alpha d) - N_0 = N_0\{\exp(\alpha d)-1\}$ 個増加したことになり，電極間の空間で同数の正イオンが生成されていることになる．

ところで，正イオンは陰極表面に衝突して，その表面から二次電子を放出する．正イオン1個当りの放出電子数を γ とすると，$\gamma N_0 \{\exp(\alpha d)-1\}$ 個の二次電子が放出される．これらの電子は衝突電離作用のために陽極表面では $\gamma N_0\{\exp(\alpha d)-1\}\exp(\alpha d)$ に増殖し，以下図2.19のように進展する．

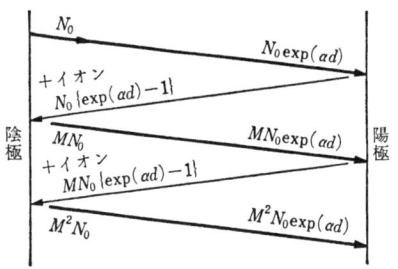

図 2.19 電子による衝突電離作用と陰極における二次電子放出による電子の増殖 [$M = \gamma\{\exp(\alpha d)-1\}$]

したがって二次電子放出を考慮すると，陽極に流れ込む電子電流は

$$\begin{aligned} j &= e[N_0 \exp(\alpha d) + \gamma N_0\{\exp(\alpha d)-1\}\exp(\alpha d) \\ &\quad + \gamma^2 N_0\{\exp(\alpha d)-1\}^2 \exp(\alpha d) + \cdots\cdots] \\ &= eN_0 \frac{\exp(\alpha d)}{1-\gamma\{\exp(\alpha d)-1\}} \end{aligned} \tag{2.62}$$

となることがわかる．

初期電子 N_0 の供給が他からなくても，j が有限となる条件は式(2.62)の分

母がゼロの時で

$$\gamma\{\exp(\alpha d)-1\}=1 \qquad (2.63)$$

である．この単純な関係式は最初陰極から出た1個の電子の衝突電離作用によって $\{\exp(\alpha d)-1\}$ 個の陽イオンが生じ，これが陰極に達して作る二次電子の数が1に等しく，初めの電子と同じ働きをすることを意味している．式(2.63)は**自続放電確立の条件**または**シューマンの式**といい，またこの条件を成立させるために必要な電圧を**放電開始電圧**または**火花電圧**(spark voltage)という．

パッシェン(Paschen, 1865-1947)は放電開始電圧 V_s が，平等電界のもとでは気体圧力 p と電極間隙長 d の積 pd の関数となることを実験によって見い出した．この放電開始電圧 V_s を与える**パッシェンの法則**(Paschen's law)は，式(2.63)と α の電界 E と p に対する表現式

$$\alpha/p = A\exp\{-B/(E/p)\} \qquad (2.64)$$

を用いて次のように求めることができる．

$$V_s = \frac{Bpd}{\ln(Apd) - \ln\ln\left(1+\dfrac{1}{\gamma}\right)} \qquad (2.65)$$

ここで A，B は気体固有の定数であり，代表的な気体に対する値を表2.9に示す．[α は本来，E，p 以外に2.1節で導入した各種断面積を用いて表現されるべきものである．それら各種断面積の気体による巨視量 α への影響を定数 A，B で表し，近似式として表現したものが式(2.64)である]．式(2.65)は電子が平均自由行程 λ_e 進む間の電離回数 $\alpha\lambda_e = (\alpha/p)\lambda_{e1}$（$p$ は Torr で測り，λ_{e1} は $p=1$ Torr のときの平均自由行程）は λ_e 進む間に電界から得るエネルギー $eE\lambda_e = e\lambda_{e1}(E/p)$ によって与えられることを示している．

表 2.9 式(2.64)の定数の値

気体	A [1/Torr·cm]	B	適用範囲 E/p [V/cm·Torr]
空気	14.6	365	150～600
N_2	12.4	342	150～600
H_2	5.0	130	150～400
CO_2	20.0	466	500～1000
H_2O	12.9	289	150～1000
Ar	13.6	235	100～600
He	2.8	34	20～150

式(2.64)，(2.65)のように放電に関係した量を電子の平均自由行程を基準として表せば，放電を圧力に無関係に統一的に取り扱うことができる．これは放電の**相似則**(similarity law)と呼ばれているもので，放電を考える場合に一般的に成立する重要な法則である．

2.2 荷電粒子群の生成と消滅

図2.20はいろいろな気体に対するパッシェンの法則の結果であり，pd のある値において最小の V_S が現れることがわかる．表2.10に種々の気体につき，その最小絶縁破壊電圧 $V_{S\min}$ およびそれの起る $(pd)_{\min}$ の値を示す．$V_{S\min}$, $(pd)_{\min}$ は式(2.65)を(pd)で微分したものをゼロとおけば求められ

$$(pd)_{\min} = (2.718/A)\ln\left(1+\frac{1}{\gamma}\right) \tag{2.66}$$

$$V_{S\min} = B(pd)_{\min}$$
$$= B(2.718/A)\ln\left(1+\frac{1}{\gamma}\right) \tag{2.67}$$

となる．この $V_{S\min}$ は，物理的には α が式(2.64)のような E の関数で表されるために，電子が 1V 当り進むときに電離する回数 $\alpha/E=(\alpha/p)/(E/p)$ が，ある E で最大値をとることによって生じる．

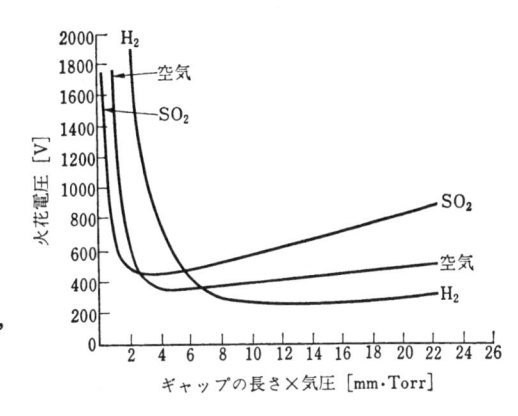

図 2.20 平行平板電極間の火花電圧（パッシェンの法則）

表 2.10 最小火花電圧 $V_{S\min}$ とそれを与える $(pd)_{\min}$

気 体	$V_{S\min}$[V]	$(pd)_{\min}$[mm·Torr]
空 気	300	5.67
H_2	270	11.5
O_2	450	7.0
N_2	250	6.7
He	約 156	約 40
Ar	233	7.6
Ne	186	3.0
Na蒸気	335	0.4
CO_2	420	5.0

2.2.3 荷電粒子群の発生

図2.17に示した実験において，KA 間の端子電圧 V を徐々に増加させていった時の電圧-電流特性の一例を図2.21に示す．放電条件（気体の種類，圧力，電極間距離など）を変化させても，同図で示す oabcde への変化の特徴的な様子は変わらないので，以下にはその放電維持機構を定性的に説明することによって，荷電粒子群の発生からプラズマへの変化を把握しよう．

まず，oa 部は図2.17の気体が絶縁体として働いている部分で，外部回路か

ら印加した電圧はそのまま端子間電圧となる．ところが式(2.65)で与えられる自続放電開始電圧 V_S 付近で，電流を増加するために電圧を上昇させると，電離で発生した電子とイオンの数がさらに増大し，陽極側に次第にプラズマ領域を形成していく．このプラズマ領域では，プラズマの導電性のため直流の電界がほとんどかからないから，あた

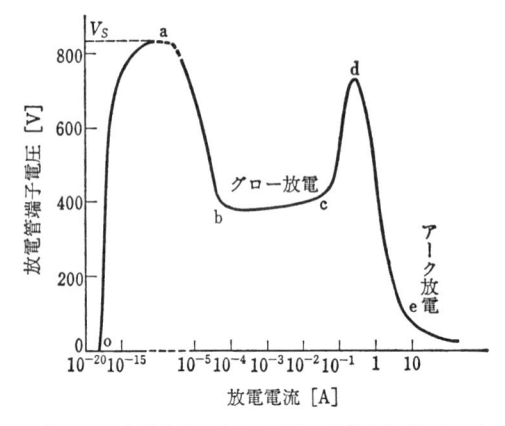

図 2.21 気体放電の電圧-電流特性[低気圧（数 Torr）における代表的な特性．a：絶縁破壊，b-c：グロー放電，e：アーク放電]

かも陽極がそこまで延びていき，その仮想的陽極と陰極間の領域で2.2.2項で述べたような自続放電の維持機構が保たれる状態になる．したがって，パッシェンの法則で $(pd)>(pd)_{min}$ の領域で，図2.20に示したように上記の機構で d が減少して (pd) が小さくなると，自続放電を維持するに要する電圧は低くなるから，いったん自続放電が開始されると，放電電流が急激に増加し，絶縁破壊に至る (ab)．$(pd)_{min}$ 付近に達すると，放電領域が陰極全体に広がるまでほぼ V_{Smin} に近い値を保ち続ける (bc)．さらに電源電圧 V_0 を上昇すると，(pd) が $(pd)_{min}$ より小さくなろうとするから，放電に必要な電圧を高くしなければならなくなる (cd)．放電電流をさらに上昇すると，イオンによる陰極面での二次電子放出以外の他の二次電子放出機構（熱電子放出など）が重要となり，アーク放電に至る(de)．

以上，プラズマの発生法としては最も単純な，直流電圧による方法を例にとって，現象を非常に単純化して示した．現実にプラズマ状態を維持するには，電離作用による荷電粒子群の生成を，拡散や再結合による損失とバランスさせるか，より大きくしなければならない．気体の種類，圧力などを設定した後で荷電粒子群の生成量を支配するのは，式(2.64)のように電界 E であるが，それは気体がプラズマ化した後では，その空間電荷によって，V/d とは大きく変ってくる．したがって，図2.21の b より右側のプラズマが，KA間の空間を満た

した状態では，荷電粒子の密度および電界が非一様になることが予想されるであろう．これら詳細については，3章でプラズマの一般的な性質を調べた後，さらに詳しく述べる．

2.3 気体のプラズマ化の方法

前節では直流電界による気体の絶縁破壊，荷電粒子群の発生とそれによるプラズマ生成について述べた．ここでは，気体をプラズマ化する方法を簡単にまとめておこう．

2.3.1 電気的な方法によるもの

図2.4に示したように，電離に必要なエネルギーは5～25eV程度である．電子をこのエネルギーに加速するのに必要な5～25Vの電位差は実験室で容易に実現できることから明らかなように，電気的な方法でのプラズマ発生が最も容易で普通に行われている方法である．プラズマ生成のために印加する電位の時間変化によって，以下のように分類して考える．

直流放電プラズマ　図2.17に示したように，外部から一定電圧を印加した時に生成されるプラズマで，比較的低温（10000K程度）のプラズマ生成に利用される．大気圧程度の高圧気体中の直流放電プラズマは，電気溶接，加工などに利用され，各種低圧気体中のものは気体レーザー励起などに利用されている．

交流放電プラズマ　図2.17の両電極間に商用周波数程度の交流電圧を印加すれば，プラズマ中の電流の方向が各半周期毎に変化する状態で気体中にプラズマが維持される．直流電源を必要としない簡単なプラズマ生成法として電気溶接に広く用いられ，高温化学反応用熱源としての応用などが検討されている．また，低気圧中の放電プラズマは蛍光灯やネオン灯のような照明器具に広く利用されている．

高周波放電プラズマ　図2.22に示す配置でソレノイドコイル両端にkHzからMHz以上の高周波を印加すれば，コイル内の方位角方向に高周波電界が誘起される．その電界が内部の気体を絶縁破壊するのに十分ならば，プラズマが生成される．電極を用いないで連続したプラズマ生成が行えるので，プラズ

マ中への電極物質の混入がなく，きれいなプラズマができ，化学反応用熱源などとして広く用いられている．

パルス放電プラズマ　気体に瞬時に立ち上がりの早い電圧を印加して放電プラズマを生成するものである．自然界での雷放電もこの一種であるが，工学的には電気遮断器，開閉器や高圧送電線の絶縁設計など，電力工学での応用例が多い．他方，パルス放電プラズマでは高密度エネルギーを短時間に集中できるので，高温プラズマを生成でき，大部分の核融合プラズマ生成がこの方法によっている．これについては，4.4節で詳しく述べる．

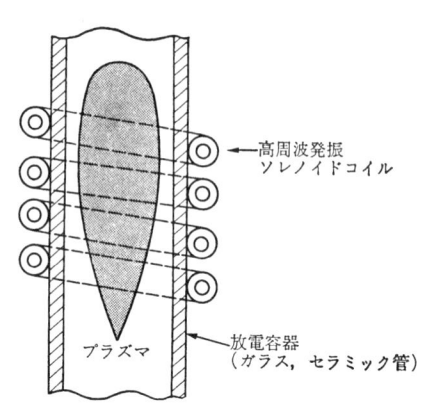

図 2.22　高周波放電プラズマ（無電極放電プラズマ）

2.3.2　大出力レーザーおよび粒子ビームによるもの

レーザー生成プラズマ　大きなエネルギーのレーザーをナノ秒（10^{-9}s）以下の短時間に集中して発生することができるようになったので，そのレーザーの強電界で，気体さらには液体，固体をも瞬時に絶縁破壊してプラズマ化できるようになった．このプラズマ生成・加熱法は，4.4節で述べる慣性核融合研究において利用されている．

粒子ビーム生成プラズマ　大出力の電子およびイオンビームを気体さらには液体，固体中に集中することによって，ビームエネルギーによるこれら物質のプラズマ生成を行うことができる．すでに難溶物質の溶解さらにはビーム溶接法などとして工学的に利用されているが，さらにはレーザーと同様，瞬時に高温，高密度プラズマが生成できることから，慣性核融合への応用が考えられている．

2.3.3　その他の方法によるもの

接触電離生成プラズマ　図2.4において電離電圧の最も低い Li, Na, K な

どのアルカリ金属の蒸気を2000K以上の高温に加熱した金属板(タングステンなど)に接触させると，金属表面での**接触電離**(contact ionization)により蒸気が低密度ながらプラズマ化される．接触電離によるものでは，変動の少ない静かなプラズマが生成されるので，プラズマ波動実験に利用されている．

衝撃波生成プラズマ　気体中を音速以上の速度で物体を飛行させると，衝撃波が発生し，衝撃波後の気体は加熱される．衝撃波が十分強いと，気体は数千度～数万度(数eV)に加熱され，その熱による電離でプラズマが生成される．**衝撃波管**(shock tube)という装置は，この方法により実験室で簡単にプラズマを得て基礎的研究を行うために用いられる．さらにスペースシャトルなど人工衛星の回収の際の大気圏再突入時に強い衝撃波ができて，衛星全体が高温プラズマに囲まれるので，衛星の断熱設計に配慮が要求される．また，このプラズマが形成されている間はプラズマによる電磁波の**遮断**(cut-off, 3.4.2項参照)のため，地上から衛星への電波指令は行えない[**通信途絶**(communication black-out)と呼ばれる]．

演 習 問 題

1. 気体を電離する方法について述べよ．
2. 以下に示す諸原子を電離するに必要な光の波長 λ [nm]を計算せよ．
    原子：H, He, N, O, Ne, Ar
3. パッシェンの法則(Paschen's law)について説明せよ．
4. 圧力1 Torr，常温(300 K)におけるアルゴン気体($m=6.68\times10^{-26}$kg)のn, λ, v_{th}, ν, τ を計算せよ．
5. 次の事項を説明せよ．
    (1) 電離電圧
    (2) 衝突断面積
    (3) 負イオン
    (4) 熱電子放出
    (5) 再結合
    (6) マックスウェル・ボルツマンの速度分布関数
    (7) 熱速度

3. プラズマの性質

プラズマ状態の物質を工学的な諸分野で応用・利用するためには，プラズマが与えられた条件の下でどのような挙動を示すかを明確に把握しておかなければならない．これは，現に利用されている機器の性能改善を行おうとする狭義の工学的課題解決のために必要なことである．同時にプラズマ工学では，新しい工学的応用分野を開拓・開発しようとする広義の工学の分野に入る部分が大きいので，その開発の際，越えるべき障壁の高さを的確に理解し，それを乗り越える方策を追求するには，プラズマの性質の把握は不可欠のことである．

本章では，1.3節で述べたプラズマ物理学の内容を述べることになる．しかし，従来の「プラズマ物理学」の教科書が物理学としての体系の美しさ，首尾一貫性を強調している（そのため，初学者にはプラズマの性質の全体像を理解し難くしている）のに対し，本章ではプラズマ工学の基礎を理解する上で基本的な考え方を述べる．

3.1 プラズマ状態の特徴

物質がプラズマ状態にあることの判定について，1.2節では定性的に「その物質の振舞・性質が，気体とは違った際立った特徴を示す」ことが条件であると述べた．本節ではこの内容を，デバイの長さを用いて定量化する．

3.1.1 デバイの長さ

プラズマを構成する個々の粒子は，電子，イオンなどの荷電粒子であるから，その中のどの2個A，B（距離 r だけ離れ，電荷量を q_1, q_2 とする）をと

3. プラズマの性質

っても $V=q_1q_2/4\pi\varepsilon_0 r$ のクーロンポテンシャルで作用し合う．すなわち，電荷間の相互作用は距離 r が大きくなっても $1/r$ に比例してゆっくりとしか減少しない［これを**遠達力** (long range force) という］．ところがプラズマ中には今着目したA，B以外の荷電粒子が多数存在するので，r がある値 λ_D 以上大きくなると，A，B以外の荷電粒子の影響が効いてきて，AB 間の相互作用が上述したクーロンポテンシャルよりずっと小さくなり，無視できる程度になる．この現象を**デバイの遮へい** (Debye shielding) といい，λ_D を**デバイの長さ** (Debye length) と呼ぶ．

λ_D の大きさを得るために，図3.1 に示すように，プラズマ中に平面グリッドGを挿入し，その電位を無限遠に比して V_0 にしたときの空間的な電位分布を求めてみよう．空間電位 $V(x)$ はポアソン方程式により，次式で表される．

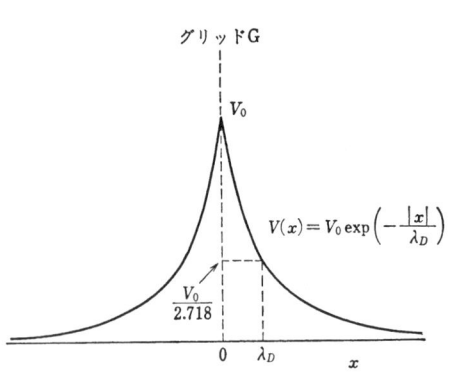

図 3.1 グリッドGがある場合の電位分布

$$\frac{d^2V}{dx^2} = \frac{e}{\varepsilon_0}(n_e - n_i) \tag{3.1}$$

ここで，n_e, n_i はそれぞれ電子，イオンの各点での密度であり，イオンは1価に電離していると仮定した．無限遠方での密度を n_∞ とし，イオンは各点で n_∞ に等しく，電子は各点の電位Vおよび電子の温度 T_e に対するボルツマン分布をしているとすれば

$$n_i = n_\infty$$
$$n_e = n_\infty \exp(eV/\kappa T_e) \tag{3.2}$$

となる．

式 (3.2) を式 (3.1) に代入すれば

$$\frac{d^2V}{dx^2} = \frac{e}{\varepsilon_0} n_\infty \left\{ \exp\left(\frac{eV}{\kappa T_e}\right) - 1 \right\} \tag{3.3}$$

電位が電子温度に比して十分小さな領域 $eV/\kappa T_e \ll 1$ では，式 (3.3) の右辺を

展開して
$$\frac{d^2V}{dx^2} = \frac{e}{\varepsilon_0} n_\infty \left\{ \left(-\frac{eV}{\kappa T_e}\right) + \frac{1}{2}\left(\frac{eV}{\kappa T_e}\right)^2 + \cdots \right\} \quad (3.4)$$

式 (3.4) の右辺第二項を第一項に比して無視すれば
$$\frac{d^2V}{dx^2} = \frac{e^2 n_\infty}{\varepsilon_0 \kappa T_e} V \quad (3.5)$$

この式を $x=0$ で $V=V_0$, $x=\pm\infty$ で $V=0$ の境界条件の下で積分すれば
$$V = V_0 \exp(-|x|/\lambda_D) \quad (3.6)$$

となる．ただし
$$\lambda_D = \sqrt{\frac{\varepsilon_0 \kappa T_e}{e^2 n_\infty}} \quad (3.7)$$

すなわち図3.1に示すように，グリッドGに与えた電位はプラズマによって遮へいされて急激に減少し，$x=\lambda_D$ の位置では $V_0/2.718$ になることがわかる．電子の熱運動がない場合（$T_e = 0$）には，遮へいは完全でグリッドの電位はプラズマ中では全然感じられないが，有限な熱運動をしている場合，式 (3.7) 程度の領域への「電位のしみ出し」があることになる．

以上に示したグリッド電位のプラズマによる遮へい効果は，プラズマを構成する個々の荷電粒子 q の電荷の遮へいとしても現れ，q の作る電位 $V(r)$ は
$$V(r) = \frac{q}{4\pi\varepsilon_0 r} \exp\left(-\frac{r}{\lambda_D}\right) \quad (3.8)$$

と表せることを証明することができる．

[**例題 3.1**] 次のパラメータのプラズマについて，デバイの長さを求めよ．
(i) $n_e = 10^{12}/\text{m}^3$, $T_e = 0.05\text{eV}$ (電離層プラズマ)
(ii) $n_e = 10^{15}/\text{m}^3$, $T_e = 2\text{eV}$ (低圧放電プラズマ)
(iii) $n_e = 10^{20}/\text{m}^3$, $T_e = 10\text{keV}$ (核融合プラズマ)

[**解**] 式 (3.7) で物理定数を代入すれば
$$\lambda_D = 7.43 \times 10^3 \times \sqrt{\frac{T_e(\text{eV})}{n_e(1/\text{m}^3)}} \quad [\text{m}] \quad (3.9)$$

となるので，上記の条件に対して，それぞれ(i) $1.66\times10^{-2}\text{m}(1.66\text{mm})$, (ii) $3.32\times10^{-4}\text{m}(0.33\text{mm})$, (iii) $7.43\times10^{-5}\text{m}(74.3\mu\text{m})$ となる．

3.1.2 準中性とプラズマパラメータ

プラズマの寸法Lがデバイの長さλ_Dより十分大きければ，たとえ空間の一部に荷電集中が現れたり，またグリッドを入れてそれに電位を加えても，Lよりずっと短い距離でプラズマによって遮へいされて，プラズマ中ではほとんどそれらの効果は感じられない．換言すれば，$\kappa T_e/e$ 程度の電位を生じさせるのに必要な正負荷電粒子のアンバランスn_e-n_iは極めて少量でよい．すなわち，プラズマ中では非常によい精度で$n_e=n_i$と置くことができる．したがって，プラズマは**準中性**（quasi-neutral）であるといわれる．それは電気的にほとんど中性であると見なせるが，他方，電磁界との相互作用がすべて無視されるものではない，との意味を"準"に込めている．

例題3.1において通常問題にする現象のスケールは，電離層プラズマの寸法で数m以上，低気圧放電プラズマで数mm以上，核融合プラズマでは数百mm以上であるから，これらは上記準中性の条件を満たしていることがわかる．

デバイ遮へいが有効なためには，デバイ長を半径とする球内に十分多数の荷電粒子がなければならない．すなわち

$$N_D \equiv n_e \frac{4}{3}\pi \lambda_D{}^3 \gg 1 \tag{3.10}$$

が必要である．無次元量N_Dを**プラズマパラメータ**（plasma paramater）といい，プラズマの非線形方程式の逐次近似解を求める時に$1/N_D$で展開して求められるなど，重要なパラメータである．

［**例題 3.2**］ 例題3.1のそれぞれに対するプラズマパラメータを求めよ．
［解］ 式（3.10）の物質定数を代入して

$$N_D = 1.72 \times 10^{12} T_e{}^{3/2}[\text{eV}]/n_e{}^{1/2}[\text{m}^{-3}] \tag{3.11}$$

と書けるので，それぞれの条件に対してN_Dは，(i) 1.9×10^4, (ii) 1.5×10^5, (iii) 1.7×10^8となり，式（3.10）の条件が十分満たされていることがわかる．

3.1.3 プラズマ状態の特徴

前項までの検討により，プラズマが中性気体とは異なった振舞を示すのは，

3.1 プラズマ状態の特徴

寸法 L がデバイ長より十分大きく,全体として,準中性と見なせること,およびプラズマパラメータが1より十分大きいことが必要であることがわかった.これらを式として示せば

$$\left. \begin{array}{l} L \gg \lambda_D \quad (n_i \approx n_e) \\ N_D \gg 1 \end{array} \right\} \qquad (3.12)$$

以上プラズマの静的(static)な特徴を示したが,本章の以下の各節では動的(dynamic)な性質,すなわち,(i) 与えられた電磁界および境界条件(固体壁の位置など)の下で,プラズマ全体がどのような振舞をし,(ii) この結果プラズマ中でいかなる粒子バランス(外部から注入された粒子,中性粒子を電離することによる荷電粒子の粒子増と,再結合,拡散などにより損失となる粒子減の差で生ずる粒子密度全体の推移を粒子バランスという),運動量バランス(同様に運動量についての推移),エネルギーバランスを示すか,を考える.

そこで,最も単純には「プラズマは,正電荷と負電荷の荷電粒子の集合であって,それらは,個々にニュートンの運動方程式に従って運動するのであるから,それら個々の運動を追跡し,その加え合わせによってプラズマ全体を理解できる」と考える立場がある.この考え方に従って説明できるプラズマ現象も多く,特に4章で示す核融合を目指すプラズマや宇宙空間でのプラズマのように,高温で密度が比較的低く,現象が変化する時間内での粒子間衝突の頻度が低い場合にはよい近似となる.この考え方については,**3.2 単一粒子として取り扱える場合**で述べる.

ところが,粒子間衝突の頻度が高くなり,またプラズマ内での空間電荷の効果が複雑になると,上記個々の粒子軌道の追跡は不可能になり,他の方向からの考察が必要になる.そこで3.2節とは他方の極端な考え方として,粒子の個々の挙動を無視して,空間の個々の場所での平均密度,平均速度,温度についての推移を追跡する方法がある.これは,いわば個々の粒子の性質,運動をぬりつぶして,連続体として取り扱おうとするもので,**3.3 連続体として取り扱える場合**にその考え方,それに基づく方程式およびそれから導かれるプラズマの運動を示す.変形する連続体としての取り扱いは,通常,液体,気体などの流体に対して用いられるので,この方法を**流体として取り扱う方法**ともいう.ただし,その際1.3節で(2)に関連して述べたように,荷電粒子の中でイオン群と

電子群は際立って異なる振舞を示すので,それぞれ異種の流体として取り扱う.

ところで,このようにプラズマを連続体ないし流体として取り扱うには,**局所熱平衡**(local thermodynamic equilibrium)の仮定が必要であるが,粒子間衝突が比較的少ないプラズマでは,この近似は精度が悪くなる.すなわち,単一粒子として取り扱うには粒子間の相互作用が大きく,流体として取り扱うには稀薄すぎるという中間状態が存在する.この場合にはプラズマに**運動論的**(kinetic)取り扱いが必要になり,速度分布関数に関する**ボルツマン・ブラソフ方程式**(Boltzmann-Vlasov equation)を基にした考察を進めなければならない.しかし,これにはかなり複雑な数式的取り扱いを要する上,プラズマ工学の基礎を理解するには必要でないので,本書では割愛する.

3.4節では,プラズマからのエネルギー損失ないし,プラズマ状態の性質の理解の上で重要な,プラズマ中の放射過程について略述する.

以上を基に,3.5節ではプラズマ現象の代表的例について二,三の実例を示して説明する.

3.2 単一粒子として取り扱える場合

1個の荷電粒子に働く力としては,電界 E による力 qE と磁界(磁束密度)B によるローレンツ力 $q(v \times B)$ の二つが支配的であり,重力による力 mg は電子,イオンの質量が小さいために,上述の二つの力に比べて小さい.したがって,衝突のないプラズマ中の1個の荷電粒子の運動は次式で表される.

$$m\frac{dv}{dt} = q(E + v \times B) \tag{3.13}$$

B には問題にしている1個の荷電粒子自身の運動で発生する磁界も含まれるが,その大きさは外部磁界に比べて小さく,無視される.

式(3.13)は簡単な形をしているが,実際には電界と磁界がある特別な幾何学的配置をしている場合以外は,厳密解を解析的に求めることは困難である.これに代る手法として,まず,厳密解が求まる配位である"空間的に一様な直流磁界中の荷電粒子の運動"を基本的な運動とし,電界や一様でない磁界が印加された場合の運動は基本運動に追加された重畳運動として取り扱う,いわゆ

る軌道運動理論（orbit theory）を用いる方法がある．これは近似理論であるにもかかわらず，核融合閉じ込め装置や他の電磁界中の荷電粒子の運動を利用した装置において起る現象をよく記述することができ，しかもプラズマ全体に生じる現象を物理的に洞察する際に非常に有効である．

本節では，3.2.1項において種々の電磁界配位での式(3.13)の取扱い方（軌道運動理論）について学び，その議論を基にして，3.2.2項，3.2.3項で二つの基本的なプラズマ磁気閉じ込め方式を取り上げ，その中での荷電粒子の特徴的振舞を考える．

3.2.1　1個の荷電粒子の電磁界中の運動

空間的に一様な直流磁界中の運動　空間的に一様な直流磁界 B のもとでの荷電粒子の運動は

$$m\frac{d\boldsymbol{v}}{dt}=q(\boldsymbol{v}\times\boldsymbol{B}) \tag{3.14}$$

で記述される．粒子に働くローレンツ力に寄与する速度は，磁界に垂直な成分のみであり，磁界に平行な成分と B との外積は0である．また，式 (3.14)の両辺と v との内積をとると

$$m\boldsymbol{v}\cdot\frac{d\boldsymbol{v}}{dt}=\frac{d}{dt}\left(\frac{1}{2}mv^2\right)=q\boldsymbol{v}\cdot(\boldsymbol{v}\times\boldsymbol{B})=0 \tag{3.15}$$

が得られる．これは直流磁界は荷電粒子に仕事をしないことを意味しており，荷電粒子の速さは一定に保たれる．式 (3.14)を一般的に解くにあたって，まず荷電粒子が磁界に垂直な方向に運動する場合について考え，次にその結果をもとに，磁界に対して任意の方向に運動する場合について考える．

（1）　v が B に垂直な場合

荷電粒子に働く力 $q(\boldsymbol{v}\times\boldsymbol{B})$ は v にも B にも垂直であるから求心力として作用し，慣性力である遠心力と釣り合って粒子は円軌道を描く．この運動をさらに詳しく調べるために，直交座標系で式 (3.14)の定常解を求めてみよう．

今，B は z 方向とし

$$\omega_c=\frac{|q|B}{m} \tag{3.16}$$

なるパラメータを導入すると，式 (3.14)は

$$\left.\begin{array}{l}\dfrac{dv_x}{dt}=\varepsilon\omega_c v_y \\[2mm] \dfrac{dv_y}{dt}=-\varepsilon\omega_c v_x\end{array}\right\} \quad (3.17)$$

と x, y 成分に分けることができる. ここで, $\varepsilon=q/|q|$ で, 正イオンのとき $\varepsilon=1$, 電子のとき $\varepsilon=-1$ である. 式 (3.17) の定常解は, 時刻 $t=0$ で粒子が y 軸上にあるものとすれば, その速度と位置はそれぞれ

$$\left.\begin{array}{l}v_y=-v\sin\omega_c t \\ v_x=\varepsilon v\cos\omega_c t\end{array}\right\} \quad (3.18)$$

$$\left.\begin{array}{l}x=\varepsilon r_L\sin\omega_c t \\ y=r_L\cos\omega_c t\end{array}\right\} \quad (3.19)$$

で与えることができる. ただし, ここで

$$r_L=\dfrac{v}{\omega_c} \quad (3.20)$$

である. これらの解は, 図3.2(a), (b)のように表すことができる. 粒子は旋回中心をOにもつ角周波数 ω_c[**サイクロトロン周波数** (cyclotron frequency) と呼ばれ, 電子に対して**電子のサイクロトロン周波数**, イオンに対して**イオンのサイクロトロン周波数**という]で回転運動をする. 半径 r_L [**ラーモア半径**(Larmor radius, J. Larmor 1857-1942 に因む命名), または**ジャイロ半径**(gyro-radius)と呼ばれる]の円運動をし, その回転方向は電荷の符号によって異なる. 磁界が紙面に垂直で読者の方向に向いているとすれば, イオンは時計方向に, また電子は反時計方向にまわる. この旋回方向は, 粒子の運動によって生じる電流が作る磁界の方向を考えると記憶し易い. すなわち, 電荷の符号にかかわらず粒子が作る磁界

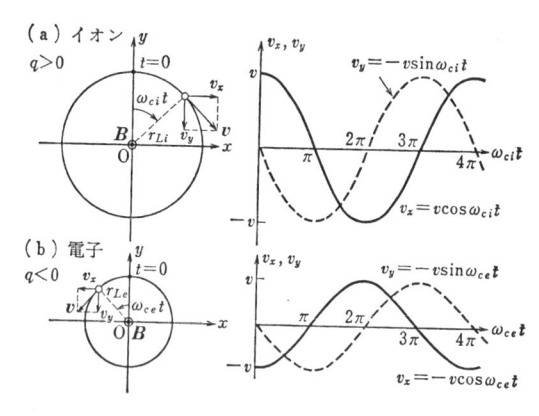

図 3.2 一様磁界中の荷電粒子の運動

が常に外部磁界を打消す方向に向くように粒子は回転する．この外部磁界を打消す性質を**反磁性**(diamagnetism) といい，荷電粒子の集合体であるプラズマもやはり反磁性を示す．電子のサイクロトロン周波数 $\omega_{ce}(=|q|B/m_e)$ は，イオンのサイクロトロン周波数 $\omega_{ci}(=|q|B/m_i)$ に比べて (m_i/m_e) 倍大きく，しかも電子の熱速度はイオンの熱速度より $(m_i/m_e)^{1/2}$ 倍ほど大きいため $[T_e/T_i \sim O(1)$ と仮定している$]$，電子のラーモア半径 r_{Le} はイオンの r_{Li} より $(m_i/m_e)^{1/2}$ 倍ほど小さい．

[**例題 3.3**] 次のパラメータのプラズマについて，電子および重水素イオンのサイクロトロン周波数およびラーモア半径を求めよ．
(i) $T_e=10\text{eV}$, $T_i=1\text{eV}$, $B=1\text{T}$ (低圧放電実験室プラズマ)
(ii) $T_e=T_i=10\text{keV}$, $B=5\text{T}$ (核融合プラズマ)
[**解**] 式(3.16), (3.20)に物理定数を代入すれば

$$\left. \begin{aligned} \omega_{ce} &= 1.76\times10^{11}B(\text{T}) \quad [\text{rad/s}] \\ \omega_{ci} &= 0.96\times10^{8}\frac{B(\text{T})}{A} \quad [\text{rad/s}] \end{aligned} \right\} \quad (3.21)$$

$$\left. \begin{aligned} r_{Le} &= 3.37\times10^{-6}\frac{\sqrt{T_e(\text{eV})}}{B(\text{T})} \quad [\text{m}] \\ r_{Li} &= 1.45\times10^{-4}\frac{\sqrt{AT_i(\text{eV})}}{B(\text{T})} \quad [\text{m}] \end{aligned} \right\} \quad (3.22)$$

となる．ここで A は質量数であり，式(3.20)の v には磁界に直角な平面での速度が問題になるので，式(2.39)の $v_\perp$ を用いた．これらの式に上記パラメータを代入すれば (重水素イオンについては $A=2$ を考慮して)

(i) $\omega_{ce}=1.76\times10^{11}$ rad/s $(2.80\times10^{10}\text{Hz})$
 $\omega_{ci}=4.80\times10^{7}$ rad/s $(7.6\times10^{6}\text{Hz})$
 $r_{Le}=1.07\times10^{-5}$ m $(10.7\mu\text{m})$
 $r_{Li}=2.05\times10^{-4}$ m (0.21mm)

(ii) $\omega_{ce}=8.80\times10^{11}$ rad/s $(1.40\times10^{11}\text{Hz})$
 $\omega_{ci}=2.40\times10^{8}$ rad/s $(3.82\times10^{7}\text{Hz})$
 $r_{Le}=6.74\times10^{-5}$ m $(67.4\mu\text{m})$
 $r_{Li}=4.10\times10^{-3}$ m (4.10mm)

これらサイクロトロン周波数およびラーモア半径の数値例からも，電子とイオンで磁界中の振舞が大きく異なることが実感されるであろう．

電磁気学では，閉ループを流れる電流 I とそれが取り囲む面積 S との積を**磁気モーメント**（magnetic moment）μ と定義している．1個の荷電粒子の旋回運動によって流れる電流（ある面を単位時間に通過する電荷量）は

$$I=|q|\frac{\omega_c}{2\pi} \tag{3.23}$$

で与えられるから，荷電粒子の旋回運動によって生じる磁気モーメントの大きさは

$$\mu \equiv IS = |q|\frac{\omega_c}{2\pi}\cdot \pi r_L{}^2 = \frac{\frac{1}{2}mv^2}{B}$$

$$= \frac{\text{旋回の運動エネルギー}}{\text{外部磁界}} \tag{3.24}$$

で表すことができる．この量は，後述するように荷電粒子の運動を調べる上で重要なパラメータとなる．

（2） v が B に対して斜めの場合

速度 v を磁界に垂直な方向の成分 $v_\perp$ と平行な成分 $v_\parallel$ に分けて

$$\boldsymbol{v}=\boldsymbol{v}_\perp+\boldsymbol{v}_\parallel \tag{3.25}$$

と書けば，運動方程式は二つの部分に分離することができて，垂直方向については

$$m\frac{d\boldsymbol{v}_\perp}{dt}=q(\boldsymbol{v}_\perp \times \boldsymbol{B}) \tag{3.26}$$

平行方向については

$$m\frac{d\boldsymbol{v}_\parallel}{dt}=0 \tag{3.27}$$

と表せる．

$v_\perp$ についての運動方程式は添字 "$\perp$" が付いているのみで，（1）の場合と全く同一である．したがって，磁界に垂直な面上への荷電粒子が描く軌道の正射影は円運動であり，そのラーモア半径は

$$r_L = \frac{v_\perp}{\omega_c} \tag{3.28}$$

で与えられる．また磁気モーメントの定義［式（3.24）］は，磁界に垂直な速度成分に対して

$$\mu = \frac{\frac{1}{2}mv_\perp^2}{B}$$
$$= \frac{\text{磁界に垂直な方向の旋回エネルギー}}{\text{外部磁界}} \tag{3.29}$$

と拡張される．

磁力線方向の運動は，式（3.27）から明らかなように

$$v_\parallel = \text{一定} \tag{3.30}$$

であり，粒子は磁界の影響を受けずに等速運動をする．

以上の考察から，$v_\parallel \neq 0$ の場合には，荷電粒子は図3.3に示すように，ピッチ $2\pi v_\parallel/\omega_c$ をもつらせん運動をする．

一様な直流電界と直流磁界がある場合 この条件のもとでの荷電粒子の運動方程式は式（3.13）である．この式をさらに磁界に垂直な方向の成分と，平行な方向の成分に分けて考えれば

$$m\frac{d\boldsymbol{v}_\perp}{dt} = q(\boldsymbol{E}_\perp + \boldsymbol{v}_\perp \times \boldsymbol{B}) \tag{3.31}$$

$$m\frac{d\boldsymbol{v}_\parallel}{dt} = q\boldsymbol{E}_\parallel \tag{3.32}$$

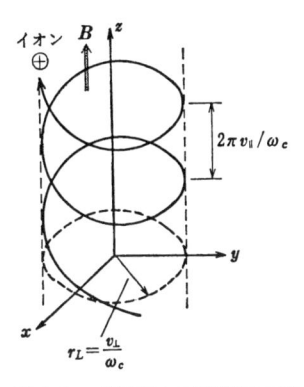

図 3.3 一様磁界中の荷電粒子の運動（$v_\parallel \neq 0$）

となる．

まず，磁界に垂直な方向の運動［式（3.31）］について考える．本節の初めに述べたように，荷電粒子の運動が速度 $\boldsymbol{v}_c$ の旋回運動（基本運動）と速度 $\boldsymbol{v}_D$ の旋回中心の運動［この運動を**ドリフト運動**（drift motion）といい，$\boldsymbol{v}_D$ を**ドリフト速度**という］の和で表現できるものとすれば

$$\boldsymbol{v}_\perp = \boldsymbol{v}_c + \boldsymbol{v}_D \tag{3.33}$$

である．$\boldsymbol{v}_D$ は，式（3.33）を式（3.31）に代入することによって得られる．

すなわち

$$m\frac{d\boldsymbol{v}_c}{dt}+m\frac{d\boldsymbol{v}_D}{dt}=q(\boldsymbol{v}_c\times\boldsymbol{B})+q(\boldsymbol{E}_\perp+\boldsymbol{v}_D\times\boldsymbol{B}) \tag{3.34}$$

において，左辺と右辺の $\boldsymbol{v}_c$ を含む項は旋回運動を与えるから

$$m\frac{d\boldsymbol{v}_c}{dt}=q(\boldsymbol{v}_c\times\boldsymbol{B}) \tag{3.35}$$

でなければならない．また式 (3.34) は $\boldsymbol{v}_D$ が

$$\boldsymbol{E}_\perp+\boldsymbol{v}_D\times\boldsymbol{B}=0 \tag{3.36}$$

を満足すれば，荷電粒子は $\boldsymbol{v}_D$ で動く座標系では電界 $\boldsymbol{E}_\perp$ を感ぜず，しかも $d\boldsymbol{v}_D/dt=0$ であることを示している．この式 (3.36) を満足する $\boldsymbol{v}_D$ は，各項と $\boldsymbol{B}$ とのベクトルの外積をとることによって得られ

$$\boldsymbol{v}_D=\frac{\boldsymbol{E}_\perp\times\boldsymbol{B}}{B^2} \tag{3.37}$$

である．このドリフトは $\boldsymbol{E}\times\boldsymbol{B}$ ドリフトと呼ばれ，磁界に垂直な電界成分があれば，$\boldsymbol{E}$ と $\boldsymbol{B}$ の両方に垂直な方向に $E_\perp/B$ の速さでドリフトすることを示している．

以上の考察は，実際の荷電粒子の運動の磁界に垂直な面上への正射影成分についてのものであり，これは $\boldsymbol{E}\times\boldsymbol{B}$ ドリフト速度と旋回運動の和であるから，その軌道は図 3.4 となる．

式 (3.37) から明らかなように，$\boldsymbol{E}\times\boldsymbol{B}$ ドリフトは電荷の符号，旋回半径の大きさにかかわらず同じ速度であるため，電子とイオンは同じ速度で移動し，電子群とイオン群との間の運動のずれがなく，電流を生じない．

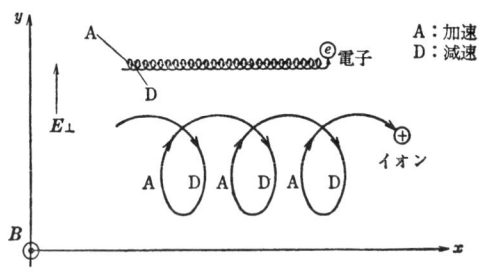

図 3.4 $\boldsymbol{E}\times\boldsymbol{B}$ ドリフト

$\boldsymbol{E}\times\boldsymbol{B}$ ドリフトの方向は，次のような物理的考察からも知ることができる．図 3.4 において $\boldsymbol{E}_\perp$ は y の正方向に向いているから，例えば反時計方向に旋回する電子は，y の正方向に進むとき減速されてラーモア半径は次第に小さくなり，一方 y の負方向に進むとき加速されてラーモア半径は次第に大きくなる．

その結果，電子はxの正方向（$\boldsymbol{E}\times\boldsymbol{B}$方向）へ進む．時計方向に旋回するイオンも加速，減速が電子と逆になることを考慮すれば，xの正方向への$\boldsymbol{E}\times\boldsymbol{B}$ドリフトが得られる．

[例題 3.4] 一様磁界 $B=5\mathrm{T}$ と直角方向に電界 $E_\perp=500\mathrm{V/m}$ が加えられた場合の $\boldsymbol{E}\times\boldsymbol{B}$ ドリフトの速度を求めよ．
[解] 式 (3.37) より

$$v_D = \frac{E_\perp}{B} = \frac{500}{5} = 100\mathrm{m/s}$$

となる．比較的弱い電界で大きなドリフト速度を生じることがわかる．

次に，磁界に平行な運動 [式(3.32)] について考えよう．磁界方向のエネルギーの式を得るために，式 (3.32) の両辺に $v_\parallel$ をかけると，磁界が z 方向を向いていることから

$$m v_\parallel \frac{dv_\parallel}{dt} = q\, E_\parallel v_\parallel = -q\frac{\partial V}{\partial z}\frac{dz}{dt} = -q\frac{dV}{dt}$$

であり，これから

$$\frac{d}{dt}\left(\frac{1}{2}mv_\parallel^2 + qV\right) = 0$$

すなわち

$$\frac{1}{2}mv_\parallel^2 + qV = 一定 \tag{3.38}$$

が得られる．したがって荷電粒子は，磁界に平行方向の運動エネルギーと電位によるポテンシャルエネルギーの和を一定に保ちながら加速，または減速される．

一定な力と一様な直流磁界がある場合 一般に外力 $\boldsymbol{F}$ が作用する場合の運動方程式は

$$m\frac{d\boldsymbol{v}}{dt} = \boldsymbol{F} + q(\boldsymbol{v}\times\boldsymbol{B}) \tag{3.39}$$

で与えられる．$\boldsymbol{E}\times\boldsymbol{B}$ ドリフトの考察と同様，この式は⊥方向と∥方向の成分に分離できて，

$$m\frac{d\boldsymbol{v}_\perp}{dt}=\boldsymbol{F}_\perp+q(\boldsymbol{v}_\perp\times\boldsymbol{B}) \tag{3.40}$$

$$m\frac{d\boldsymbol{v}_\parallel}{dt}=\boldsymbol{F}_\parallel \tag{3.41}$$

と表現できる．

⊥方向については，$\boldsymbol{v}_\perp$ を式 (3.33) で与えれば，式 (3.40) は式 (3.35) と同じ旋回運動の式と，ドリフトに関する式

$$\boldsymbol{F}_\perp+q(\boldsymbol{v}_D\times\boldsymbol{B})=0 \tag{3.42}$$

に分けられる．式 (3.42) を満たす $\boldsymbol{v}_D$ は

$$\boldsymbol{v}_D=\frac{\boldsymbol{F}_\perp\times\boldsymbol{B}}{qB^2} \tag{3.43}$$

となる．$\boldsymbol{F}_\perp$ が電界による力であれば $\boldsymbol{F}_\perp=q\boldsymbol{E}$ であるから，式 (3.43) から式 (3.37) が得られる．$\boldsymbol{F}_\perp$ が荷電粒子の電荷に依存しない力である場合には，式 (3.43) は電荷を含むから，この $\boldsymbol{F}\times\boldsymbol{B}$ ドリフトの方向は，電子とイオンについて反対である．

磁界に平行な方向の運動は，式 (3.41) に従って加速，または減速される．この例を 3.2.2 項で考察する．

不均一な直流磁界がある場合　今までの考察では，磁界は空間的に一様，すなわち磁力線は直線で，磁束密度は一定としてきた．しかし現実には磁力線は必ず閉じるから，磁束密度の疎密と磁力線の曲がりとは互いに関連しながら磁界の非一様が生じている．ここでは，ドリフトを磁束密度の不均一に基づくものと，磁力線の曲がりによるものとに分離するため，（1）磁力線は直線的で磁束密度が空間的に変化する場合（磁界にこう配がある場合），（2）磁力線に曲がりがある場合，の二つに分けて考察する．

（1）**磁界にこう配がある場合**

荷電粒子に働く力はローレンツ力のみであるから，運動方程式は

$$m\frac{d\boldsymbol{v}}{dt}=q(\boldsymbol{v}\times\boldsymbol{B}) \tag{3.44}$$

である．図 3.5 に示すように，$\boldsymbol{B}$ は z 方向，$\boldsymbol{B}$ のこう配は y 方向であるとする．今，旋回中心が座標の原点 O にある状態を考えると，荷電粒子が感じる磁界は，旋回中心の点の磁界 $\boldsymbol{B}_0$ とそれからラーモア半径 r_L だけ離れることに

3.2 単一粒子として取り扱える場合

よる変化分 $\delta B(y)$ の和で与えられるから

$$B = B_g + \delta B(y) \qquad (3.45)$$

である．したがって，式 (3.44) の⊥方向成分については

$$m\frac{d\boldsymbol{v}_\perp}{dt} = q(\boldsymbol{v}_\perp \times \boldsymbol{B}_g) + q\{\boldsymbol{v}_\perp \times \delta \boldsymbol{B}(y)\} \qquad (3.46)$$

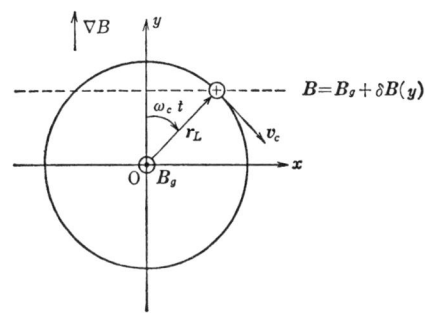

図3.5 磁界にこう配がある場合のドリフト計算モデル

と書くことができる．磁界のこう配が小さく $[|\boldsymbol{B}_g| \gg |\delta \boldsymbol{B}(y)|]$，荷電粒子が1回転したとき，$\boldsymbol{B}$ に垂直な面上への軌道の正射影がほとんど円を描くと仮定しているので，得られるドリフト速度 $\boldsymbol{v}_D$ は小さい．この条件の下で式 (3.33) を式 (3.46) に代入すると

$$m\frac{d\boldsymbol{v}_c}{dt} = q(\boldsymbol{v}_c \times \boldsymbol{B}_g) + q(\boldsymbol{v}_D \times \boldsymbol{B}_g) + q\{\boldsymbol{v}_c \times \delta \boldsymbol{B}(y)\} \qquad (3.47)$$

となる．この式において，左辺と右辺の第一項は旋回運動を示すから

$$\boldsymbol{F} + q(\boldsymbol{v}_D \times \boldsymbol{B}_g) = 0 \qquad (3.48)$$

が $\boldsymbol{v}_D$ を与える式である．ただし，ここで

$$\boldsymbol{F} = q\{\boldsymbol{v}_c \times \delta \boldsymbol{B}(y)\} \qquad (3.49)$$

粒子が旋回中心のまわりを1回転する間に感ずる $\delta B(y)$ が変化するために，等価的力 $\boldsymbol{F}$ は時間的に変化する．そこで，ここでは荷電粒子が1回転する間の平均の $\boldsymbol{v}$ をドリフト速度 $\langle \boldsymbol{v}_D \rangle$ と定義すれば，式 (3.48) から

$$\langle \boldsymbol{F} \rangle + q\langle \boldsymbol{v}_D \rangle \times \boldsymbol{B}_g = 0 \qquad (3.50)$$

となる．ここに $\langle \ \rangle$ は，粒子の旋回の1周期についての平均を示す．この $\langle \boldsymbol{v}_D \rangle$ は，式 (3.42) と同じ形をしているから

$$\langle \boldsymbol{v}_D \rangle = \frac{\langle \boldsymbol{F} \rangle \times \boldsymbol{B}_g}{qB_g^2} \qquad (3.51)$$

である．したがって，$\langle \boldsymbol{v}_D \rangle$ を求める問題は $\langle \boldsymbol{F} \rangle$ を求める問題になる．

$\boldsymbol{B}$ は原点Oからラーモア半径 r_L だけ離れた点の磁界であるから，$\delta B(y)$ は

$$\delta \boldsymbol{B}(y) = (\boldsymbol{r}_L \cdot \nabla B_g)\hat{\boldsymbol{z}} = (r_L \cos \omega_c t)\frac{\partial B_g}{\partial y}\hat{\boldsymbol{z}} \qquad (3.52)$$

で与えられる．ここに $\hat{z}$ は z 方向の単位ベクトルである．F_x, F_y は，式(3.49)，(3.18)，(3.52) を用いて，それぞれ次式のように計算できる．

$$F_x = q(v_y \delta B) = q(-v_\perp \sin \omega_c t)(r_L \cos \omega_c t)\frac{\partial B_g}{\partial y}$$

$$= -\varepsilon |q| \frac{v_\perp^2}{\omega_c}(\sin \omega_c t \cos \omega_c t)\frac{\partial B_g}{\partial y} \tag{3.53}$$

$$F_y = -q(v_x \delta B) = -q(\varepsilon v_\perp \cos \omega_c t)(r_L \cos \omega_c t)\frac{\partial B_g}{\partial y}$$

$$= -|q| \frac{v_\perp^2}{\omega_c}(\cos^2 \omega_c t)\frac{\partial B_g}{\partial y} \tag{3.54}$$

ここに，$\omega_c = |q|B/m$ である．F_x, F_y を1周期 ($T=2\pi/\omega_c$) について平均すると

$$\langle F_x \rangle = \frac{1}{T}\int_0^T F_x dt$$

$$= -q\frac{v_\perp^2}{\omega_c}\frac{\partial B_g}{\partial y}\frac{\omega_c}{2\pi}\int_0^{\frac{2\pi}{\omega_c}}\sin(\omega_c t)\cos(\omega_c t)dt = 0 \tag{3.55}$$

$$\langle F_y \rangle = \frac{1}{T}\int_0^T F_y dt = -|q|\frac{v_\perp^2}{\omega_c}\frac{\partial B_g}{\partial y}\frac{\omega_c}{2\pi}\int_0^{\frac{2\pi}{\omega_c}}\cos^2(\omega_c t)dt$$

$$= -\frac{\frac{1}{2}mv_\perp^2}{B_g}\frac{\partial B_g}{\partial y} = -\mu\frac{\partial B_g}{\partial y} \tag{3.56}$$

が得られる．式 (3.55)，(3.56) から磁界のこう配により荷電粒子に働く力は

$$\langle \boldsymbol{F} \rangle = -\mu \nabla B_g \tag{3.57}$$

で与えられることがわかる．したがって，求める $\langle \boldsymbol{v}_D \rangle$ は

$$\langle \boldsymbol{v}_D \rangle = \frac{\langle \boldsymbol{F} \rangle \times \boldsymbol{B}_g}{qB_g^2} = \frac{\mu \boldsymbol{B}_g \times \nabla B_g}{qB_g^2}$$

$$= \varepsilon \left(\frac{v_\perp^2}{2\omega_c}\right)\frac{\boldsymbol{B}_g \times \nabla B_g}{B_g^2} \tag{3.58}$$

となる．さらに，$\boldsymbol{B} = \boldsymbol{B}_g + \delta \boldsymbol{B} \simeq \boldsymbol{B}_g$ であるから，式 (3.58) は

$$\langle \boldsymbol{v}_D \rangle = \varepsilon \left(\frac{v_\perp^2}{2\omega_c}\right)\frac{\boldsymbol{B} \times \nabla B}{B^2} \tag{3.59}$$

と表すことができる．すなわち磁界のこう配によるドリフトは $\boldsymbol{B}$ と ∇B の両方に垂直な方向に生じ，荷電粒子の電荷の符合によってその方向が異なる．

この磁界のこう配に基づくドリフト方向は，図3.6に示すような物理的考察からも知ることができる．例えば電子について考えると，旋回方向は反時計方向で，粒子が y の正方向に進むときには磁界が強くなるためラーモア半径が

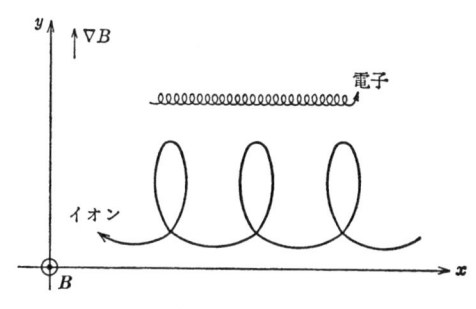

図 3.6 磁界のこう配によるドリフト

小さくなり，一方，y の負方向に進むときには磁界が弱くなるためラーモア半径が大きくなる．その結果として，電子は x の正方向（$-\boldsymbol{B} \times \nabla B$ の方向）へ進む．イオンについても，全く同様の考察から x の負方向へ進むことがわかる．

（2） 磁力線に曲がりがある場合

図3.7に示すように曲率 R の磁力線があると，磁力線に沿った粒子の運動のために，磁力線に垂直な方向に

$$F_\perp = \frac{mv_\parallel^2}{R}\hat{R} \qquad (3.60)$$

なる遠心力（慣性力）が働く．ここに，$\hat{R} = \boldsymbol{R}/R$ は $\boldsymbol{R}$ 方向の単位ベクトルである．この $F_\perp$ により

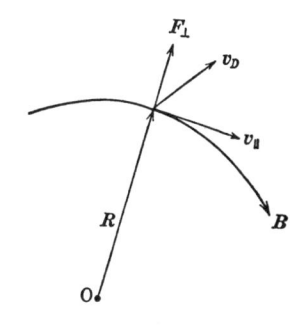

図 3.7 磁力線の曲がりによるドリフト

$$v_D = \frac{\boldsymbol{F}_\perp \times \boldsymbol{B}}{qB^2} = \frac{mv_\parallel^2}{qB^2 R}(\hat{R} \times \boldsymbol{B}) \qquad (3.61)$$

なる磁力線と $\hat{R}$ に垂直な方向へのドリフトを生ずる．

磁力線の疎密は，磁力線の曲がりのために生ずるから，両者の間には関連性がある．今，図3.8に示すようにO点に曲率の中心をもつ磁力線があるとし，a点の磁界

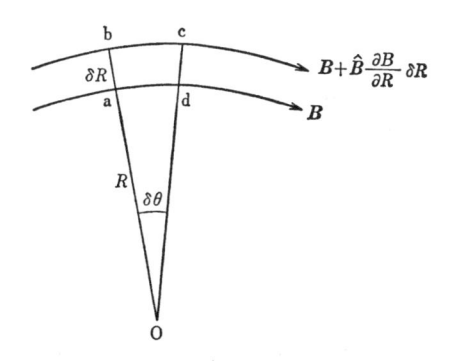

図 3.8 磁力線の曲がりと磁力線のこう配の関係

を B とすると,半径 δR だけ大きい b 点の磁界は $B+(\partial B/\partial R)\delta R$ で与えられる. a→b→c→d なる閉路を考えると,周回積分の法則*から

$$\left(B+\frac{\partial B}{\partial R}\delta R\right)(R+\delta R)\delta\theta=BR\delta\theta \tag{3.62}$$

すなわち

$$\frac{\partial B}{\partial R}=-\frac{B}{R} \tag{3.63}$$

が得られる.これをベクトル形式で表現すると

$$\left(\hat{R}\frac{\partial}{\partial R}\right)B=-\frac{B}{R}\hat{R}$$

すなわち

$$\nabla_\perp B=-\frac{B}{R}\hat{R} \tag{3.64}$$

となる.式 (3.61),(3.64) より磁力線の曲がりによるドリフトは,磁力線のこう配で与えられ

$$\boldsymbol{v}_D=\frac{mv_\parallel^2}{qB^2}\left(-\frac{\nabla_\perp B}{B}\right)\times\boldsymbol{B}=\varepsilon\frac{v_\parallel^2}{\omega_c}\frac{\boldsymbol{B}\times\nabla_\perp B}{B^2} \tag{3.65}$$

である.

したがって,磁界の不均一性に基づくドリフト速度は,式 (3.59),(3.65) から

$$\boldsymbol{v}_D=\varepsilon\left(\frac{v_\perp^2+2v_\parallel^2}{2\omega_c}\right)\frac{\boldsymbol{B}\times\nabla B}{B^2} \tag{3.66}$$

で表現される.この式から $T_e=T_i$ のときは,$\boldsymbol{v}_{Di}=-\boldsymbol{v}_{De}$ となることも明らかである.

[例題 3.5] $B=5\mathrm{T}$ の磁界がその向きと直角に $0.5\mathrm{T}/m$ のこう配がある時の磁界の不均一性に基づくドリフト速度を核融合プラズマ [例題3.3の(ii)] の電子と重水素イオンに対して求めよ.

[解] 条件に対応するパラメータを求めて式 (3.66) に代入すれば

$$\boldsymbol{v}_{Di}=-\boldsymbol{v}_{De}=300\mathrm{m/s} \tag{3.67}$$

を得る.

---

* 式 (3.124) のマックスウェルの電磁界方程式の一つ,$\nabla\times\boldsymbol{B}=\mu_0\boldsymbol{j}+\frac{1}{c^2}\frac{\partial\boldsymbol{E}}{\partial t}$ において,$\boldsymbol{j}=0$,$\frac{\partial\boldsymbol{E}}{\partial t}=0$ とおいた式から得られる静磁界に関する基本的法則である.

3.2.2 磁気鏡 (Magnetic Mirror)

磁界が空間的にゆるやかに変化する場合の磁気モーメントの一定性

図3.9に示すように、ほぼ z 方向を向いた磁界がわずかに B_r 成分をもちながら変化する場合を考えよう。磁界は

$$\nabla \cdot \boldsymbol{B} = 0 \qquad (3.68)$$

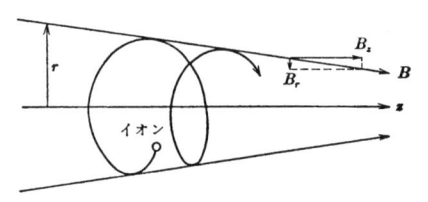

図 3.9 磁界が磁力線方向に変化する場合の荷電粒子の運動

を満たすから、これを円柱座標系で表現すれば

$$\frac{1}{r}\frac{\partial}{\partial r}(rB_r) + \frac{\partial B_z}{\partial z} = 0 \qquad (3.69)$$

である。今、$B_z \gg B_r$ であるから、$B = \sqrt{B_z^2 + B_r^2} \simeq B_z$ と近似することができる。$\partial B_z/\partial z$ が r にほとんど依存しないとすれば、半径 r の点の B_r は式(3.69)から求まり

$$B_r = -\frac{1}{r}\int_0^r \frac{\partial B_z}{\partial z} r' dr' \simeq -\frac{1}{r}\int_0^r \frac{\partial B}{\partial z} r' dr'$$

$$= -\frac{r}{2}\frac{\partial B}{\partial z} \qquad (3.70)$$

で与えられる。

今、z 軸上に旋回中心をもつ荷電粒子の運動に注目すると、B_r 成分と方位角方向の粒子速度成分 v_ϕ のために、磁力線に沿った方向にもローレンツ力が働く。それゆえ、この運動方程式は

$$m\frac{dv_\parallel}{dt} = -qv_\phi B_r = -q(-\varepsilon v_\perp)\left(-\frac{r_L}{2}\frac{\partial B}{\partial z}\right)$$

$$= -|q|\frac{v_\perp^2}{2\omega_c}\frac{\partial B}{\partial z} = -\frac{\frac{1}{2}mv_\perp^2}{B}\frac{\partial B}{\partial z}$$

$$= -\mu\frac{\partial B}{\partial z} \qquad (3.71)$$

で表される。磁力線方向の運動エネルギーの変化は、この式の両辺に $v_\parallel$ をかけることによって得られ

$$mv_\parallel\frac{dv_\parallel}{dt} = -\mu\frac{\partial B}{\partial z}\frac{dz}{dt}$$

より
$$-\frac{d}{dt}\left(\frac{1}{2}mv_\parallel{}^2\right)=-\mu\frac{dB}{dt} \tag{3.72}$$

で与えられる．一方，式 (3.15) から
$$\frac{d}{dt}\left(\frac{1}{2}mv^2\right)=\frac{d}{dt}\left(\frac{1}{2}mv_\parallel{}^2+\frac{1}{2}mv_\perp{}^2\right)=0 \tag{3.73}$$

であり，また，μ 定義 [式 (3.29)] から
$$\frac{d}{dt}\left(\frac{1}{2}mv_\perp{}^2\right)=\frac{d}{dt}(\mu B) \tag{3.74}$$

なる関係が得られるから，式 (3.72)～(3.74) より
$$-\mu\frac{dB}{dt}=-\frac{d}{dt}(\mu B) \tag{3.75}$$

でなければならない．これは
$$\frac{d\mu}{dt}=0$$

すなわち
$$\mu=一定$$

を与える．

磁気鏡による荷電粒子の閉じ込め　磁界に垂直な方向の荷電粒子の運動は磁力線のまわりをまわることによって拘束されるが，まっすぐな磁力線においてはその方向の運動は磁界の影響を受けない．しかしながら，磁力線を図 3.9 に示したように磁力線方向に絞ると μ の一定性のために磁力線方向の粒子の運動も拘束されて，磁界によるプラズマの閉じ込めが可能となる．

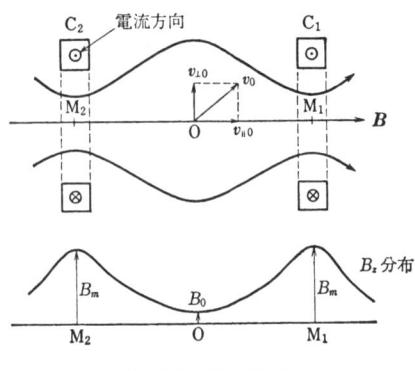

図 3.10 に示すような磁界配位中での荷電粒子の運動を考えよう．このような配位は，二つの同じ大きさの環状コイル C_1, C_2 に同方向で同じ大きさの電流を流すことによって得られる．コイル C_1, C_2 の中心 M_1, M_2 での磁界を B_m，系の中心 O (C_1 と C_2 の中間点)

図 3.10　磁気鏡

3.2 単一粒子として取り扱える場合

での磁界を B_0 とし，この O 点に旋回中心をもち，速度 v_0（磁界に垂直な方向に $v_{\perp 0}$，平行な方向に $v_{\parallel 0}$）をもつ粒子に着目しよう．

式（3.15）から，直流磁界中の荷電粒子の運動エネルギーは保存されるから

$$v^2 = v_\parallel^2 + v_\perp^2 = v_{\parallel 0}^2 + v_{\perp 0}^2 = v_0^2 \tag{3.76}$$

である．運動中 $\mu = (1/2)mv_\perp^2/B$ が一定に保たれるので，B が増加するにつれて $v_\perp^2$ が増加し，遂には，ある B で $v_\parallel = 0$ となって荷電粒子は磁界の弱い方へ反射される．このような磁界による粒子の磁気的反射は，鏡による光の反射になぞらえて，**磁気鏡**（magnetic mirror）と呼ばれている．反射点の磁界の強さ B_{ref} は，次のようにして求められる．すなわち，μ の一定性から

$$\frac{\frac{1}{2}mv_{\perp 0}^2}{B_0} = \frac{\frac{1}{2}mv_\perp^2}{B} \tag{3.77}$$

であり，これは $v_{\perp 0} = v_0 \sin\theta_0$ および式（3.76）から

$$v_\perp = v\sin\theta = v_0 \sin\theta \tag{3.78}$$

であることを考慮すると

$$\frac{\sin^2\theta_0}{B_0} = \frac{\sin^2\theta}{B} \tag{3.79}$$

と変形される．反射点では，$v_\parallel = 0$ で $\theta = 90°$ であることから

$$B_{ref} = \frac{B_0}{\sin^2\theta_0} \tag{3.80}$$

となる．

以上のことから，磁気鏡の中心で，磁力線に対して θ_0 の方向に運動している荷電粒子は B_{ref} のところで反射されることがわかる．θ_0 が小さくなるに従って，反射に必要な磁界が大きくなる．図3.10のような最大磁界 B_m の系において閉じ込め得る最小の $\theta_0 = \theta_{\min}$ は，式（3.79）から

$$\sin^2\theta_{\min} = \frac{B_0}{B_m} \tag{3.81}$$

で与えられる．$\theta_0 < \theta_{\min}$ の粒子は，B_m の点で $v_\parallel = 0$ とならず，磁気鏡の外へ逃走してしまう．

したがって，図3.11に示すよう

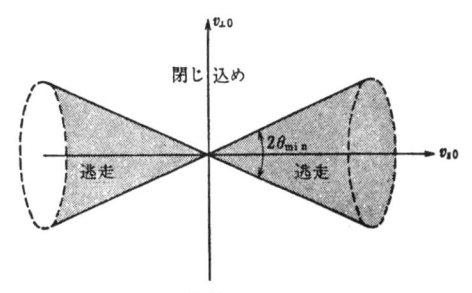

図 **3.11** 磁気鏡におけるロスコーン

な $v_{\perp 0}$ と $v_{\parallel 0}$ から成る速度空間を考えると，網を施した円錐状領域内にある荷電粒子は磁気鏡の外へ逃走し，残りの空間にある粒子は磁気鏡の中に閉じ込められる．このことから図の円錐は**ロスコーン** (loss cone) と呼ばれている．

これまで，議論を簡単にするために，旋回の中心が磁気鏡の中心軸上にある場合についてのみ考察してきた．実際には中心軸をはずれた荷電粒子の運動についても μ の一定性が成立し，ここでの考察がそのまま適用できる．ただし，磁束密度の r 方向のこう配のため磁界のこう配に基づくドリフトが方位角方向に加わる．

3.2.3 単純トーラス

磁気鏡は，磁力線方向に荷電粒子の一部が逃げる"開放端"をもつ閉じ込め方式である．一方，荷電粒子は本質的に磁力線方向に運動し易いので，図3.12に示すようなドーナツ（トーラス torus）状容器内に閉じた**トロイダル** (toroidal) **磁界**を作ることによってプラズマを閉じ込める方式がある．このトロイダル磁界は，原理的にはトーラス容器周辺に，図のようにソレノイドコイルを巻くことによって作ることができる．線電流 I，巻数 N の環状ソレノイドコイルでトーラス内に発生する磁界は，中心軸 LL' から半径 r の面上で

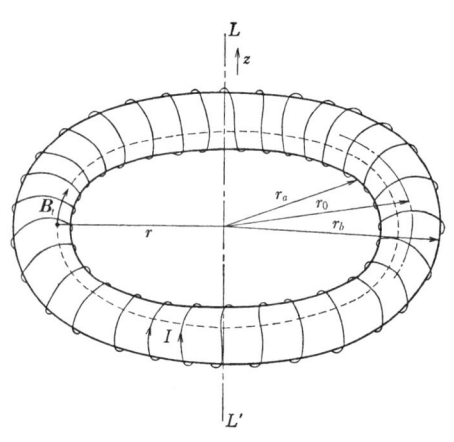

図 3.12 単純トーラス

$$B_t = \frac{\mu_0 NI}{2\pi r} \qquad (3.82)$$

であり，各 r で閉じた磁力線となる．このような磁界配位をもつトーラスを，ここでは単純トーラスと呼ぶことにする．

単純トーラス装置では，図3.13に示すように B のこう配が中心軸 LL' に向いた方向に生じるために，磁界のこう配に起因したドリフトが起る．図のよう

な B_t の方向の場合，電子は上方へ，イオンは下方へドリフトして荷電分離を生じ，電界 E' を発生する．さらに，この E' と B_t による $E \times B$ ドリフトのためにプラズマ全体がトーラスの外側へドリフトし，プラズマの閉じ込めを困難にする．これを**トロイダルドリフト**(toroidal drift)

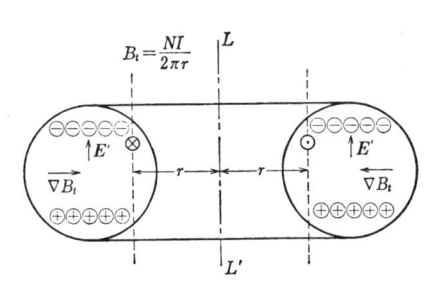

図 3.13 単純トーラスにおける ∇B ドリフト

という．トロイダルドリフト速度の大きさを考えてみよう．図3.12において $r_a=4{\rm m}$, $r_0=5{\rm m}$, $r_b=6{\rm m}$ とし，r_0 での $B_t=5{\rm T}$ としたとき核融合プラズマに対するドリフト速度は式 (3.67) で求めたように 300m/s である．すなわち，当初一様なプラズマを単純トーラスに閉じ込めても数ミリ秒 ($2\sim3\times10^{-3}{\rm s}$) 後には図3.13に示すような荷電分離が生じ，$E'$ の電界を生じさせる．電界の大きさはプラズマの密度および経過時間で変化するが，例えば $E'=500{\rm V/m}$ 程度の弱い電界は上記数ミリ秒以内にすぐ形成されるであろう．この E' と $B_t=5{\rm T}$ による $E \times B$ ドリフトの速度は例題3.4で求めたように100m/sに達するので，中心部 r_0 近くにあったプラズマも10ミリ秒 ($10^{-2}{\rm s}$) 後には r_b に達して壁に衝突してしまう．すなわちこの単純トーラスでは，核融合プラズマの閉じ込めはミリ秒以上は不可能であることがわかる．

このトロイダルドリフトを防ぐには，トロイダル磁界 B_t に加えて何らかの方法で，図3.12のソレノイドコイルの巻線の方向 [**ポロイダル**(poloidal)**方向**と呼ぶ] にも磁界を作り，磁力線をトーラス容器内でポロイダル方向に回転させる方法がとられる．この磁力線の回転は，**回転変換**(rotational transform)と呼ばれるもので，電子が過剰になろうとする領域とイオンが過剰になろうとする領域とを磁力線で短絡しようとするものである．荷電粒子は磁力線方向に動き易いため，この短絡によって磁界のこう配によるドリフトで生じようとする E' は抑制さ

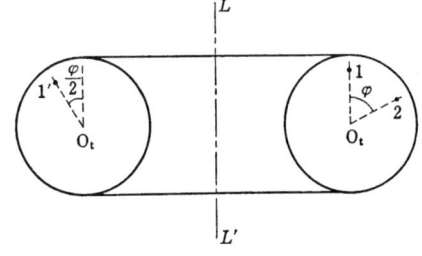

図 3.14 回転変換

れる．図3.14に示すように，トーラス容器内の1を通る磁力線がトーラスを1回転（1→1'→2）したとき，トーラス容器の中心O_tに対して回転する角φは，**回転変換角**（angle of rotational transform）と呼ばれている．また，磁力線が回転変換をして，もとの点（図3.14の1の点）にもどるまでにトーラスを何回転するかを示す量は，**安全係数**（safety factor）と呼ばれ

$$q = 2\pi/\varphi \tag{3.83}$$

で与えられる．これはトーラス閉じ込めの安定性に関連した重要なパラメータである．

ポロイダル磁界を，閉じ込めているプラズマの電流で発生する装置が**トカマク**（Tokamak）などであり，外部コイルを用いて発生する装置が**ステラレータ**（Stellarator）である．これらについては，4.4節で詳しく述べる．

3.2.4 磁界で保持されたプラズマの安定性

3.2.3項において，軌道運動理論から単純トーラスがプラズマの閉じ込めに適さないことを示したが，この理論は種々の磁界配位でのプラズマ保持に対して，その安定性の判断を下すのに適用することができる．

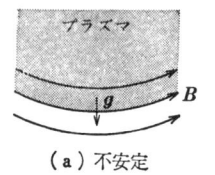

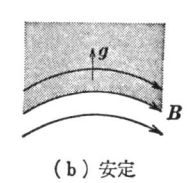

まず，図3.15(a), (b)のように，プラズマに対して凹，凸に曲がった磁力線でプラズマが保持された系（紙面に垂直な方向には一様）を考える．プラズマを構成する荷電粒子は磁力線に巻きついて運動しようとするが，磁力線が曲がっているために磁力線が凸に曲がった方向（図のgの方向）に遠心力F_cが働く．その結果として正電荷を持つイオンは$F_c \times B$の方向に，負電荷を持つ電子は逆の$-F_c \times B$の方向にドリフトを生じ，図のような紙面に垂直な方向の電界Eを発生する．さらにこの電界は印加磁界との間で$E \times B$ドリフトを生じさせ，プラズマを磁力線の凸に曲がった方向に輸送する．このため，(a)図のような磁界配位では閉じ込めは不安定になり易いのに対して，(b)図のような磁界配位は安定である．すなわち，プラズマ保持の視点からは，(a)図のような磁力線の曲がりは悪い曲がりであり，(b)図のような磁力線の曲がり

（a）不安定　　　（b）安定

図3.15　磁力線の曲がりによるプラズマの安定性

は良い曲がりとなる．

つぎに図3.16のようにx方向の磁界B_0によって，$z > 0$の半無限プラズマがzの負方向の重力（重力加速度g）に抗して支えられている場合の安定性を考えてみよう．問題を簡単化するため，プラズマ密度は$z = 0$のxy境界面でステップ関数的に変化しているものとし，保持が安定か否かの判定のために境界面に外乱を与え，その減衰，成長を見る．今，$z = 0$のxy面でy方向に沿って波数kの密度の微小振幅の乱れを与えてみる（z方向の振幅は無限小とする）．電子とイオンにはそれぞれ，$F_e = m_e g$，$F_i = m_i g$なる重力が働いているから，これらの重力とB_0によりy方向の$F \times B$ドリフトが生じ，電子はyの正方向に，イオンはyの負方向に移動しようとする．その結果として，プラズマ境界面には図に示すような荷電分離とそれに伴う電界Eを発生する．この電界による$E \times B$ドリフトは最初の外乱を助長する方向である．すなわち，図のような磁界配位によるプラズマの安定保持はできない．

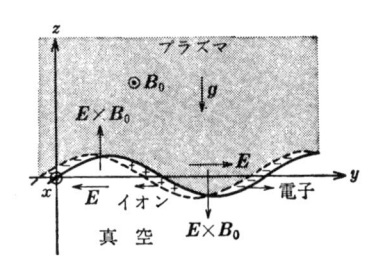

図3.16 水平磁界によって重力に抗して支えられたプラズマの安定性

後の3.3.4項では，この安定性の問題がプラズマを流体と見なして取り扱われる．

3.3 連続体として取り扱える場合

プラズマを連続体として取り扱うことは，すでに述べたように，プラズマ内の各点に局所熱平衡を仮定し，各点の性質は速度$v(r, t)$*，密度$n(r, t)$，温度$T(r, t)$など**熱・流体力学的量** (thermodynamic and fluid dynamic quantities) で表されると考えることである．そこで3.3.1項では，まず熱平衡条件下での粒子組成についてのサハの式を示し，各温度・圧力下でどのようなプラズマが得られ

---

* ここでいう速度は，2.2.1項で述べた平均速度$\bar{v}$ [式 (2.30) で与えたもの，一般に，プラズマが動いている場合にはこの値は0でなく，また三次元空間で考えるのでベクトル表現で考えなければならない] であって，粒子個々の速度vではないことに注意すること．

るかの目安を与える．次いで，これら諸量の時間・空間推移を表現する式を質量保存，運動量保存，エネルギー保存の式から導く．これら方程式の初期条件，境界条件を満たす解が求まれば，プラズマの挙動は，連続体近似を仮定する限り明らかにされたことになる．

3.3.2項では，最初に気体についてのこれら**保存式**(equation of conservation)を導き，その拡張として，電子，イオンおよび中性粒子の三流体に対する方程式を導く．プラズマを連続体として取り扱う場合，その表現式は結局，水，空気などの流体の運動を表現する**流体力学**(fluid mechanics)の方程式に必要な補正を加えたものになる．したがって，プラズマを連続体として表現した方程式を**プラズマの流体方程式**(fluid equations of plasmas)という．

3.3.3項以後の本節の各項では，これらプラズマの流体方程式を用いて，プラズマ中の波動，電気抵抗と拡散，およびプラズマ平衡と安定について調べる．

3.3.1 熱平衡条件下での粒子組成

化学変化

$$AB \rightleftharpoons A+B \tag{3.84}$$

において，平衡状態では⟶と⟵の反応速度がバランスして，AB，A，Bのモル濃度をそれぞれ[ ]を付けて示せば

$$\frac{[A][B]}{[AB]} = K(p, T) \tag{3.85}$$

の関係が成立する．ここでKは式(3.84)の反応に対する**平衡定数**(equilibrium constant)と呼ばれ，圧力と温度(または熱平衡状態を規定する他の2個の状態量)を決めれば定まる定数である．

式(3.84)において，Aをイオンi，Bを電子eと見なし，ABはそれらが結合してできた原子aだと考えても，以上の議論はそのまま成立する．このような考察を進めた結果得られた結論を示せば

$$\frac{p_i p_e}{p_a} = \frac{U_i}{U_a} \frac{(2\pi m_e)^{3/2} (\kappa T)^{5/2}}{h^3} \exp\left(-\frac{E}{\kappa T}\right) \tag{3.86}$$

ここでp_i，p_e，p_aなどはそれぞれの分圧を示し，全圧力pは

$$p = p_i + p_e + p_a \tag{3.87}$$

3.3 連続体として取り扱える場合

を満足する．またU_i，U_aはそれぞれイオン，原子の内部分配関数と呼ばれ，g_lをエネルギー準位E_lの統計的重率とすれば

$$U_j = \sum_i g_l \exp(-E_l/\kappa T)$$

で与えられるもので，ある原子，イオンなどについて温度を決めれば定まる量である．式(3.86)のEは，原子aの電離電圧を示す．

以上の考察は更に一般化されて，式(3.84)をi値と$(i+1)$値の電離関係式と見なすこともできるし，また分子から原子への解離の関係式と見ることもできる．いずれの場合にも，式(3.86)と同様な関係式が得られる．これらの関係はインドの天文学者サハが求めたので，**サハの式**(Saha relations)と呼ばれている．

最も身近な大気圧空気を例にとって，以上の取扱いにより熱平衡条件下での各粒子組成を求めたものを，図3.17に示す．同図より2000K程度より解離原子の組成が目立ち始め，8000K程度より電離の効果が顕著に現れ始めることがわかる．

図3.17 大気圧空気の解離と電離

3.3.2 電子およびイオンの流体方程式

気体の流体方程式 [fluid equations of gases，これはまた気体力学の方程式(gas-dynamic equations)ともいう]をプラズマの流体力学方程式に拡張することは容易であるから，ここではまず前者について示す．

気体の流体方程式を導く基本は，気体中に考えた小さな体積dv（直交座標系では$dxdydz$）に対する質量，運動量，エネルギーの保存関係を求めることである．

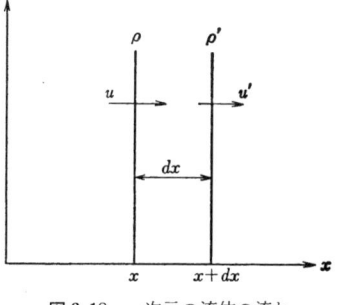

図3.18 一次元の流体の流れ

質量保存（conservation of mass）の式　　図3.18において，流れの状態は x 方向にのみ変化しており，y，z 方向には一様だとする［このような流れを**一次元流れ**（one-dimensional flow）という］．そこで，x と $x+dx$ の間の帯状の体積について質量保存を考えることは，この「帯状体積へ流れ込んだ質量と流れ出した質量の差が，体積内の質量増加に等しい」という物理的に明白な事柄を数式で表現することに他ならない．

点 x における密度を ρ，x 方向速度を u（符号は，図3.18の矢印の方向を正とする）とし，$x+dx$ でのそれらを ρ'，u' とすれば，質量保存の式は

$$\rho u - \rho' u' = \frac{\partial(\rho dx)}{\partial t} \tag{3.88}$$

になる．ここで，y，z 方向には単位長さ（$dy=dz=1$）をとった．ρ'，u' はともに x と t の関数であるが，dx が小さい時は，ρ'，u' は ρ，u 近傍で展開できて（テーラー展開），dx について一次の項のみをとれば

$$\left.\begin{aligned}\rho' &= \rho(x+dx, t) = \rho(x, t) + \frac{\partial \rho(x, t)}{\partial x}dx \\ u' &= u(x+dx, t) = u(x, t) + \frac{\partial u(x, t)}{\partial x}dx\end{aligned}\right\} \tag{3.89}$$

式（3.89）を式（3.88）に代入し，dx の一次の項までとれば

$$-\left(u\frac{\partial \rho}{\partial x} + \rho\frac{\partial u}{\partial x}\right)dx = \frac{\partial \rho}{\partial t}dx$$

これを整理すれば

$$\frac{\partial \rho}{\partial t} + \frac{\partial}{\partial x}(\rho u) = 0 \tag{3.90}$$

式（3.90）が一次元流れに対する質量保存の式である．一般に，状態が x，y，z すべての方向に変化している**三次元流れ**（three-demensional flow）の場合，式（3.90）は

$$\frac{\partial \rho}{\partial t} + \frac{\partial}{\partial x}(\rho u) + \frac{\partial}{\partial y}(\rho v) + \frac{\partial}{\partial z}(\rho w) = 0 \tag{3.91a}$$

またはベクトル表式として

$$\frac{\partial \rho}{\partial t} + \nabla \cdot (\rho \boldsymbol{v}) = 0 \tag{3.91b}$$

と書けることは明らかであろう．ここで気体の速度ベクトル v の x, y, z 方向成分をそれぞれ u, v, w とした．

運動量保存（momentum conservation）の式 ここでは x, y 平面内に状態が変化し，z 方向については一様な**二次元流れ**（two-dimensional flow）を考える．図3.19の中の微小体積 $dxdy$ に対する運動量保存の関係は，次のニュートンの運動方程式で表される．

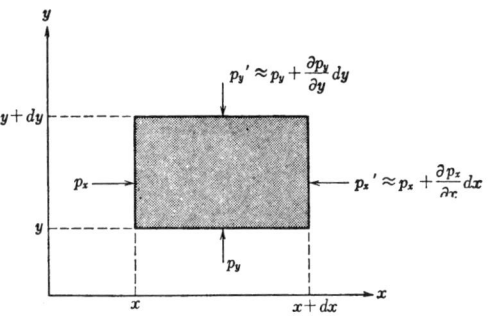

図3.19 二次元の流れ

$$(\rho dxdy)\frac{d\boldsymbol{v}}{dt} = \boldsymbol{F} \tag{3.92}$$

このようにニュートンの運動方程式は，「慣性力が外力と釣り合っている」ことを表現する式であるが，これは「運動量の変化分はその間の外力のなす力積に等しい」と言い換えてみればわかるように，結局，運動量保存関係の表現であるということができるのである．式 (3.92) で $\boldsymbol{F}$ は体積 $dxdy\cdot 1$ に働く力で，体積力および表面力に分けて考えることができる．前者は重力など体積全体に及ぶ力，後者は圧力など気体の隣接する部分と表面を介して及ぼし合う力である．体積力の x, y 成分（単位体積当り）をそれぞれ ξ, η とする．また，表面力は圧縮応力とせん断応力に分けられる．このうちせん断応力は流体の粘性（viscosity）を与えるもので，流体力学では，例えば配管中の水の流れの圧力損失を決める重要な量であるが，本書で扱うプラズマの流体方程式の範囲では本質的でないこと，およびそれを含めることによって数式が複雑になり見通しが悪くなるので，以下では無視する．このように，せん断応力を無視した流体を**完全流体**（perfect fluid）という．

完全流体では表面力は圧力のみとなるので，その方向を図3.19に示すようにする．図3.19において，p_x を図示のように左面から押す方向を正とすれば，$p_x{}'$ の正方向が図示の方向であることは，体積 $dxdy$ に接して右側にある気体要素が右側に押される方向が正であるから，その反作用として左側に向く力の方向が正である

ことより理解できる．

式 (3.92) の x，y 成分を書けば

$$\left.\begin{aligned}(\rho dxdy)\frac{du}{dt}&=\xi(dxdy)+p_x dy-p_x' dx\\(\rho dxdy)\frac{dv}{dt}&=\eta(dxdy)+p_y dx-p_y' dx\end{aligned}\right\} \quad (3.93)$$

以下に，質量保存の時と同様，式 (3.93) で現れる ' のついた諸量を微小量 dx，dy で展開するのであるが，その際，左辺の u，v は t と同時に x，y の関数でもあること，換言すれば，左辺は t の全微分になっていることに注意を要する．すなわち

$$\left.\begin{aligned}\frac{du}{dt}&=\frac{\partial u}{\partial t}+\frac{\partial x}{\partial t}\frac{\partial u}{\partial x}+\frac{\partial y}{\partial t}\frac{\partial u}{\partial y}\\&=\frac{\partial u}{\partial t}+u\frac{\partial u}{\partial x}+v\frac{\partial u}{\partial y}\\\frac{dv}{dt}&=\frac{\partial v}{\partial t}+\frac{\partial x}{\partial t}\frac{\partial v}{\partial x}+\frac{\partial y}{\partial t}\frac{\partial v}{\partial y}\\&=\frac{\partial v}{\partial t}+u\frac{\partial v}{\partial x}+v\frac{\partial v}{\partial y}\end{aligned}\right\} \quad (3.94)$$

p_x'，p_y' の展開は

$$\left.\begin{aligned}p_x'&=p_x+\frac{\partial p_x}{\partial x}dx\\p_y'&=p_y+\frac{\partial p_y}{\partial y}dy\end{aligned}\right\} \quad (3.95)$$

圧力は完全流体中では等方的であることから $p_x=p_y$ となり，これと式 (3.94)，(3.95) を式 (3.93) に代入して

$$\left.\begin{aligned}\rho\left(\frac{\partial u}{\partial t}+u\frac{\partial u}{\partial x}+v\frac{\partial u}{\partial y}\right)&=\xi-\frac{\partial p}{\partial x}\\\rho\left(\frac{\partial v}{\partial t}+u\frac{\partial v}{\partial x}+v\frac{\partial v}{\partial y}\right)&=\eta-\frac{\partial p}{\partial y}\end{aligned}\right\} \quad (3.96)$$

この式を三次元に拡張し，ベクトル表式を用いれば

$$\frac{\partial \boldsymbol{v}}{\partial t}+(\boldsymbol{v}\cdot\nabla)\boldsymbol{v}=\boldsymbol{g}-\frac{1}{\rho}\nabla p \quad (3.97)$$

と書ける．ただし，$\boldsymbol{g}$ は体積力ベクトルである．この式は**オイラーの方程式** (Euler's equations) または完全流体に対する**ナビエ・ストークスの方程式**

(Navier-Stokes equations)と呼ばれ，流体力学の基本的な方程式である．

エネルギー保存（conservation of energy）の式　この式は図3.20において「体積要素$dxdy\cdot 1$になされた単位時間当りの仕事と加えられた熱量の和が，その要素内のエネルギー変化量に等しい」という内容を次式のように数式で表現したものである．

$$(\rho dxdy)\frac{d\Phi}{dt} = W_F dxdy + Q dxdy \qquad (3.98)$$

ここでΦは単位質量の流体がもつエネルギーで，内部エネルギーεと運動エネルギー$(v^2/2)=(u^2+v^2+w^2)/2$より成る．またW_Fは単位体積に作用する外力$\boldsymbol{g}$と圧力pによってなされる単位時間当りの仕事の和であり，Qは単位体積に単位時間当り外部から供給される熱量である．

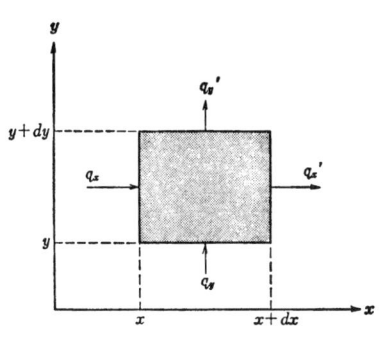

図3.20　エネルギー保存則

［例題 3.6］　W_Fを$\boldsymbol{g}$，∇pなどを用いて示せ．

［解］　$\boldsymbol{g}$が作用しながら流体が$d\boldsymbol{l}$変位した時になされる仕事は$\rho\boldsymbol{g}\cdot d\boldsymbol{l}$で表されるので

$$(W_F)_g = \lim_{\delta t \to 0}\frac{\rho\boldsymbol{g}\cdot d\boldsymbol{l}}{\delta t} = \boldsymbol{v}\cdot\rho\boldsymbol{g} \qquad (3.99)$$

同様に，圧力pによる単位時間当りの仕事＝（速度）×（流れ方向の力）で求められるので，図3.19において

$$(W_F)_p dxdy = u(p_x dx) + v(p_y dy) - u'(p_x' dx) - v'(p_y' dy)$$

$$\simeq \left\{-u\frac{\partial p}{\partial x} - v\frac{\partial p}{\partial y} - p\left(\frac{\partial u}{\partial x} + \frac{\partial v}{\partial y}\right)\right\}dxdy$$

したがって

$$(W_F)_p = -u\frac{\partial p}{\partial x} - v\frac{\partial p}{\partial y} - p\left(\frac{\partial u}{\partial x} + \frac{\partial v}{\partial y}\right) \qquad (3.100)$$

三次元についてベクトル表示すれば

$$(W_F)_p = -\boldsymbol{v}\cdot(\nabla p) - p\nabla\cdot\boldsymbol{v} \qquad (3.101)$$

式 (3.99), (3.101) を式 (3.98) に代入して

$$\rho\left(\frac{d\varepsilon}{dt} + \frac{1}{2}\frac{dv^2}{dt}\right) = \boldsymbol{v}\cdot\rho\boldsymbol{g} - \boldsymbol{v}\cdot(\nabla p) - p\nabla\cdot\boldsymbol{v} + Q \qquad (3.102)$$

式 (3.97) の両辺と v の内積をとれば

$$\frac{1}{2}\rho\frac{dv^2}{dt} = \boldsymbol{v}\cdot\rho\boldsymbol{g} - \boldsymbol{v}\cdot(\nabla p) \qquad (3.103)$$

となり，この式を式 (3.102) に代入し，質量保存の式 (3.91b) を変形した

$$\frac{p}{\rho}\nabla\cdot\boldsymbol{v} = -\frac{p}{\rho^2}\frac{d\rho}{dt} = p\frac{d}{dt}\left(\frac{1}{\rho}\right)$$

を用いれば

$$\rho\frac{d\varepsilon}{dt} + \rho p\frac{d}{dt}\left(\frac{1}{\rho}\right) = Q \qquad (3.104)$$

　熱量 Q には隣接する体積からの**熱伝導** (heat conduction) によるもの Q_c と，放射によるもの (radiative heat transport) Q_r に分けられる．前者 Q_c は通常，「単位面積を通過する伝導熱量 $\boldsymbol{q}_c$ [**熱流束** (heat flux) ともいう] はその面での温度こう配 ∇T に比例する」という**フーリエの伝熱法則** (Fourier's law of heat conduction) により表現される．伝導熱量は，温度の高い方から低い方へ向かうことを考慮して，フーリエの伝熱法則を

$$\boldsymbol{q}_c = -k_t\nabla T \qquad (3.105)$$

と表し，k_t を**熱伝導率** (thermal conductivity, [W/m・K]) と呼ぶ．図3.20において $dxdy$ の各面を横切る熱流束それぞれ q_x, q_x', q_y, q_y' などとすれば，q_x', q_y' について式 (3.95) と同様の展開をし，式 (3.105) を用いて，結局

$$Q_c = \nabla\cdot(k_t\nabla T) \qquad (3.106)$$

以上の結果を式 (3.104) に代入して

$$\rho\frac{d\varepsilon}{dt} + \rho p\frac{d}{dt}\left(\frac{1}{\rho}\right) = Q_r + \nabla\cdot(k_t\nabla T) \qquad (3.107)$$

3.3 連続体として取り扱える場合　　　**77**

という，エネルギー保存の一般式を得る．

状態方程式（equations of state）　　気体の熱力学的状態（thermodynamic state）を表現する量［これを熱力学では**状態量**（quantities of state）という］は，今まで出てきた温度 T，密度 ρ，圧力 p，内部エネルギー ε 以外に，エンタルピー i，エントロピー s，等々数多くのものを考えることができる．ところが，熱平衡状態にある物質の状態は，状態量のうち2個を与えれば決まる．換言すれば，T，ρ，p，ε，i，s などのうち，独立なものは2個で，他はその独立なものの関数として表現できる．例えば，T，ρ を独立なものと選べば

$$\left.\begin{aligned} p &= p(T, \rho) \\ \varepsilon &= \varepsilon(T, \rho) \\ i &= i(T, \rho) \\ s &= s(T, \rho) \\ &\vdots \end{aligned}\right\} \qquad (3.108)$$

と表すことができる．その一例としてよく知られたものに，理想気体の p，ρ，T 間の状態方程式があり，それは式 (2.46)，(2.47) より

$$p = n\kappa T = RT/V \qquad (3.109)$$

以上により，気体の運動の解析は，v（ベクトルの3成分として3個の独立の量）および2個の熱力学的状態量の計5個を独立変数として式 (3.91)，式 (3.97)（スカラー式として3個）および式 (3.107) の5式を満たし，初期条件および境界条件を満たす解を求めることに帰する．

理想気体に対する状態方程式および単純化した流体方程式　　理想気体については式 (3.109) とともに ε，R が単位質量当りの定容比熱 c_v，および定圧比熱* c_p を用いて次式で表されることが熱力学により導かれる．

$$\left.\begin{aligned} \varepsilon &= c_v T \\ R/\rho V &= c_p - c_v \end{aligned}\right\} \qquad (3.110)$$

これら理想気体の状態方程式を用いて，一般によく成立する断熱近似を用いれば，

---

*　比熱は単位質量の物質の温度を単位温度だけ上昇するに要する熱量 J/K で，$c_v = (\partial Q/\partial T)_v$ は容積一定の下で圧力を変化するように昇温したときのもの，$c_p = (\partial Q/\partial T)_p$ は圧力一定の下で容積を変化するように昇温したときのもの．

エネルギー式 (3.107) の積分を行うことができる．その近似は，注目している体積（図3.20の$dxdy$）では，外部との熱の交換がないというもので，式 (3.107) の右辺＝0と置き，式 (3.109) を代入すれば

$$\frac{d\varepsilon}{dt}+\frac{RT}{V}\frac{d}{dt}\left(\frac{1}{\rho}\right)=0 \tag{3.111}$$

これに式 (3.110) を代入し，tについて1回積分して

$$T\rho^{\left(1-\frac{c_p}{c_v}\right)}=\text{const.} \tag{3.112}$$

ただし，積分は全微分dtについて行ったので，時の経過とともに動く注目している体積について，式 (3.112) が成立することに注意する必要がある．

式 (3.112) において式 (3.109) を用いてTを消去し，比熱について

$$\gamma\equiv\frac{c_p}{c_v} \tag{3.113}$$

を用いれば，よく知られた断熱条件下でのエネルギー式の積分

$$p\rho^{-\gamma}=\text{const.} \tag{3.114}$$

を得ることができる．

中性気体，電子およびイオンの流体方程式　　まず気体の質量保存の式(3.91)をプラズマ中の粒子群の流体に適用し

$$\frac{\partial\rho_n}{\partial t}+\nabla\cdot(\rho_n\boldsymbol{v}_n)=0 \tag{3.115a}$$

$$\frac{\partial\rho_e}{\partial t}+\nabla\cdot(\rho_e\boldsymbol{v}_e)=0 \tag{3.115b}$$

$$\frac{\partial\rho_i}{\partial t}+\nabla\cdot(\rho_i\boldsymbol{v}_i)=0 \tag{3.115c}$$

を得ることは容易である．もし図3.18において，dx内において電離または再結合が無視できない時は，式 (3.115) の右辺に単位体積当りのこれらによる粒子の増減量を追加すればよいことも，式 (3.88) からの導出過程をふり返れば自明であろう．また数種のイオンから成るプラズマでは式 (3.115c) をそれぞれのイオンに適用すればよい．

運動量保存関係を中性粒子，電子，イオンの流体に適用する時には，式(3.92)

3.3 連続体として取り扱える場合

の右辺の力として式 (3.97) の右辺に現れたものに加えて, 各流体間の作用力と, ローレンツ力$-e(\boldsymbol{E}+\boldsymbol{v}_e\times\boldsymbol{B})/m_e, e(\boldsymbol{E}+\boldsymbol{v}_i\times\boldsymbol{B})/m_i$を考えなければならない. すなわち

$$\frac{\partial \boldsymbol{v}_n}{\partial t}+(\boldsymbol{v}_n\cdot\nabla)\boldsymbol{v}_n=\boldsymbol{g}_n-\frac{1}{\rho_n}\nabla p_n+\frac{1}{\rho_n}(\boldsymbol{I}_{ni}+\boldsymbol{I}_{ne}) \qquad (3.116\,\mathrm{a})$$

$$\frac{\partial \boldsymbol{v}_e}{\partial t}+(\boldsymbol{v}_e\cdot\nabla)\boldsymbol{v}_e=\boldsymbol{g}_e-\frac{1}{\rho_e}\nabla p_e-\frac{e}{m_e}(\boldsymbol{E}+\boldsymbol{v}_e\times\boldsymbol{B})+\frac{1}{\rho_e}(\boldsymbol{I}_{ei}+\boldsymbol{I}_{en})$$
$$(3.116\,\mathrm{b})$$

$$\frac{\partial \boldsymbol{v}_i}{\partial t}+(\boldsymbol{v}_i\cdot\nabla)\boldsymbol{v}_i=\boldsymbol{g}_i-\frac{1}{\rho_i}\nabla p_i+\frac{e}{m_i}(\boldsymbol{E}+\boldsymbol{v}_i\times\boldsymbol{B})+\frac{1}{\rho_i}(\boldsymbol{I}_{in}+\boldsymbol{I}_{ie})$$
$$(3.116\,\mathrm{c})$$

また, もし, 体積内での電離, 再結合が無視できない時には, それらによる運動量の増減が式 (3.116) の右辺に加わることも式 (3.115) の場合と同様である. ここで, $\boldsymbol{I}_{kl}$は単位体積中の l 流体から k 流体へ働く力で,

$$\boldsymbol{I}_{kl}+\boldsymbol{I}_{lk}=0 \qquad (3.117)$$

を満足する. k 流体中の粒子が, l 流体中の粒子との 1 回の衝突で得る運動量を $m_k(\boldsymbol{v}_l-\boldsymbol{v}_k)$とすれば

$$\boldsymbol{I}_{kl}=n_k\{m_k(\boldsymbol{v}_l-\boldsymbol{v}_k)\}\nu_{kl}=\rho_k(\boldsymbol{v}_l-\boldsymbol{v}_k)\nu_{kl} \qquad (3.118)$$

中性粒子, 電子, イオンの流体に対するエネルギー保存の式を, 式 (3.98) から導く際に, Qとして気体の場合に考えたもの以外に, ジュール熱Q_Jおよび単位体積の l 流体から k 流体へのエネルギー移動量W_{kl}を考えなければならない. すなわち

$$\rho_n\frac{d\varepsilon_n}{dt}+\rho_n p_n\frac{d}{dt}\left(\frac{1}{\rho_n}\right)=Q_{rn}+\nabla\cdot(\kappa_n\nabla T_n)+W_{ne}+W_{ni} \qquad (3.119\,\mathrm{a})$$

$$\rho_e\frac{d\varepsilon_e}{dt}+\rho_e p_e\frac{d}{dt}\left(\frac{1}{\rho_e}\right)=Q_{re}+\nabla\cdot(\kappa_e\nabla T_e)+Q_J+W_{en}+W_{ei} \qquad (3.119\,\mathrm{b})$$

$$\rho_i\frac{d\varepsilon_i}{dt}+\rho_i p_i\frac{d}{dt}\left(\frac{1}{\rho_i}\right)=Q_{ri}+\nabla\cdot(\kappa_i\nabla T_i)+W_{in}+W_{ie} \qquad (3.119\,\mathrm{c})$$

さらに電離，再結合がある時には，それらによるエネルギー増減が式 (3.119) の右辺に追加される．

理想気体の状態方程式は，プラズマ電子流体，イオン流体についてもよい精度で成立するので，式 (3.109) に対応して

$$p_n = R_n T_n / V \qquad (3.120\,\text{a})$$
$$p_e = R_e T_e / V \qquad (3.120\,\text{b})$$
$$p_i = R_i T_i / V \qquad (3.120\,\text{c})$$

が得られる．

中性粒子，電子，イオンのそれぞれの流体に断熱の近似を用い得る時には，式 (3.114) 導出と同じ過程で，式 (3.119)，(3.120) から

$$p_n \rho_n^{-\gamma_n} = \text{const.} \qquad (3.121\,\text{a})$$
$$p_e \rho_e^{-\gamma_e} = \text{const.} \qquad (3.121\,\text{b})$$
$$p_i \rho_i^{-\gamma_i} = \text{const.} \qquad (3.121\,\text{c})$$

のエネルギー式の積分が得られる．

式 (3.116)，(3.119) の電界 E と磁界 B は

$$\sigma = n_i e - n_e e \qquad (3.122)$$
$$\boldsymbol{j} = n_i e \boldsymbol{v}_i - n_e e \boldsymbol{v}_e \qquad (3.123)$$

の電荷密度および電流密度を用いて，次式で与えられる**マックスウェルの電磁界方程式** (Maxwell's equations of electromagnetic fields) から求められる．

$$\left.\begin{aligned}
\nabla \cdot \boldsymbol{E} &= \frac{\sigma}{\varepsilon_0} \\
\nabla \times \boldsymbol{E} &= -\frac{\partial \boldsymbol{B}}{\partial t} \\
\nabla \cdot \boldsymbol{B} &= 0 \\
\nabla \times \boldsymbol{B} &= \mu_0 \boldsymbol{j} + \frac{1}{c^2} \frac{\partial \boldsymbol{E}}{\partial t}
\end{aligned}\right\} \qquad (3.124)$$

すなわち，電磁界 E，B を求めるためには，σ，$\boldsymbol{j}$ の値が必要であるが，それらを求めるためには，式 (3.122)，(3.123) より n_e，n_i，$\boldsymbol{v}_e$，$\boldsymbol{v}_i$ がわからなければならない．これらは式 (3.115)～(3.121) の解として求まるものであるが，その方程式群を解くには電磁界 E，B がわからなければならず，結局，プラズマの中

の中性粒子，電子，イオンの流体の運動は，式(3.115)〜(3.121)および(3.122)〜(3.124)を連立して解くことにより，初めて明らかになることがわかった．

プラズマの一流体方程式（電磁流体力学の式）　以上では，プラズマを中性粒子，電子，イオンの別々の連続体として取り扱ったが，プラズマ全体を一つの流体として取り扱うので十分な場合もある．これは式(3.91), (3.97), (3.107)［またはその近似積分式(3.114)］および(3.109)の方程式群で，流体に導電性があることを考慮する取扱いであるので，**電磁流体力学**（magnetohydrodynamics, MHD)の方程式とも呼ばれる．

MHDの方程式は，上記式(3.91)などと同様な導出を最初から行ってもよいが，ここでは，中性粒子，電子，イオンの各流体について，そのような導出を行った式(3.115)などを用いて導いてみよう．簡単のため以前と同様に，イオンは1価に電離しているとすれば，プラズマ全体の密度 ρ，速度 v，圧力 p，電荷量 σ および電流密度 j は次式で求まる．

$$\rho \equiv \rho_n + \rho_i + \rho_e$$
$$= n_n m_n + n_i m_i + n_e m_e \simeq n_n m_n + n_i m_i \qquad (3.125)$$

$$v \equiv \frac{\rho_n v_n + \rho_i v_i + \rho_e v_e}{\rho} \qquad (3.126)$$

$$p = p_n + p_i + p_e \qquad (3.127)$$

$$\sigma = e(n_i - n_e) \qquad (3.128)$$

$$j \equiv e(n_i v_i - n_e v_e) \simeq ne(v_i - v_e) \qquad (3.129)$$

式(3.115 a〜c)を加え合わせて

$$\frac{\partial \rho}{\partial t} + \nabla \cdot (\rho v) = 0 \qquad (3.130)$$

式(3.115 b)と(3.115 c)の差をとって

$$\frac{\partial \sigma}{\partial t} + \nabla \cdot j = 0 \qquad (3.131)$$

これらが質量および電荷量の保存の式である．

次に，式(3.116)において簡単のため非線形項 $(v_n \cdot \nabla)v_e$ などの項を無視する．この簡単化のため，以下導出した式は v が小さい場合にしか適用できないことになる．また $I_{ie} = -I_{ei}$ を考慮して，式(3.116 a〜c)を加え合わせ，式(3.125)

〜(3.129) を用いれば

$$\rho\frac{\partial \boldsymbol{v}}{\partial t}=\boldsymbol{j}\times\boldsymbol{B}-\nabla p+\rho\boldsymbol{g} \qquad (3.132)$$

となる．ただし，ここで $\boldsymbol{g}_n=\boldsymbol{g}_e=\boldsymbol{g}_i\equiv\boldsymbol{g}$ とした．

式 (3.116 b), (3.116 c) を引き算して，ここでも $(\boldsymbol{v}_e\cdot\nabla)\boldsymbol{v}_e$ などの項を無視すれば

$$\frac{\partial(\boldsymbol{v}_i-\boldsymbol{v}_e)}{\partial t}=\frac{1}{\rho_e}\nabla p_e-\frac{1}{\rho_i}\nabla p_i+en\left\{\left(\frac{1}{\rho_i}+\frac{1}{\rho_e}\right)\boldsymbol{E}\right.$$
$$\left.+\left(\frac{\boldsymbol{v}_e}{\rho_e}+\frac{\boldsymbol{v}_i}{\rho_i}\right)\times\boldsymbol{B}\right\}+\boldsymbol{I}_{ie}\left(\frac{1}{\rho_i}+\frac{1}{\rho_e}\right) \qquad (3.133)$$

ここで

$$\frac{\boldsymbol{v}_e}{\rho_e}+\frac{\boldsymbol{v}_i}{\rho_i}=\frac{n}{\rho_i\rho_e}\{m_i\boldsymbol{v}_i+m_e\boldsymbol{v}_e+m_i(\boldsymbol{v}_e-\boldsymbol{v}_i)+m_e(\boldsymbol{v}_i-\boldsymbol{v}_e)\}$$
$$=\frac{n}{\rho_i\rho_e}\left\{\frac{\rho}{n}\boldsymbol{v}-(m_i-m_e)\frac{\boldsymbol{j}}{ne}\right\} \qquad (3.134)$$

と後述の式 (3.151), (3.152) を用い，$\rho_i\gg\rho_e(m_i\gg m_e)$ とすれば，式 (3.133) から

$$\boldsymbol{E}+\boldsymbol{v}\times\boldsymbol{B}=\eta\boldsymbol{j}+\frac{1}{en}(\boldsymbol{j}\times\boldsymbol{B}-\nabla p_e) \qquad (3.135)$$

を得る．この式は $\boldsymbol{E}=\eta\boldsymbol{j}$ のオームの法則を磁界中のプラズマの運動に拡張した式と見なすことができるので，**一般化したオームの法則** (generalized Ohm's law) という．この式は左辺の印加電界 $\boldsymbol{E}$ および誘起電界 $\boldsymbol{v}\times\boldsymbol{B}$ により右辺の電流が誘起されることを示し，右辺の第一項は**伝導電流** (conduction current)，第二項は**ホール電流** (Hall current)，第三項は**圧力こう配電流** (current induced by pressure gradient) という．右辺の第二，第三項は第一項に比して小さいことが多いので，

$$\boldsymbol{E}+\boldsymbol{v}\times\boldsymbol{B}=\eta\boldsymbol{j} \qquad (3.136)$$

の形で用いることが多い．

式 (3.130)〜(3.132), (3.136) と，電磁界に対する式 (3.124) の Maxwell の式により，MHD の方程式が構成される．MHD の方程式は，電子，イオンの二流

体方程式ほどには広範な問題を扱えないが,電気抵抗のみが重要な働きをする場合などには有用な近似となる.

3.3.3 プラズマ中の荷電粒子の電界駆動と拡散

プラズマ中に電界あるいは荷電粒子の密度や温度のこう配が存在すると,荷電粒子群はランダムな熱運動に加えて,方向のそろった集団的な運動を生じ,運動量やエネルギーの輸送を生じる.これらは,電気抵抗,拡散,熱伝導などの**輸送現象**(transport phenomena)として現れる.

プラズマ中の電気抵抗の発生原因は金属中のそれと比較すると理解し易い.すなわち,プラズマ中の電流は多くの場合,金属中のそれと同様に電界と逆方向に駆動される電子群によって運ばれている.その電子流の抵抗の原因は,金属中では電子の格子原子との衝突による運動量損失であり,プラズマでは電子の中性粒子やイオンとの衝突による運動量損失である.この駆動電界 E と電子流との関係は,プラズマの**抵抗率**(resistivity)η を用いて,金属中の電気伝導と同様なオームの法則

$$E = \eta j \tag{3.137}$$

で表わされる.η の逆数は**導電率**(conductivity)と呼ばれている.

ここでは,荷電粒子と中性粒子との衝突が支配的な**弱電離プラズマ**と荷電粒子間の衝突が支配的な**強電離プラズマ**について,電界と密度こう配に起因した輸送現象を考える.

弱電離プラズマの場合 荷電粒子の電界や密度こう配に起因した流れは式(3.116 b),(3.116 c)を用いて表すことができる.これらの式は,電界や密度こう配によって生じる荷電粒子の流れの速度 v が,熱運動速度に比べて遅いという条件の下に導出されており,左辺の非線形項を無視する.また,問題を簡単化するため,定常状態($\partial/\partial t = 0$)で,中性粒子群の流れがなく,しかも外部磁界と外力のないプラズマ($B = 0$,$g = 0$)について考える.弱電離の場合,$I_{ei} \ll I_{en}$,I_{in} が成立するから,式(3.118)で中性粒子速度を 0 とした I_{en},I_{in} を用いると,電子とイオンの運動量保存の式(3.116 b),(3.116 c)から次式が得られる.

$$-en_e E - \nabla p_e - m_e n_e \nu_{ne} v_e = 0 \tag{3.138 a}$$

$$en_i E - \nabla p_i - m_i n_i \nu_{ni} v_i = 0 \tag{3.138 b}$$

さらにここで，電子とイオンの温度こう配がないとすると，j粒子の粒子束$\Gamma_j(j=e, i)$が電界と密度こう配によって生じることを示す次式が得られる．

$$\Gamma_j = n_j \boldsymbol{v}_j = \pm \mu_j n_j \boldsymbol{E} - D_j \nabla n_j \tag{3.139}$$

ここに，

$$\mu_j = e/m_j \nu_{nj}, \tag{3.140}$$

$$D_j = \kappa T_j/m_j \nu_{nj}, \tag{3.141}$$

である．式 (3.139) の右辺第一項の＋，－符号はそれぞれイオンと電子に対応する．$\boldsymbol{E}$の項に含まれる係数μ_jは**移動度** (mobility) と呼ばれ，$\mu_j \boldsymbol{E}$は電界によって生じる荷電粒子の流速を表す．また，∇n_jの項に含まれる係数D_jは**拡散係数** (diffusion coefficient) と呼ばれ，$-(D_j \nabla n_j/n_j)$は拡散によって生じる荷電粒子の流速を表している．拡散係数と移動度の比をとると，式 (3.140)，(3.141) より，

$$D_j/\mu_j = \kappa T_j/e \tag{3.142}$$

となる．この関係は**アインシュタインの式** (Einstein's relation) と呼ばれており，熱平衡条件から帰結する関係式である．すなわち，熱平衡状態では粒子の流れはないから，式 (3.139) の左辺は0であり，

$$0 = \pm \mu_j n_j \boldsymbol{E} - D_j \nabla n_j \tag{3.143}$$

が成立する．この式は，電位Vと電界の関係$\boldsymbol{E} = -\nabla V$を考慮すると，

$$\nabla n_j/n_j = \pm (\mu_j/D_j)\nabla V$$

と表され，$V = 0$での密度をn_{j0}とすると，

$$n_j = n_{j0} \exp\{(\mu_j/D_j)V\}$$

が得られる．一方，熱平衡状態ではボルツマン分布$n_j \propto \exp(eV/\kappa T_j)$が成立することから，式 (3.142) の関係を満足しなければならない．

式 (3.139) は中性気体の拡散を表す**フィックの法則** (Fick's law)

$$\Gamma = -D\nabla n \tag{3.144}$$

をプラズマにおいて電界の効果まで取り入れた拡張になっている．

式 (3.139) において密度こう配がなく，電界のみが存在する場合に注目する．移動度には$\mu_e \gg \mu_i$の関係があるから，プラズマ中の電界方向の流れについて$\Gamma_e \gg \Gamma_i$である．したがって，電流は電子によって運ばれ，その電流密度$\boldsymbol{j}$は，

$$\boldsymbol{j} = e\Gamma_e = e\mu_e n_e \boldsymbol{E} \tag{3.145}$$

で与えられ，弱電離プラズマの抵抗率は，

3.3 連続体として取り扱う場合

$$\eta = (e\mu_e n_e)^{-1} = m_e \nu_{en}/(e^2 n_e) \tag{3.146}$$

で表される．

つぎに，壁に接したプラズマの輸送過程について考えてみよう．壁表面では，2.1節で述べたように表面再結合によって電子とイオンが対となって失われるから，その損失を補うためにプラズマから壁に向かって電子とイオンの密度こう配を生じる．しかし輸送が拡散のみだとすると，$D_e \gg D_i$ であるために，式 (3.139) から電子の方が極めて速く拡散し，その結果として荷電分離すなわち電界 $\boldsymbol{E}$ を生じることになる．この電界は電子の拡散を抑制し，イオンのそれを促進する方向に働き，最終的には $\varGamma_e = \varGamma_i (= \varGamma)$ となる．この発生電界は，

$$-\mu_e n_e \boldsymbol{E} - D_e \nabla n_e = \mu_i n_i \boldsymbol{E} - D_i \nabla n_i \tag{3.147}$$

なる関係式に，$n_e = n_i (= n)$ が良い近似で成立することを考慮すると，

$$\boldsymbol{E} = \{(D_i - D_e)/(\mu_i + \mu_e)\}(\nabla n / n) \tag{3.148}$$

によって密度こう配に結びつけられる．この $\boldsymbol{E}$ を $\varGamma_e$ または $\varGamma_i$ の式に代入すると，壁への粒子束は，見かけ上，拡散のみの項によって表され，

$$\varGamma = \varGamma_e = \varGamma_i = -D_a \nabla n \tag{3.149}$$

となる．ここに，D_a は次式で与えられ，

$$D_a = (\mu_i D_e + \mu_e D_i)/(\mu_i + \mu_e) \tag{3.150}$$

両極性拡散係数（ambipolar diffusion coefficient）と呼ばれている．式 (3.150) は $\mu_e \gg \mu_i$ を考慮すると，

$$D_a = D_i + (\mu_i/\mu_e) D_e = \mu_i \{\kappa(T_e + T_i)/e\}$$

と近似される．

式 (3.148) の電界は電子とイオンの粒子束を等しくするための**両極性電界**ともいえるものであり，衝突がなくて輸送が式 (3.138) で与えられないような弱電離プラズマや強電離プラズマが壁と接する場合にも発生する．

強電離プラズマの場合　電子と1価のイオンのみからなる完全電離プラズマの導電率について考える．式 (3.116 b) は磁界のない定常プラズマでは，

$$\boldsymbol{I}_{ei} = e n_e \boldsymbol{E} \tag{3.151}$$

で表される．この式は，式 (3.137)，(3.123) を用いると

$$\boldsymbol{I}_{ei} = e n_e \eta \boldsymbol{j} = e^2 n_e^2 \eta (\boldsymbol{v}_i - \boldsymbol{v}_e) \tag{3.152}$$

となり，式 (3.118) に等しくおけば

$$\eta = m_e \nu_{ei}/e^2 n_e \tag{3.153}$$

が得られる．この式は，弱電離プラズマの場合の抵抗率の式 (3.146) の ν_{en} をイオンと電子間の衝突周波数 ν_{ei} に置き換えたものになっている．ν_{ei} は式 (2.55) と式 (2.52) から，イオンと電子間の衝突断面積 σ_{ei} を用いて，

$$\nu_{ei} = (v_{th})_e n_i \sigma_{ei} \tag{3.154}$$

で与えられる．電子-イオン間衝突は中性粒子間の衝突のように，剛体球的衝突ではなく，クーロン力（$\propto 1/r^2$）によって相互作用する粒子間の衝突であり，単純に計算すると，σ_{ei} は発散する．Spitzer はプラズマ中の荷電粒子間にクーロン力が顕著に働くのはデバイ球以内だけであって，それ以遠は他のプラズマ粒子によって遮へいされる考え，次式を得た．

$$\sigma_{ei} = (\pi e^4/m_e^2 v_{th}^4 \varepsilon_0^2) \ln \Lambda \tag{3.155}$$

ここに，$\ln \Lambda = \ln[(12\pi\varepsilon_0^{3/2}/e^3)\{(\kappa T)^{3/2} n^{1/2}\}]$ で，荷電粒子間のクーロン相互作用をデバイ長 $\lambda_D = (\varepsilon_0 \kappa T/ne^2)^{1/2}$ で打ち切ったことにより生じる項であり，**クーロン対数** (Coulomb logarithm) と呼ばれている．クーロン対数は n，T の値によってごくわずかしか変化せず，実際的な計算に際しては $\ln \Lambda = 15$ と置いて計算しても誤差は 20% 以内である．

式 (3.154)，(3.155) を式 (3.153) に代入し，$(v_{th})_e$ に電子についての式 (2.37) を用いれば

$$\eta = 7.85 \times 10^{-4}/(T_e[\text{eV}])^{3/2} [\Omega \text{m}] \tag{3.156}$$

となり，電気抵抗率はプラズマの密度に関係なく，温度のみの関数になる．

以上では，電子とイオンのみから成る，いわゆる完全電離プラズマを取り扱ったが，中性気体も残っているプラズマでは，式 (3.116b) の右辺の I_{en} を考慮してこれまでと同様の議論を行えば，式 (3.153) で ν_{ei} と同時に ν_{en} も考慮すればよく，結局

$$\eta = (m_e/n_e e^2)(\nu_{ei} + \nu_{en}) \tag{3.157}$$

となる．一般的にはクーロン衝突の断面積が非常に大きいので，数%以上の電離度のプラズマについては式 (3.156) を用いて計算してよい．

つぎに完全電離プラズマにおける拡散を，電子とイオンを一流体としたときの輸送の式 (3.132)，(3.136) を用いて考える．重力を無視したこれらの定常解は，

$$\boldsymbol{j} \times \boldsymbol{B} = \nabla p \tag{3.158}$$

3.3 連続体として取り扱える場合

$$E = v \times B = \eta j \quad (3.159)$$

で与えられる．これらの式から，B に垂直な方向の速度 $v_\perp$ が次のように求められる．

$$v_\perp = (E \times B)/B^2 - (\eta_\perp/B^2)\nabla_\perp p \quad (3.160)$$

この式で右辺の第一項は $E \times B$ ドリフトによるプラズマの移動を示し，第二項は圧力こう配による粒子束を表す．プラズマ温度が空間的に一様ならば，磁界に垂直な方向の粒子束 $\Gamma_\perp$ は，$p = n_e \kappa T_e + n_i \kappa T_i = n \kappa (T_e + T_i)$ であることに留意すると，

$$\Gamma_\perp = n v_\perp = -\{\eta_\perp n \kappa (T_i + T_e)/B^2\}\nabla_\perp n \quad (3.161)$$

で表され，磁界を横切る拡散係数は，

$$D_\perp = \eta_\perp n \kappa (T_i + T_e)/B^2 \quad (3.162)$$

となる．

式(3.162)より $D_\perp$ は磁界の強さの二乗の逆数に比例し，密度に比例する．さらに，完全電離プラズマでは $\eta_\perp \propto (\kappa T_e)^{-3/2}$ であるから，$D_\perp$ は $(\kappa T_e)^{-1/2}$ に比例することがわかる．式(3.162)に従う拡散係数は拡散係数の下限を与えるもので**古典的拡散係数**（classical diffusion coefficient）と呼ばれる．4.4節で述べるように，磁界閉じ込め核融合研究では，この古典的拡散係数より桁違いに大きな拡散係数が観測され，**異常拡散**（anomalous diffusion）と呼ばれてきた．最近までの核融合研究は異常拡散を古典的拡散係数にどの程度近づけられるかが大きなテーマとなってきた．一部の装置でそれがかなり近づけられたことが，現在の核融合研究の見通しを明るくしているといえる．

図3.21は，各種条件下のプラズマの抵抗率を金属や半導体の抵抗率と比較した

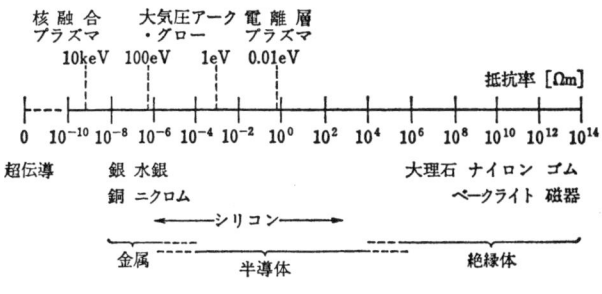

図 3.21 プラズマと他物質との抵抗率の比較

ものである．銅（$2\times10^{-8}\Omega$m），ステンレス鋼（$7\times10^{-8}\Omega$m），水銀（$10^{-6}\Omega$m）と比べてみれば，高温プラズマが非常に導電性の良い媒質であることが分かるであろう．

[**例題 3.7**] 例題3.1に示した低圧放電プラズマと核融合プラズマについての抵抗率を求めよ．ただし，低圧放電プラズマについては，圧力が100PaのHeプラズマで，Heの断面積を3.8×10^{-20}m^{2}とする．
(i)低圧放電プラズマ（2eV，10^{15}m^{-3}）　$\eta=37.3\Omega$m
(ii)核融合プラズマ（10keV，10^{20}m^{-3}）　$\eta=7.8\times10^{-10}\Omega$m

3.3.4　プラズマの平衡と安定

一般に物質が**平衡状態**（equilibrium state）にあるとは，その物質の運動または状態変化を示す方程式において，時間的変化の項（$\partial/\partial t$）がゼロである解の状態にあることをいう．その平衡状態に何らかの外乱が加わって平衡状態から外れたとして，初めの平衡状態に戻ろうとする時，その平衡状態は**安定である**（stable）といい，初めの平衡状態から離れていく時，その平衡状態は**不安定である**（unstable）という．プラズマの平衡状態，安定性のうち，磁界によるプラズマ閉じ込めの際の平衡と安定性について，基本的な概念をMHD方程式を用いて検討しよう．

平衡　式（3.132），（3.124）において，平衡条件$\partial/\partial t=0$，$g=0$，$v=0$を満たすものは

$$\nabla p = j \times B \tag{3.163}$$

$$\nabla \times B = \mu_0 j \tag{3.164}$$

の解である．すなわち，プラズマの圧力こう配∇pにより拡がろうとする力をローレンツ力$j\times B$でバランスさせて平衡状態を維持するものである．平衡状態では$j\times B$のベクトルは∇pの方向を向いているので，$p=$一定の平面上にならなければならない．また，jは式（3.163）とBのベクトル積から

$$j = \frac{B \times \nabla p}{B^2} \tag{3.165}$$

で与えられる．式（3.164）のjの式（3.163）に代入すると

$$(\nabla \times B) \times B = (B \cdot \nabla)B - \frac{1}{2}\nabla B^2$$

であることに注意すれば，次式が得られる．

$$\nabla\left(p+\frac{1}{2\mu_0}B^2\right)=\frac{1}{\mu_0}(\boldsymbol{B}\cdot\nabla)\boldsymbol{B} \tag{3.166}$$

磁力線の曲がりが少ない場合には $(\boldsymbol{B}\cdot\nabla)\boldsymbol{B}$ は小さいから（特に一様磁界ではこれは0となる），式 (3.166) は

$$\nabla\left(p+\frac{1}{2\mu_0}B^2\right)=0 \tag{3.167}$$

と近似することができる．これは式 (3.163) に関して述べた「圧力こう配をローレンツ力で抑える」ことの異なる表現として，「プラズマ圧力が変化した分は磁界による項 $B^2/2\mu_0$ で補って全体として一定にならなければ平衡は保てない」ことを意味している．このように $B^2/2\mu_0$ は圧力の次元をもつので，これを**磁気圧** (magnetic pressure) と呼ぶ．そして，p と $B^2/2\mu_0$ の比を**ベータ値** (beta value) と呼んで，磁界によるプラズマ閉じ込めの際の磁界の有効利用度の目安としている．

$$\beta \equiv \frac{p}{(B^2/2\mu_0)} \tag{3.168}$$

β が高いほど外部磁界 $\boldsymbol{B}$ により高い粒子圧のプラズマを閉じ込めるので磁界を有効利用しているが，他方，β が高いとプラズマの運動により磁界を変化させる割合が大きくなり，閉じ込め技術が困難になる．4.4節で示すように，核融合炉の実現のためには，$\beta \simeq 0.1$ 程度のプラズマ閉じ込めが要求される．

安定 以上に述べたようなプラズマの圧力を磁気圧で保持して平衡状態を維持する磁界配位には各種のものがあるが，その平衡状態が安定かどうかを考察することによって実際にプラズマ閉じ込めを実現できる磁界配位を知ることができ，また，不安定な平衡状態を安定化する方策もたてることができる．ここでは，閉じ込め磁界配位の中で共通する最も基本的と考えられる二つの平衡磁界配位とその安定性について考察する．その一つは重力場内でプラズマが一様磁界で支えられている場合であり，この状態は重力場内で重い流体が軽い流体に支えられている状態に非常によく似ている．また，もう一つは円柱状プラズマに流れる軸方向電流によって生じる自己磁界によってプラズマ柱が保持されている場合である．

(1) レイリー・テイラー不安定

図3.22に示すような座標系において，$z>0$ にある静止した質量密度 ρ_{10} の非圧縮性流体が $z<0$ にある静止した質量密度 $\rho_{\mathrm{II}0}$ の非圧縮性流体に重力に対して支えられている場合の安定性について考える．

流体の運動は式(3.91)，(3.97)，(3.107) で表される．このうちエネルギーの流れは流体の運動に影響していないので，結局，式(3.91)，(3.97)のみを考えればよい．連続の式(3.91)において，流体Ⅰ，Ⅱとも非圧縮性なので，ρ_{10}，$\rho_{\mathrm{II}0}$ は時間的，空間的に変化しないが，境界面ではこれら二流体の運動によって平均値 ρ が変化しうる．しかし，流体の運動に沿っての ρ は変化しないから

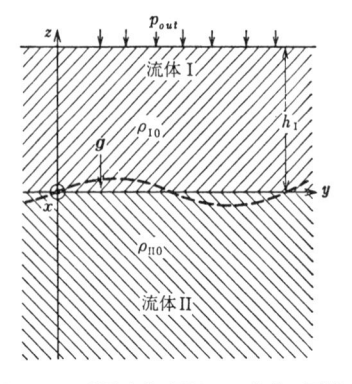

図 3.22 質量密度が異なる二流体の平衡と安定

$$\frac{d\rho}{dt}=\frac{\partial\rho}{\partial t}+(\boldsymbol{v}\cdot\nabla)\rho=0 \tag{3.169}$$

式(3.169)を式(3.91)に代入して

$$\nabla\cdot\boldsymbol{v}=0 \tag{3.170}$$

となる．運動方程式(3.97)は，重力の向きを図3.22のようにとれば

$$\rho\left[\frac{\partial\boldsymbol{v}}{\partial t}+(\boldsymbol{v}\cdot\nabla)\boldsymbol{v}\right]=-\nabla p-\rho\boldsymbol{g} \tag{3.171}$$

となる．

平衡状態では流体の流れがないから，式(3.171)で $\boldsymbol{v}=0$ として

$$\frac{\partial p_0}{\partial z}+\rho_0 g=0 \tag{3.172}$$

が成立しており，Ⅰの流体の深さを h_1，Ⅰの流体の液面の圧力を p_{out} とすると，ⅠとⅡの境界面での圧力 $p_0(z=0)$ は次式となる．

$$p_0(z=0)=\rho_{10}gh_1+p_{out} \tag{3.173}$$

微小変動が加わった時の液体の運動は，式(3.169)～(3.171)を変動量に対し線形化して

3.3 連続体として取り扱える場合

$$\frac{\partial \rho_1}{\partial t} + (\boldsymbol{v}_1 \cdot \nabla)\rho_0 = 0 \tag{3.174}$$

$$\nabla \cdot \boldsymbol{v}_1 = 0 \tag{3.175}$$

$$\rho_0 \frac{\partial \boldsymbol{v}_1}{\partial t} = -\nabla p_1 - \rho_1 \boldsymbol{g} \tag{3.176}$$

で表される。微小変動量 φ_1($\boldsymbol{v}_1$, ρ_1, p_1 を代表して φ_1 で示す)が,図3.22中の破線で示すような形,すなわち y 方向の波数 k と成長率 γ を含む式

$$\varphi_1 = \varphi_1(z)\exp(iky)\exp(\gamma t) \tag{3.177}$$

で表現されるとすれば,式 (3.174)～(3.176) から v_{1z} のみの方程式が得られ

$$\frac{\partial}{\partial z}\left(\rho_0 \frac{\partial v_{1z}}{\partial z}\right) = \frac{k^2}{\gamma^2} v_{1z}\left(\rho_0 \gamma^2 - g\frac{\partial \rho_0}{\partial z}\right) \tag{3.178}$$

となる。質量密度は境界面でのみ変化するから,式 (3.178) を境界面近傍の $z=-\varepsilon$ から $+\varepsilon$ まで積分し,$\varepsilon \to 0$ の極限をとると

$$\left(\rho_0 \frac{\partial v_{1z}}{\partial z}\right)_{\mathrm{I}} - \left(\rho_0 \frac{\partial v_{1z}}{\partial z}\right)_{\mathrm{II}} = -\frac{k^2}{\gamma^2} g(\rho_{10} - \rho_{\mathrm{II}0}) v_{1z}(0) \tag{3.179}$$

が導かれる。一方,境界面以外の領域では,$\partial \rho_0/\partial z = 0$ だから,式 (3.178) は

$$\frac{\partial^2 v_{1z}}{\partial z^2} = k^2 v_{1z} \tag{3.180}$$

で与えられ,その解は

$$v_{1z} = c_1\exp(-kz) + c_2\exp(kz) \tag{3.181}$$

である。$z \to \pm\infty$ で $v_{1z} \to 0$(I,IIの流体の深さは変動の波長に比べて十分深いものとする)であること,および境界面でI,IIの流体の v_{1z} は等しい値をもつことを考慮すると,式 (3.181) は

$$\left.\begin{array}{l}(v_{1z})_{\mathrm{I}} = c_1\exp(-kz) \\ (v_{1z})_{\mathrm{II}} = c_2\exp(kz)\end{array}\right\} \tag{3.182}$$

でなければならない。この結果を式 (3.179) に代入すると成長率 γ が求まり

$$\gamma^2 = gk\left(\frac{\rho_{10} - \rho_{\mathrm{II}0}}{\rho_{10} + \rho_{\mathrm{II}0}}\right) \tag{3.183}$$

となる。したがって,図3.22のように $\boldsymbol{g}$ が下向きに働いている場合,$\rho_{10} > \rho_{\mathrm{II}0}$ のとき $\gamma > 0$ であり,変動は成長して不安定となるのに対して,$\rho_{10} < \rho_{\mathrm{II}0}$ のとき γ は虚数

となり，乱れは成長せず安定であることがわかる．この重い流体が軽い流体に支えられているときに生じる不安定は，**レイリー・テイラー不安定**（Rayleigh-Taylor instability）と呼ばれている．

(2) クラスカル・シュワルツシルド不安定

図3.23に示すような重力場中で一様真空磁界で支えられたプラズマの安定性を考える．問題を複雑化しないために，レイリー・テイラー不安定の場合と同様に，プラズマを非圧縮性であるとし，またプラズマの導電率を無限大とする．このとき，プラズマ流体の運動を記述する方程式系は式 (3.169)～(3.171) の導出と同様な考察により，式 (3.130)，(3.132)，(3.136) および (3.124) から

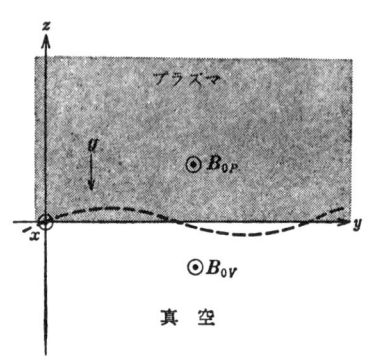

図3.23 真空磁界で支えられたプラズマの平衡と安定

$$\frac{\partial \rho}{\partial t}+(\boldsymbol{v}\cdot\nabla)\rho = 0 \tag{3.184}$$

$$\nabla\cdot\boldsymbol{v} = 0 \tag{3.185}$$

$$\rho\frac{\partial \boldsymbol{v}}{\partial t}=\boldsymbol{j}\times\boldsymbol{B}-\nabla p-\rho\boldsymbol{g} \tag{3.186}$$

$$\frac{\partial \boldsymbol{B}}{\partial t}=\nabla\times(\boldsymbol{v}\times\boldsymbol{B}) \tag{3.187}$$

$$\boldsymbol{j}=\frac{1}{\mu_0}\nabla\times\boldsymbol{B} \tag{3.188}$$

である．

平衡状態では

$$\boldsymbol{j}_0\times\boldsymbol{B}_0-\nabla p_0-p_0\boldsymbol{g} = 0 \tag{3.189}$$

$$\boldsymbol{j}_0=\frac{1}{\mu_0}\nabla\times\boldsymbol{B}_0 \tag{3.190}$$

を満足しているから，図3.23のように $\boldsymbol{B}_0$ が一様である場合には，式(3.163)，(3.164) から式 (3.167) を導いた過程と同様にして，式 (3.189)，(3.190) から

3.3 連続体として取り扱える場合

$$\nabla\left(\frac{{\boldsymbol B_0}^2}{2\mu_0}+p_0\right)+\rho_0\boldsymbol{g}=0 \tag{3.191}$$

と書ける.したがって,境界面でのプラズマの粒子圧を$p_0(0)$,ある$z(>0)$でのプラズマの粒子圧と磁界をそれぞれ$p_0(z)$,$\boldsymbol{B}_{0P}(z)$,真空中の磁界をB_{0V}とし,$p_0(z)=p_0(0)+\rho_0 gz$とおくと

$$\frac{[\boldsymbol{B}_{0P}(z)]^2}{2\mu_0}+p_0(z)=\frac{B_{0V}^2}{2\mu_0} \tag{3.192}$$

が成り立ち,この平衡を得るために$z=0$のプラズマ境界面にはyの負の方向にx方向の単位長当りに電流

$$I_0=\frac{1}{\mu_0}[B_{0V}-\boldsymbol{B}_{0P}(0)] \tag{3.193}$$

が流れている*.式 (3.192) において$B_0^2/2\mu_0$が磁気圧であることを思い出せば,ここでの平衡状態は,磁気圧と粒子圧($\rho_0 gz$も含める)が真空中の磁気圧と釣り合って保たれているといえる.

さて,安定性を調べるため,レイリー・テイラー不安定の場合と同様に,微小変動量に対して式 (3.184)〜(3.188) を線形化し,変動量について,式 (3.177) を仮定すると,v_{1z}について

$$\frac{\partial}{\partial z}\left(\rho_0\frac{\partial v_{1z}}{\partial z}\right)=-\frac{k^2}{\gamma^2}v_{1z}\left(\rho_0\gamma^2-g\frac{\partial \rho_0}{\partial z}\right) \tag{3.194}$$

が導出される.これはレイリー・テイラー不安定の時の式 (3.178) と全く同じ形をしている.すなわち,式 (3.194) における成長率γは,真空磁界を質量密度 0 の流体と見なせばよく,式 (3.183) から

$$\gamma^2=gk \tag{3.195}$$

となる.したがって,図3.23において重力がzの負の方向に働く時は$\gamma>0$で不安定であり,重力が正の方向に働く時にはγは虚数となり安定であることがわかる.この重力場中で,境界面で鋭い密度こう配をもつプラズマが真空磁界に支えられている時に生じる不安定は広義のレイリー・テイラー不安定であるが,プラズマの場合,特に**クラスカル・シュワルツシルド不安定**(Kruskal-Schwarzschild in-

---

* 式 (3.190) の境界をはさむy軸に直角な平面について面積分し,ストークスの定理を用いれば求めることができる.

stability) とも呼ばれている*.

(3) ソーセージ不安定とキンク不安定

図3.24に示すような半径 R の円柱状プラズマ中を z 方向に軸対称に流れる電流がつくる自己磁界によってプラズマが保持されている場合の安定性について考える。簡単のために、ここでもプラズマは非圧縮性で導電率は無限大であり、電流はプラズマ表面のみに流れるとする.

プラズマ電流 I_P がつくる自己磁界は、プラズマ表面では

$$B_{0\theta}=\frac{\mu_0 I_P}{2\pi R} \quad (3.196)$$

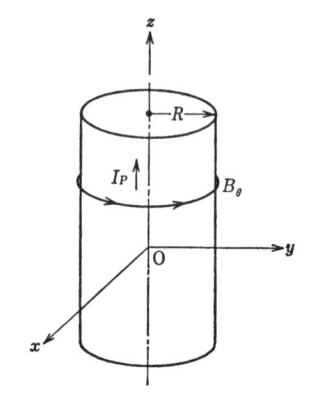

図3.24 円柱状プラズマの平衡

で与えられるが、これはプラズマに対して凹の曲がりをもつから、p.68の考察によりプラズマを安定に保持することができない.

まず、図3.25に示すようにプラズマ柱の一部がくびれた場合を考えてみよう。この場合、式 (3.196) から、くびれた部分のプラズマ境界面の磁界は強められ、プラズマ柱を内向きに押す磁気圧が増加するから、くびれはますます助長されて不安定となる。この不安定は、その形から**ソーセージ不安定**（Sausage instability）と名付けられている。ソーセージ不安定を安定化するには、プラズマ柱内断面にわたって一様な軸方向磁界 B_{0z} を印加する方法が考えられる。このとき、プラズマ境界面で

図3.25 ソーセージ不安定

$$p_0+\frac{B_{0z}^2}{2\mu_0}=\frac{B_{0\theta}^2}{2\mu_0} \quad (3.197)**$$

が成立して、平衡状態が保たれている.

円柱プラズマの安定性も、レイリー・テイラー不安定やクラシカル・シュワル

---

* この種の不安定では、プラズマと真空との境界面で磁力線に沿って溝状の変動を生じることから、縦溝形不安定 [**フルート**（flute）**不安定**] または**交換型**（interchange）**不安定**ともいう.

** 磁力線に曲がりがあるから $(\boldsymbol{B}_0\cdot\nabla)\boldsymbol{B}_0 \neq 0$ であるが、この項を考慮しても式 (3.166) から、プラズマの境界面で式 (3.197) のような関係式が成立している.

3.3 連続体として取り扱える場合

ツシルド不安定のところで用いた成長率を求める方法を適用して議論することができるが，円柱プラズマの場合，表式が複雑となり本書の程度を越えるから，ここでは以下のような磁気圧の概念を用いた定性的議論にとどめておくことにしよう．

まず安定性について論ずる準備として，導電率無限大のプラズマの場合に成立する式（3.187）の物理的意味を調べてみよう．今，図3.26に示すようにプラズマ中に任意の閉曲線Cをとり，Cが流体の速度vで移動する時のCと鎖交する磁束ϕの変化を求めると，Δt秒間の磁束の変化$\Delta\phi$はBの時間的変化とCとΔt秒後のCの移動によってできた閉曲線C'でつくる側面S'を通る磁束に等しいから

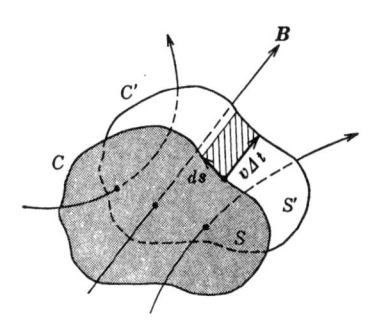

図 3.26 プラズマ中の閉曲線C内の磁束の変化

$$\Delta\phi=\int_s \Delta t \frac{\partial \boldsymbol{B}}{\partial t}\cdot d\boldsymbol{S}+\int_c \boldsymbol{B}\cdot(d\boldsymbol{s}\times \boldsymbol{v}\Delta t) \tag{3.198}$$

で与えられる．右辺第二項は，ストークスの定理により

$$\int_c \boldsymbol{B}\cdot(d\boldsymbol{s}\times \boldsymbol{v}\Delta t)=-\Delta t\int_c(\boldsymbol{v}\times \boldsymbol{B})\cdot d\boldsymbol{s}=-\Delta t\int_s \nabla\times(\boldsymbol{v}\times \boldsymbol{B})\cdot d\boldsymbol{S}$$

と変形されることから，式（3.198）は

$$\Delta\phi=\Delta t\int_s\left(\frac{\partial \boldsymbol{B}}{\partial t}-\nabla\times(\boldsymbol{v}\times \boldsymbol{B})\right)\cdot d\boldsymbol{S} \tag{3.199}$$

となる．したがって，式（3.187）が成立する場合には

$$\Delta\phi=0 \tag{3.200}$$

である．これは導電率無限大のプラズマ内の任意の閉曲線磁束はプラズマの運動にかかわらず常に保存されることを示しており，あたかもプラズマに磁力線が凍りついているかのようにみえる．3.4節の磁気流体波のところで磁力線の凍結現象について述べるが，それもここで述べた現象の一つと考えることができる．

さて，このプラズマ中での磁力線の凍結による磁束保存の特性を考慮すると，プラズマ柱内のB_{0z}による磁束ϕ_zについて，Rの変化にかかわらず

$$\phi_z = \pi R^2 B_{0z} = 一定 \tag{3.201}$$

であることが直ちに得られる.

そこで，今，プラズマ柱がくびれたとすると，くびれた部分ではプラズマ柱内の磁力線が圧縮されて B_{0z} が増すから，それによる磁気圧が増加してプラズマ柱を拡げようとするであろう．プラズマ柱の半径が ΔR 変化した時，$B_{0\theta}$，B_{0z} による磁気圧の変化は，式 (3.196)，(3.201) から

$$\Delta\left(\frac{B_{0\theta}^2}{2\mu_0}\right) = \frac{B_{0\theta}}{\mu_0}\Delta B_{0\theta} = \frac{B_{0\theta}^2}{\mu_0}\left(\frac{\Delta R}{R}\right) \tag{3.202 a}$$

$$\Delta\left(\frac{B_{0z}^2}{2\mu_0}\right) = \frac{B_{0z}}{\mu_0}\Delta B_{0z} = \frac{B_{0z}^2}{\mu_0}\left(\frac{2\Delta R}{R}\right) \tag{3.202 b}$$

で与えられるから

$$B_{0\theta}^2 > 2B_{0z}^2 \tag{3.203}$$

の時には式 (3.202 a) によるくびれ助長の方が式 (3.202 b) による押し拡げ効果より優勢となって不安定になり，

$$B_{0\theta}^2 < 2B_{0z}^2 \tag{3.204}$$

の時には安定となることがわかる.

次に，外乱としては，軸対称なくびれの他に，図3.27 に示すような円柱全体が一方に折れ曲がる場合も考えられる．この場合には，図から明らかなように折れ曲がりの内側 a の部分では磁力線密度が高くなって磁気圧が大きくなるのに対して，曲がりの外側 b の部分では磁力線密度が低くなって磁気圧が小さくなる．その結果，磁気圧の差によって曲がりの内側から外側に押す力が生じるから乱れがますます助長される．この種の不安定は，その形から**キンク不安定**（kink instability）と呼ばれている．この不安定の安定化にもソーセージ不安定の場合と同様，プラズマ柱内に軸方向磁界を加えるか*，プラズマ柱のまわりを円筒導体で取り囲

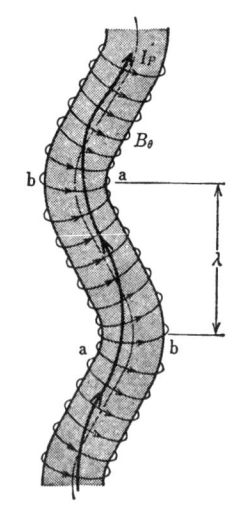

図3.27 キンク不安定

---

* ただし，この場合，安定化される乱れの波長には制限があり，ある波長以下の短波長のもののみが安定化される．

む方法により安定化される．後者の安定化の方法は，プラズマ柱が金属円筒に近づこうとするとプラズマ柱と導体との間の磁束が保存されているために磁力線が圧縮されて密になり，プラズマを元に押し戻そうとする力が働くことによるものである．

3.4 プラズマ中の波動現象

　プラズマ中の波動現象は，核融合プラズマ中の粒子やエネルギーの輸送，プロセスプラズマの発生，電離層中での電波伝搬などを理解する上で極めて重要である．大気中には縦波である音波と横波である電磁波のみが伝搬するのに対して，プラズマ中には様々な性質を持つ波が伝搬可能であることから，これまで**波動力学**(wave mechanics) のよい研究対象ともなってきた．ここでは，これらの波の中から基本的と思われる波をプラズマの流体方程式系とマックスウェルの電磁界方程式系を用いて考察する．流体方程式は，流体を構成する粒子の速度分布関数についての平均により導出されるため，波と個々の構成粒子との相互作用に関連して生じる現象を取り扱うことはできない点については留意しておく必要がある．

3.4.1 プラズマ中の波動の基礎

波動の取り扱いの基礎　　媒質中をx方向に伝搬する正弦的な波は，その物理量をφ（密度変動や電位変動など）とし，その波数をk，角周波数をω，振幅をφ_mとすると

$$\varphi = \varphi_m \sin(kx - \omega t) \tag{3.203}$$

で表される．図3.28は時刻$t = t_1$と$t = t_1 + \Delta t$におけるφとxとの関係を示したものである．波長λは隣り合う位相の位置の間の距離であることから，波数kとの間には

$$k\lambda = 2\pi \tag{3.204}$$

なる関係が成立する．また，ある位置$x = x_1$で波を観測すると，波の周波数fは1秒当たりの振動周期の回数であるから，角周波数と次式で結ばれる．

$$\omega = 2\pi f \tag{3.205}$$

図3.28に示したように, $t=t_1$ における位置 $x=x_1$ (図中 g 点) の位相と Δt 秒後における $x=x_1+\Delta x$ (図中 h 点) の位相が同じであるとすると, 波は $t=t_1$ における実線で示すような波形を保ちながら進み, Δt 秒後に Δx だけ移動して破線のようになったのであるから, 波の進行速度 v_p は, 同位相の条件

$$kx_1-\omega t_1 = k(x_1+\Delta x)-\omega(t_1+\Delta t)$$

図3.28 正弦波の伝搬

から求まり,

$$v_p = \Delta x/\Delta t = \omega/k \tag{3.206}$$

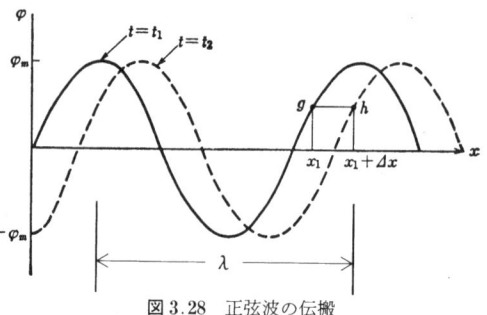

で与えられる. この速度は波のある位相の点が進む速度を示していることから**位相速度** (phase velocity) と呼ばれている.

上述のような, ある一つの k と ω の値を持つ波は, 空間では $x=-\infty$ から $+\infty$ まで, また時間では $t=-\infty$ から $+\infty$ まで, 一定の波長と周波数で無限に続くことによって初めて得られるものであり, 実際には実現不可能である. 実在する波は空間的にも時間的にも有限であり, k と ω に必ずある幅が存在する. しかし, これら実際の波も様々な k と ω を持つ波の合成として考えることができるから, その中の成分としてある一つの k と ω の波を取り扱うことが重要となる.

いま, k と ω 付近に広がりを持つ波の伝搬速度を調べるために, $2\Delta k$, $2\Delta \omega$ だけずれた二つの正弦波

$$\varphi_1 = \varphi_m \sin\{(k+\Delta k)x-(\omega+\Delta \omega)t\} \tag{3.207}$$
$$\varphi_2 = \varphi_m \sin\{(k-\Delta k)x-(\omega-\Delta \omega)t\}$$

から成る合成波 $\varphi(=\varphi_1+\varphi_2)$ を考えると

$$\varphi = 2\varphi_m \cos\{(\Delta k)x-(\Delta \omega)t\}\sin(kx-\omega t) \tag{3.208}$$

となり, 合成波は図3.29のように $\sin(kx-\omega t)$ の振幅が $\cos(\Delta kx-\Delta \omega t)$ で変化するような波形で伝搬することがわかる. この振幅振動が進む速さ $v_g(=\Delta x/\Delta t)$ は $\Delta k \to 0$ では

3.4 プラズマ中の波動現象

$v_g = \partial \omega / \partial k$ (3.209)

で与えられる.この速度は k,ω に広がりを持つ波が進む速度を示していることから**群速度**（group velocity）と呼ばれている.

以上は正弦的な波として sin の形で表現してきたが,余弦的な cos の形で表しても全く同様な議論ができる.そこで sin, cos の関数形に関わらず一般的に正弦的な波を取り扱うことができるように,次の複素量 φ^*

$$\varphi^* = \varphi_m \cos(kx-\omega t) + i\varphi_m \sin(kx-\omega t) = \varphi_m \exp\{i(kx-\omega t)\} \quad (3.210)$$

を導入する.この表現を用いると波の伝搬特性を調べる際,時間および位置座標に関する微分は

$$\left.\begin{array}{l} \partial \varphi^*/\partial t = (-i\omega)\varphi^* \\ \partial \varphi^*/\partial x = (ik)\varphi^* \end{array}\right\} \quad (3.211)$$

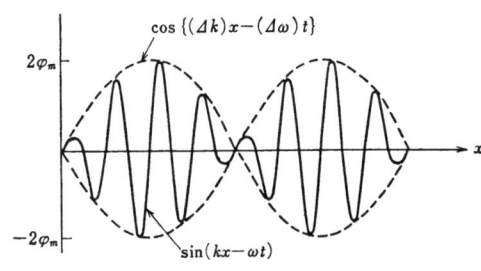

図3.29 群速度

となることから,$\partial/\partial t$ は $(-i\omega)$,また $\partial/\partial x$ は (ik) という簡単な演算子に置き換えられる.このような複素量の計算から実際の物理量を求めるのは次のようにする.例えば電位と密度の間の関係を与える方程式があってそれぞれの波動による変動量を求める時に,電位変動を式（3.210）で与えて（振幅 φ_m は実数）,その方程式に代入する.そこで上記の演算子計算を行い,電位変動の実数部（cos）か虚数部（sin）であるかによって,それぞれ密度変動（密度変動の振幅は複素数）の実数部,虚数部をとればよい.

大気中の波動 プラズマ中の波について学ぶ前の基礎として,よく知られた大気中の音波と電磁波について考えてみよう.

(i) **音波**（sound wave または acoustic wave）

大気中の音波は,圧力の疎密が伝搬する縦波である.数式で表現するには,質量保存の式（3.91b）,運動量保存の式（3.97）,および断熱変化の式（3.114）を用いればよい.

今,流れのない,空間的に一様な質量 ρ_0,圧力 p_0 の大気中を x 方向に伝搬する微小振幅の縦波を考える.波による密度 ρ,流速 v,圧力 p の変動分をそれぞれ ρ_1,

v_1, p_1として

$$\left.\begin{array}{l}\rho=\rho_0+\rho_1\\v=v_0+v_1=v_1\\p=p_0+p_1\end{array}\right\} \quad (3.212)$$

のように表す．微小振幅の波であることから$\rho_0 \gg |\rho_1|$，$p_0 \gg |p_1|$としてρ_1, v_1, p_1の一次の項まで残すと，上記の3式はそれぞれ

$$\partial \rho_1/\partial t + \rho_0 \partial v_1/\partial x = 0 \quad (3.213)$$

$$\rho_0 \partial v_1/\partial t + \partial p_1/\partial x = 0 \quad (3.214)$$

$$p_1/p_0 - \gamma \rho_1/\rho_0 = 0 \quad (3.215)$$

となる．ここで，変動分が

$$\rho_1,\ v_1,\ p_1 \propto \exp\{i(kx-\omega t)\} \quad (3.216)$$

で表されるとすると，式 (3.213)，(3.214) から

$$(-i\omega)\rho_1 + \rho_0(ik)v_1 = 0 \quad (3.217)$$

$$\rho_0(-i\omega)v_1 + (ik)p_1 = 0 \quad (3.218)$$

が得られる．式 (3.217)，(3.218) と (3.215) はρ_1, v_1, p_1に関する斉次の連立方程式であり，波が存在している条件下ではρ_1, v_1, p_1が同時に0になることはないから

$$\begin{vmatrix} -i\omega & ik\rho_0 & 0 \\ 0 & -i\omega\rho_0 & ik \\ -\gamma/\rho_0 & 0 & 1/p_0 \end{vmatrix} = 0 \quad (3.219)$$

でなければならない．したがって，この行列式より

$$\omega = (\gamma p_0/\rho_0)^{1/2} k = (\gamma \kappa T_0/m)^{1/2} k \quad (3.220)$$

が得られる．この式のような波の伝搬特性を示すkとωとの関係は**分散関係** (dispersion relation) と呼ばれている．音波の場合，$\omega \propto k$であるから位相速度と群速度は等しい．音波の速度は周波数によって変化しないから，例えばオーケストラが奏でる音楽は，どの場所にいる聴衆の耳にも同じ信号として到達する．

また音波の場合，式 (3.217)，(3.218) からわかるように，ρ_1, v_1, p_1の間には位相差がなくcosまたはsinの同じ関数形に書ける．

(ii) **電磁波** (electomagnetic wave)

大気中の電磁波は，マックスウェルの電磁界方程式系である式 (3.124) におい

て $\sigma=0$, $j=0$ と置いた

$$\nabla \times \boldsymbol{B} = (1/c^2)\partial \boldsymbol{E}/\partial t \tag{3.221}$$

$$\nabla \times \boldsymbol{E} = -\partial \boldsymbol{B}/\partial t \tag{3.222}$$

によって記述することができる．
図3.30のように x 方向に伝搬し，電界が y 方向，磁界が z 方向の直線偏波を考えることにすれば，これらは，B_z, E_y に関する次式となる．

$$-\partial B_z/\partial x = (1/c^2)\partial E_y/\partial t \tag{3.223}$$

$$\partial E_y/\partial x = -\partial B_z/\partial t \tag{3.224}$$

ここで，B_z, $E_y \propto \exp\{i(kx-\omega t)\}$ であるとすると，この2式は

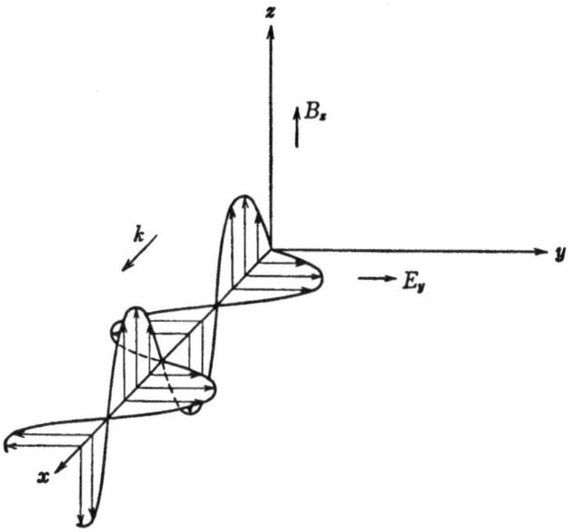

図3.30 大気中の電磁波の伝搬

$$(ik)B_z = (i\omega/c^2)E_y \tag{3.225}$$

$$(ik)E_y = i\omega B_z \tag{3.226}$$

となる．したがって，B_z, E_y が同時に0にならない解が存在する条件として，よく知られた分散関係

$$\omega = ck \tag{3.227}$$

が得られる．この場合も前述の音波と同様，位相速度と群速度は等しく，また E_y, B_z とも cos または sin の同じ関数形に書ける．

3.4.2 さまざまなプラズマ波動

プラズマ中の静電波　　プラズマ中には電子やイオン密度の疎密で生じる縦波が伝搬する．この縦波は，電子とイオンの密度差で生じる静電界が伝搬に重要な役割を演ずることから，**静電波**（electrostatic wave）と呼ばれており，代表的なものに，波動伝搬に電子のみが関与する電子波と，イオンと電子の両方が関与するイオン音波とがある．磁界が存在すると荷電粒子の運動が影響を受けるために，これらの波の伝搬特性が異なってくるが，ここでは磁界がない場合の特徴的な二

つの静電波を取り上げる．

まず，電子のみが応答できるような高い周波数の電子波について考察しよう．イオンは静止しているから，波の伝搬は，電子の運動を記述する方程式系である式 (3.115b)，(3.116b)，(3.121b) と電子の運動によって生じる静電界を記述するポアソンの式［マックスウェルの電磁界方程式系 (3.124) の中の最初の式］によって表現される．問題を簡単化するために無衝突プラズマ中を伝搬する一次元的な波 (x 方向に伝搬) を考える．上述の大気中の音波の場合と同様に，波を，波が無いときの量（添字 0）に対する微小な摂動項（添字 1）として取り扱って，$n_e = n_0 + n_{e1}$, $n_i = n_0$, $v_e = v_{e1}$, $E = E_1$, $p_e = p_{e0} + p_{e1}$ とし，n_{e1}, v_{e1}, E_1, $p_{e1} \propto \exp\{i(kx - \omega t)\}$ とすると，上記 4 つの式から次の斉次の連立方程式が得られる．

$$\left.\begin{array}{r}-i\omega n_{e1} + ikn_0 v_{e1} = 0 \\ -i\omega m_e n_0 v_{e1} + en_0 E_1 + ikp_{e1} = 0 \\ p_{e1}/p_0 - \gamma_e n_{e1}/n_0 = 0 \\ ikE_1 + en_{e1}/\varepsilon_0 = 0\end{array}\right\} \quad (3.228)$$

4 つの微小量が同時に 0 にならない条件から，分散関係

$$\omega^2 = \omega_{pe}^2 + (\gamma_e \kappa T_e / m_e) k^2 \quad (3.229)$$

が求められる．ここに，ω_{pe} は**電子プラズマ周波数** (electron plasma frequency) と呼ばれるパラメータで

$$\omega_{pe} = (e^2 n_0 / m_e \varepsilon_0)^{1/2} \quad (3.230)$$

で与えられる．

式 (3.229) を，ω-k 空間で描くと図 3.31 のようになる．電子の熱運動がない場合 ($T_e = 0$) には単なる振動となり，波としては伝搬しない

[**電子プラズマ振動*** (elec-

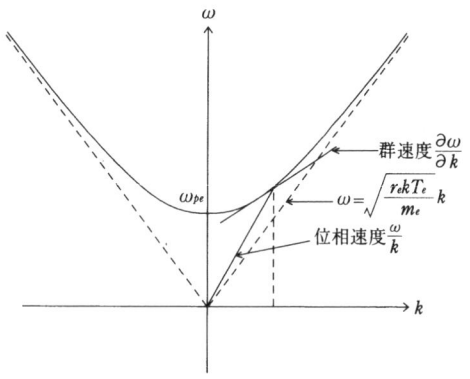

図 3.31　電磁波の分散関係

---

* プラズマ振動は**ラングミュア振動** (Langmuir oscillation) とも呼ばれる．ラングミュアは 1925 年に低気圧電離気体中に固有の振動現象を見い出し，これを"plasma oscillation"と名付け，初めて"plasma"という言葉を使用した．

tron plasma oscillation) という].

[例題 3.7] 電子プラズマ振動を定性的に説明するモデルとして図3.32がよく用いられる*. すなわち, 準中性状態 ($n_e \approx n_i$) のプラズマに微小外乱が加わり, イオンに比して質量の小さい電子群全体が右方向にxだけ変化し, 電子過剰域と電子不足域が生じたとする. $\lambda_D \approx 0$ (すなわち$T_e \sim 0$) の条件での電子の運動を考察せよ.

[解] 変位に伴い生ずる電子による負電荷面密度 σ_-は$-n_e ex$であり, イオンによる正電荷面密度σ_+は $n_i ex$である. したがって, 電界

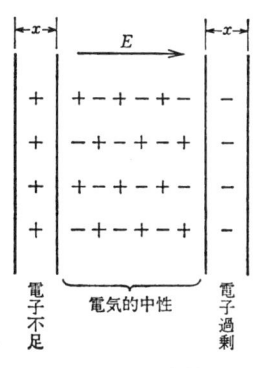

図3.32 プラズマ振動モデル

$$E = \frac{n_e e x}{\varepsilon_0} \ [\text{V/m}] \quad (3.231)$$

が図のように現れる. 今, イオンは静止していると仮定し, 電子の運動のみに注目すると, 運動方程式は式 (3.13) を用いて

$$m_e \frac{d^2 x}{dt^2} = -eE = -\frac{n_e e^2}{\varepsilon_0} x = -m_e \omega_{pe}^2 x \quad (3.232)$$

となる. この方程式の解は, 角周波数がω_{pe}の単振動となる. 式 (3.230) に定数を入れると, 電子プラズマ周波数f_{pe}は

$$f_{pe} = \frac{\omega_{pe}}{2\pi} = 8.98\sqrt{n_e} \ [\text{Hz}] \quad (3.233)$$

となる. ここではn_eは [m^{-3}] 単位である.

以上ではイオンは静止していると仮定したが, 実際にはイオンも**イオンプラズマ振動** (ion plasma oscillation) を行っており, 電子プラズマ振動と同様な計算から, **イオンプラズマ (角) 周波数** [ion plasma (angular) frequency] ω_{pi}がZ価のイオンの場合

$$\omega_{pi} = \sqrt{\frac{Z^2 n_i e^2}{m_i \varepsilon_0}} \quad (3.234)$$

---
* 例えば, 付録1の参考書(5).

で与えられる.

電子波が伝搬するには波数kが実数でなければならないから,式(3.229)において$\omega > \omega_{pe}$の周波数領域でのみ伝搬が可能である.kが大きくなるにつれて,$\omega^2 \simeq (\gamma_e \kappa T_e/m_e)k^2$となり,波の位相速度は電子の熱運動速度に近づく.この周波数領域では電子の流体方程式では取り扱えない**ランダウ減衰**(Landau damping)と呼ばれる,波のポテンシャルエネルギーと波の位相速度近傍の速度を持つ電子の運動エネルギーとのやりとりに関連した減衰機構が支配的となり,電子波は実際には減衰する.したがって,電子波は$\omega > (\gamma_e \kappa T_e/m_e)^{1/2} k$を満たす$k$の小さい領域でのみ伝搬し得る.

また実際の物理量n_{e1}, v_{e1}, E_1の位相関係は,n_{e1}が$n_{e1} = n_{1m}\sin(kx - \omega t)$とすると,$v_{e1}$, E_1は,式(3.228)から

$$v_{e1} = (\omega/k)(n_{1m}/n_0)\sin(kx - \omega t) \tag{3.235}$$

$$E_1 = (e/k\varepsilon_0) n_{1m}\cos(kx - \omega t)$$

で与えられ,図3.33のように表される.

つぎに,イオンも応答できるような低い周波数の静電波であるイオン音波について考察しよう.イオンの運動については,式(3.115c)と式(3.116c)で,$B = 0$, I_{ie}, $I_{in} = 0$とし,さらにイオンの熱運動も無視して$p_i = 0$とした簡単な一次元の式で記述する.一方,電子の運動は,波動が低周波でまた電子の質量が小さいため,式(3.116b)の電子の運動量保存の式において慣性項を無視して,

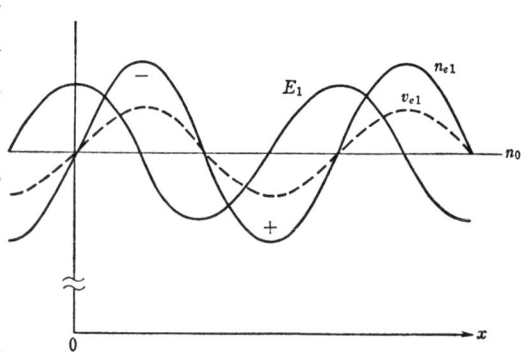

図3.33 電磁波におけるn_{e1}, v_{e1}, E_1の関係

$$-en_e E - \partial p_e/\partial x = 0 \tag{3.236}$$

で表されるが,この式はT_eが一様だとすると,

$$n_e = n_0 \exp(e\phi/\kappa T_e) \tag{3.237}$$

3.4 プラズマ中の波動現象

と変形され,式(3.2)で与えたボルツマン分布の式となる.

これらの方程式および静電界に対する式(3.124)に$n_i = n_0 + n_{i1}$, $n_e = n_0 + n_{e1}$, $\phi = \phi_1$, $E_1 = -\partial\phi_1/\partial x$, $v_i = v_{i1}$を代入し,n_{i1}, n_{e1}, ϕ_1, $v_{i1} \propto \exp\{i(kx - \omega t)\}$の一次の項までを残すと,方程式系

$$\left. \begin{array}{r} -i\omega n_{i1} + ikn_0 v_{i1} = 0 \\ -i\omega m_i n_0 v_{i1} - iken_0 \phi_1 = 0 \\ n_{e1} - n_0 e\phi_1/\kappa T_e = 0 \\ k^2 \phi_1 - (e/\varepsilon_0)(n_{i1} - n_{e1}) = 0 \end{array} \right\} \quad (3.238)$$

が得られる.したがって,分散関係は

$$\omega^2 = \{c_s^2/(k^2\lambda_D^2 + 1)\}k^2 \quad (3.239)$$

となる.ここに,c_sはイオン音速と呼ばれる量で

$$c_s = (\kappa T_e/m_i)^{1/2} \quad (3.240)$$

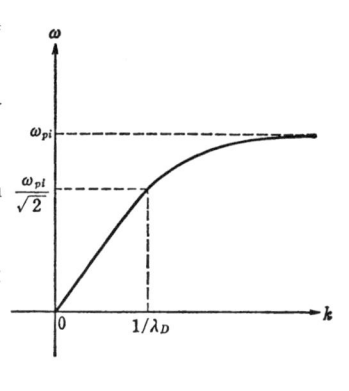

で与えられる.この分散関係を描くと図3.34のようになる.波数kが小さい場合には波の位相速度ω/kはc_sとなり,大気中の音波の分散関係におけるTをT_eに置き換えたものとなる.このことから,この波は**イオン音波**(ion sound wave または ion acoustic wave)と名付けられている.波数が大きな極限,すなわち$k\lambda_D \to \infty$では,分散関係式(3.239)は$\omega = \omega_{pi}[=(e^2 n_0/m_e \varepsilon_0)^{1/2}]$となり,単なるイオンプラズマ振動を表している.

図3.34 イオン音波の分散関係

電子波は$T_e = 0$の場合,単なる電子のプラズマ振動となり伝搬しないが,イオン音波は$T_i = 0$でも,$T_e \neq 0$なら伝搬する.これは電子が,熱運動により$\kappa T_e/e$程度の電位差を飛び越えることができるため,イオンと電子の密度差で生じる電界が完全には遮へいされずに残り,その電界によってイオンの運動が生じることに起因している.

以上の考察は$T_e \gg T_i$の場合に成り立つが,T_iがT_eと同程度であれば,イオンの熱運動速度はイオン音波の速度に近づくため電子波のところで述べたようなランダウ減衰がイオン音波との間の相互作用で生じ,イオン音波は減衰してしまう.

したがって，イオン音波は$T_e \gg T_i$の場合にのみ伝搬する．

プラズマ中の電磁波

(i) 無磁化プラズマ中の電磁波

プラズマ中を伝搬する横波として，磁界が印加されていない場合の電磁波を取り上げる．磁界がない場合にプラズマ中を伝搬する電磁波の周波数は極めて高く電子のみが応答できる．電磁波の電界は電子の運動による電子電流を生じ，波の伝搬に影響する．したがって，プラズマ中の電磁波を取り扱うには，マックスウェルの電磁界方程式に加えて，電子の運動を記述する式が必要である．図3.35に示すような，x方向に伝搬し，電界がy方向に直線偏波した電磁波を考えると，これらは次のように表される．

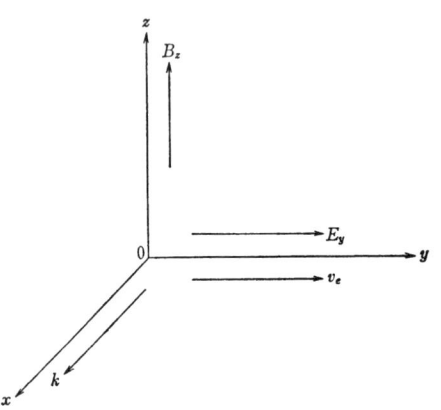

図3.35 プラズマ中の電磁波伝搬

$$\left.\begin{aligned}
-\partial B_z/\partial x &= \mu_0 j_y + (1/c^2)\partial E_y/\partial t \\
\partial E_y/\partial x &= -\partial B_z/\partial t \\
j_y &= -en_e v_e \\
\partial v_e/\partial t &= -(e/m_e)E_y
\end{aligned}\right\} \quad (3.241)$$

この中の最後の運動方程式は，衝突を無視しy方向の電界によってy方向に密度こう配を生じないとして式 (3.116 b) から得られる．ここで，E_y, B_z, $v_e \propto \exp\{i(kx-\omega t)\}$とすると，式 (3.241) は，次のような$E_y$, B_zのみの斉次代数方程式となる．

$$\left.\begin{aligned}
ikB_z + i\{\mu_0(e^2 n_e/\omega m_e) - \omega/c^2\}E_y &= 0 \\
ikE_y &= i\omega B_z
\end{aligned}\right\} \quad (3.242)$$

したがって，分散関係式は，

$$\omega^2 = \omega_{pe}^2 + k^2 c^2 \quad (3.243)$$

となる．この関係式を図3.36に示す．

$\omega > \omega_{pe}$の周波数領域では$k^2 > 0$であるから電磁波はプラズマ中を伝搬するが，

$\omega<\omega_{pe}$の場合には$k^2<0$であるからkは虚数となり伝搬できない. $\omega\gg\omega_{pe}$では電磁波は電子の固有振動数よりずっと大きい周波数の波であるため，電子は波の電界に応答できなくなり，電磁波は大気中と同様$\omega\simeq kc$で伝搬する. 一方, $\omega<\omega_{pe}$では電子は電磁波の電界に十分応答することができ，電子の運動で生じた電流j_yのために電磁波はプラズマ表面近くで反射されるためプラズマ中を伝搬することができない. この現象は，電離層でのラジオ波の反射でよく知られている.

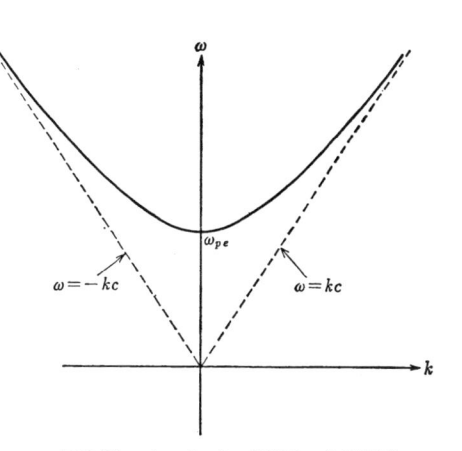

図3.36 プラズマ中の電磁波の分散関係

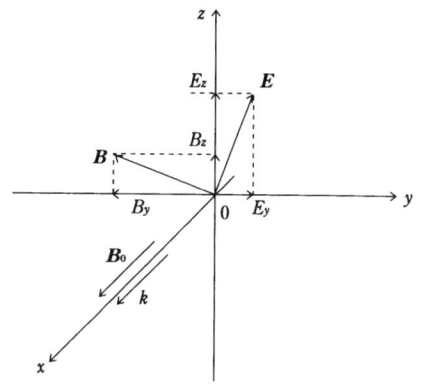

(ii) **磁界方向に伝搬する電磁波**

図3.37のような，一様磁界B_0がx方向に印加された系でx方向に伝搬する電磁波に注目する. 電磁波の電界EはB_0に垂直であるが, y方向のE_y成分は, y方向への電子の運動のみならず, $E\times B$ドリフトによってz方向への電子の運動をもたらし, z方向の電界の発生につながる. このため, 電界EはE_y, E_zの二つの成分(y, zをy, z方向の単位ベクトルとして$E=E_y\mathbf{y}+E_z\mathbf{z}$)を考慮する必要がある. 電磁波の電磁界$E$, $B\propto\exp\{i(kx-\omega t)\}$, および，電子の運動を記述する方程式系は次のように与えられる.

図3.37 印加磁界に平行に伝搬する電磁波の電磁界成分

$$\left.\begin{array}{c} k\times E=\omega B \\ k\times B=-i\mu_0 j-(\omega/c^2)E \\ j=-en_0 v_e \end{array}\right\} \quad (3.244)$$

$$im_e\omega\boldsymbol{v}_e = e(\boldsymbol{E} + \boldsymbol{v}_e \times \boldsymbol{B}_0) \quad \Big\}$$

この方程式系の解を求めるために，電子の運動方程式 y, z 方向の速度成分 v_{ey}, v_{ez} について解くと，

$$v_{ey} = (e/m_e\omega)\{-iE_y - (\omega_c/\omega)E_z\}/\{1-(\omega_c/\omega)^2\} \quad (3.245)$$

$$v_{ez} = (e/m_e\omega)\{-iE_z + (\omega_c/\omega)E_y\}/\{1-(\omega_c/\omega)^2\} \quad (3.246)$$

が得られる．v_{ey}, v_{ez} から電流成分 j_y, j_z を求めてマックスウェルの方程式に代入すると，電界に関する次の斉次代数方程式が得られる．

$$(\omega^2 - c^2k^2 - a)E_y + (ia)(\omega_c/\omega)E_z = 0 \quad (3.247)$$

$$-(ia)(\omega_c/\omega)E_z + (\omega^2 - c^2k^2 - a)E_y = 0 \quad (3.248)$$

ここに，

$$a = [\omega_{pe}^2/\{1-(\omega_c/\omega)^2\}] \quad (3.249)$$

である．したがって，この方程式が解を有するためには

$$(\omega^2 - c^2k^2 - a)^2 = (a\omega_c/\omega)^2 \quad (3.250)$$

すなわち，

$$\omega^2 - c^2k^2 = \omega_{pe}^2/\{1 \pm (\omega_c/\omega)\} \quad (3.251)$$

が成立しなければならず，二つの分散関係式

$$c^2k^2/\omega^2 = 1 - (\omega_{pe}/\omega)^2/\{1-(\omega_c/\omega)\} \quad (3.252)$$

$$c^2k^2/\omega^2 = 1 - (\omega_{pe}/\omega)^2/\{1+(\omega_c/\omega)\} \quad (3.253)$$

が得られる．

つぎに，これらの分散関係を調べてみよう．まず式 (3.252) に注目し，この関係を満たす電界成分 E_y と E_z の関係を見るために，式 (3.252) を式 (3.247) に代入すると，次式になる．

$$iE_y/E_z = 1 \quad (3.254)$$

ここで，図3.38に示すような x 方向に伝搬する電磁波で，**右回り偏波**（ある位置 x で観測したとき，波の進行方向に対して電界が右回りしている波）の電界成分 E_y, $E_z \propto E_0 \exp\{i(kx - \omega t)\}$ の関係を調べてみよう．電界を

図3.38 右回り偏波の進行方向と電界の関係

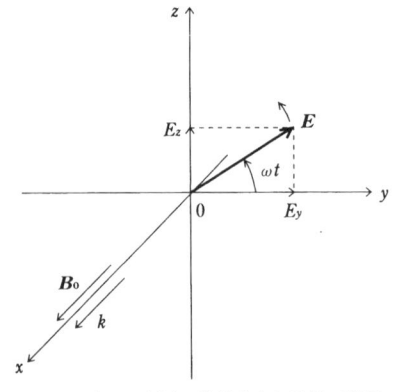

3.4 プラズマ中の波動現象

$x=0$ の y, z 面上で観測すると, $t=0$ で電界が y 方向であったとした場合, 右回り電界の成分 $(E_y)_R$, $(E_z)_R$ は

$$(E_y)_R = E_0\cos\omega t = \text{Re}\{E_0\exp(-i\omega t)\} \tag{3.255}$$
$$(E_z)_R = E_0\sin\omega t = \text{Re}\{iE_0\exp(-i\omega t)\}$$

の関係を満たすから, 複素数表示の電界 E_y, E_z は,

$$\left.\begin{array}{l} E_y = E_0\exp(-i\omega t) \\ E_z = iE_0\exp(-i\omega t) \end{array}\right\} \tag{3.256}$$

の関係がある. すなわち, 右回り偏波の場合, 式 (3.254) を満足する.

図3.39は, 右回り偏波の伝搬の様子を E_y, E_z の成分に分けて示したものである. 分散式 (3.252) において, ω が ω_c よりも小さい方から ω_c に近づく場合には (実際には, 電磁波の周波数は一定であるから, 電磁波が磁界の強い方から弱い方に向けて伝搬することに相当する), $k\to\infty$ となる. この条件では, 電子は電磁波の電界と同じ方向に同じ角速度で同期して回転する

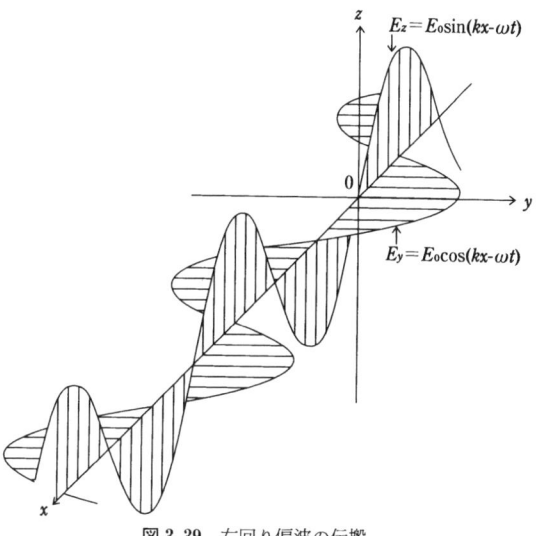

図3.39 右回り偏波の伝搬

ため, 電磁波から共鳴的にエネルギーを獲得する. 4.1.1項で述べる**電子サイクロトロン共鳴** (electron cyclotron resonance, ECR) **プラズマ**は, この右回り偏波との共鳴による電子共鳴加速を利用して生成される. 一方, ω が ω_c より大きい方から ω_c に近づく場合には (電磁波が弱磁界側から強磁界側へ伝搬), ω が

$$\omega_R = \{\omega_c + (\omega_c^2 + 4\omega_{pe}^2)^{1/2}\}/2 \tag{3.257}$$

において $k^2=0$ となり, 電磁波は反射される.

また, 特に右回り偏波で $\omega \ll \omega_c$ の周波数領域に注目すると, 分散関係式は

$$(kc/\omega)^2 = \omega_{pe}^2/\omega\omega_c \tag{3.258}$$

となる．この式は周波数が増加すると位相速度が遅くなる特徴的な波で，**ホイッスラー波**（whistler wave）または**ヘリコン波**（helicon wave）と呼ばれている．

つぎに，分散式(3.253)の電界成分の関係を調べると，式(3.253)と式(3.248)より

$$iE_y/E_z = -1 \tag{3.259}$$

となる．これは，上述の右回り偏波におけると同じ考察から，**左回り偏波**の電界成分 $(E_y)_L$, $(E_z)_L$ に注目すると，

$$\begin{aligned}(E_y)_L &= E_0\cos\omega t = \text{Re}\{E_0\exp(-i\omega t)\} \\ (E_z)_L &= E_0\sin\omega t = \text{Re}\{-iE_0\exp(-i\omega t)\}\end{aligned} \tag{3.260}$$

でなければならないから，式(3.259)が成立する．この左回り偏波で，$k=0$ となる周波数 ω は，

$$\omega_L = \{-\omega_c + (\omega_c^2 + 4\omega_{pe}^2)^{1/2}\}/2 \tag{3.261}$$

となる．

以上の印加磁界に沿って伝搬する電磁波の分散関係をまとめて描くと図3.40のようになる．$\omega > \omega_R$ では右回りと左回りの両偏波，$\omega_R > \omega > \omega_c$ では左回り偏波のみ，$\omega_c > \omega > \omega_L$ では右回りと左回り偏波，$\omega_L > \omega$ では右回り偏波のみが伝搬する．また，磁界がない場合には電磁波は $\omega > \omega_{pe}$ という高周波領域でのみ伝搬することができるのに対して，磁界が存在すると $\omega \ll \omega_c$ という低周波領域まで伝搬できるようになることがわかる．

[例題3.8] $f = 2.45\text{GHz}$ のマイクロ波を入射した時のECR条件を求めよ．

[解] 2.45GHzは一般家庭で用いられている電子レンジ用マイクロ波の周波数である．電子のサイクロトロン角周波数は式(3.16)より $\omega_c = eB/m_e$

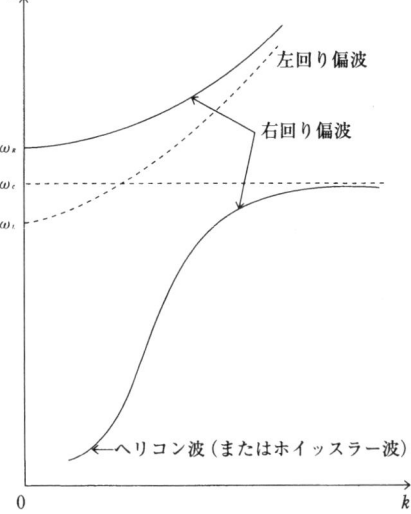

図3.40 右回りおよび左回り偏波の分散関係

3.4 プラズマ中の波動現象

であるが，角周波数 $\omega=2\pi\cdot 2.45\times 10^9$ rad/s であるから，ECR 条件では，
$$eB/m_e = 2\pi \times 2.45 \times 10^9$$
より，
$$B = 8.75 \times 10^{-3} T = 8.75 mT \quad (875 \text{ガウス})$$
となる．

磁気音波（megnetohydrodynamic wave） 上述の磁界方向に伝搬する電磁波では，電子の運動で生じた電流による磁界は印加磁界に比べて小さいとして無視した．プラズマ密度が高くなると波の電界によって生じた電流は大きくなり，磁界とプラズマ流体とが互いに影響を及ぼし合いながら伝搬する**磁気流体波**（magnetofluid wave）と呼ばれる波が存在するようになる．この中で特に磁力線方向と磁力線に垂直な方向に伝わる波は，それぞれ**アルベーン波**（Alfvén wave）および**磁気音波**（magnetosonic wave）と呼ばれている．ここでは前者を取り上げる．

アルベーン波は，図3.41に示すような波の電界と磁界が伝搬方向と垂直な横波である．今，印加磁界 B_0 と伝搬方向 k を x 方向とし，波の電界 E_1 と磁界 B_1 の方向がそれぞれ y および z 方向であるとする．また，波の周波数はイオンのサイクロトロン周波数 ω_{ci} より十分低周波とし，電子とイオンの熱運動がない（$T_e = T_i = 0$）ものとする．

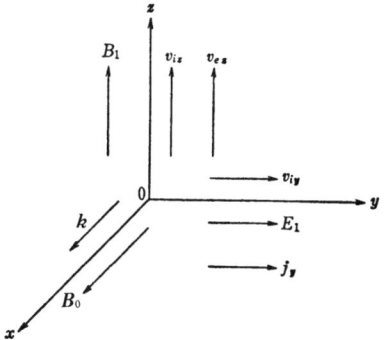

図3.41 アルベーン波の伝搬

このような条件の下で，まずイオンと電子の運動について調べる．イオンの運動は波によって生じる v_i が小さいとすると，式（3.116c）より

$$m_i \frac{\partial \bm{v}_i}{\partial t} = e(\bm{E}_1 + \bm{v}_{i1} \times \bm{B}_0) \tag{3.262}$$

で表されるから，成分に分けて書くと

$$\frac{\partial v_{iy}}{\partial t} = \frac{e}{m_i} E_1 + \omega_{ci} v_{iz} \tag{3.263}$$

$$\frac{\partial v_{iz}}{\partial t} = -\omega_{ci} v_{iy} \tag{3.264}$$

になる．E_1, v_{ix}, $v_{iy} \propto \exp\{i(kx-\omega t)\}$ とすると，これら2式は

$$-i\omega v_{iy} = \frac{e}{m_i} E_1 + \omega_{ci} v_{iz} \tag{3.265}$$

$$-i\omega v_{iz} = -\omega_{ci} v_{iy} \tag{3.266}$$

となるから，v_{iy}, v_{iz} について解くと，$\omega \ll \omega_{ci}$ の条件から

$$v_{iz} = -\frac{E_1}{B_0} \tag{3.267}$$

$$v_{iy} = -i\frac{e\omega}{m_i \omega_{ci}^2} E_1 \tag{3.268}$$

が得られる．一方，電子については

$$m_e \frac{\partial \boldsymbol{v}_e}{\partial t} = -e(\boldsymbol{E}_1 + \boldsymbol{v}_e \times \boldsymbol{B}_0) \tag{3.269}$$

から

$$v_{ez} = -\frac{E_1}{B_0} \tag{3.270}$$

$$v_{ey} = i\frac{e\omega}{m_e \omega_{ce}^2} E_1 \simeq 0 \tag{3.271}$$

となる．以上のことから z 方向には電子もイオンも同じ速度 $(-E_1/B_0)$ で一流体のプラズマとして移動するのに対し，y 方向には電子とイオンの速度が異なるから

$$j_y = en_0(v_{iy} - v_{ey}) = -i\frac{e^2 n_0 \omega}{m_i \omega_{ci}^2} E_1 \tag{3.272}$$

なる電流を生じることがわかる．したがって，マックスウェルの式 (3.124)

$$\nabla \times \boldsymbol{B}_1 = \mu_0 \boldsymbol{j} + \frac{1}{c^2} \frac{\partial \boldsymbol{E}_1}{\partial t}$$

$$\nabla \times \boldsymbol{E}_1 = -\frac{\partial \boldsymbol{B}_1}{\partial t}$$

において $\boldsymbol{j}$，$\boldsymbol{E}_1$ が y 方向成分のみであることに注意すると，これら2式は

3.4 プラズマ中の波動現象

$$-ikB_1 = -\frac{i\omega}{c^2}\left(\frac{\omega_{pi}^2}{\omega_{ci}^2}+1\right)E_1 \\ ikE_1 = i\omega B_1 \Biggr\} \quad (3.273)$$

で与えられるから，分散関係式

$$k^2 c^2 = \omega^2\left(1+\frac{\omega_{pi}^2}{\omega_{ci}^2}\right) \quad (3.274)$$

が導かれる．すなわち波の位相速度は

$$v_p = \frac{\omega}{k} = \frac{c}{\sqrt{1+\left(\frac{\omega_{pi}}{\omega_{ci}}\right)^2}} \quad (3.275)$$

であり，特に$\omega_{pi}^2 \gg \omega_{ci}^2$，すなわち高密度のプラズマの場合

$$v_p = \frac{B_0}{\sqrt{\mu_0 m_i n_0}} \equiv V_A \quad (3.276)$$

で表されることがわかる．このV_Aは特に**アルベーン速度**（Alfvén velocity）と呼ばれている．$\omega_{pi}^2 \gg \omega_{ci}^2$の条件は$B_0^2/\mu_0 n_0 m_i \ll c^2$の条件と等価であり，$V_A \ll c$であることを意味している．またプラズマ密度が低くなって$\omega_{pi}^2 \ll \omega_{ci}^2$となると$\omega/k \simeq c$となり真空中の電磁波に一致する．アルベーン波はこのように電磁波の一種でもあり，$B_0=0$のときには$\omega > \omega_{pe}$の高い周波数領域でしか伝搬できなかったものが，磁界の印加によって，$\omega \ll \omega_{ci}$の低周波領域でも伝搬できるようになるのは興味深い．アルベーン波の磁界B_1は$\omega_{pi}^2 \gg \omega_{ci}^2$の場合を例にとるとマックスウェルの式からイオンによる分極電流jによって発生し，図3.42に示すようにB_0とB_1との合成で磁力線は曲げられる．この磁力線の曲がりは，例えばa点においてz方向にプラズマ流体が$E_1 \times B_0$ドリフトの速度で$v_1 = E_1/B_0$で下方に移動するとき，磁力線も$(\omega/k)\cdot(B_1/B_0) = E_1/B_0$で下方に移動することから，プラズマに磁力線が**凍結**（frozen）することに

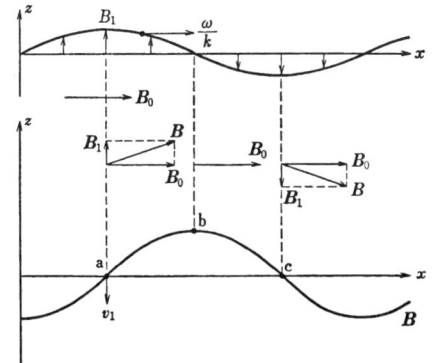

図3.42 アルベーン波による磁力線の曲がり

よって生じている．この現象は，あたかも磁力線に垂直な方向にプラズマ流体が振動することによって磁力線をゴムひものようにつまびき，その振動が横波として伝搬していく様子に類似している．

3.5 プラズマにおける電磁波現象

プラズマにおける電磁波現象はプラズマ工学上，以下の四点から極めて重要である．すなわち，ⅰ）電磁波放射によりプラズマのエネルギー損失となること，ⅱ）プラズマからの放射電磁波の解析，または外部からプラズマに入射した電磁波とプラズマとの作用の結果の解析によりプラズマ状態に関する重要な情報が得られること，ⅲ）入射電磁波のパワーによりプラズマ生成・加熱を行うことができること，ⅳ）プラズマ中での電磁波増幅によりレーザー発振を起こすことができること，である．本節では，4章以降に述べる上記諸問題を理解するのに必要な基本的事項を，プラズマからの電磁波放射（3.5.1項），プラズマによる電磁波の屈折と散乱（3.5.2項），プラズマによる電磁波の吸収と誘導放出（3.5.3項）に分けて概説する．

3.5.1 プラズマからの電磁波放射

プラズマからの電磁波の放射は，電子のもつエネルギーの変化や自由電子の運動によって，次のような状況のもとで生じる．

① 原子，分子またはイオンのもつ二つの異なったエネルギー準位間を拘束された核外電子が遷移するとき
② 自由電子がイオンに捕えられて原子，分子またはイオンのあるエネルギー準位へ遷移するとき
③ クーロン電界によって荷電粒子が加速度を受けるとき
④ 磁界中で荷電粒子が加速度を受けるとき，すなわちサイクロトロン運動をするとき
⑤ プラズマ中の電磁波より荷電粒子が高速で運動するとき

である．

①は二つのエネルギー準位差で決まる波長（線スペクトル）の電磁波を放射し，

②は自由電子のもつエネルギーと拘束された粒子のエネルギー準位との間の差で決まる電磁波を放射する．通常，自由電子は種々の大きさのエネルギーをもっているから，放射は全体として連続的なスペクトル分布となる．②は電子とイオンが再結合する際に生ずるものであるから，**再結合放射**とも呼ばれている．

③はイオンによって電子の軌道が曲げられ，制動を受けるときに生じることから**制動放射** (bremsstrahlung) と呼ばれ，④は**サイクロトロン放射** (cyclotron radiation) または**シンクロトロン放射*** (synchrotron radiation) と呼ばれている．真空中の1個の電荷が加速度$\dot{v}$をもつとき，単位時間当りに放出する電磁波エネルギー$I_a{}^s$は，荷電粒子の速さvが光速よりも十分小さい条件の下で

$$I_a{}^s = \frac{q^2}{6\pi\varepsilon_0 c^3}\dot{v}^2 \tag{3.277}$$

で表されることがわかっている．この式から明らかなように，放射エネルギーは加速度の自乗の項を含むから，プラズマの中で質量が小さく，したがって大きい加速度をもつ電子からの放射は，イオンからのそれに比べて圧倒的に大きい．

⑤は荷電粒子，特に電子が寄与し，その放射はあたかも音速より速い速度で動く物体に生じる衝撃波に類似した特性を示すもので，発見者の名をとって**チェレンコフ放射** (Cerenkov radiation) と呼ばれている．以下には，プラズマから放射されるエネルギーの大きな①〜④について述べる．

線スペクトル 原子，分子またはイオンのもつ二つの異なったエネルギー準位k, n間（kを下準位，nを上準位とする）を拘束された核外電子が遷移することによって生じる放射を考える．この過程においては，既に述べたように二つの準位のエネルギー差 $(E_n - E_k)$ で決まる波長$\lambda = hc/(E_n - E_k)$の単色スペクトルの電磁波が放射される．このとき単位時間，単位体積当りの電磁波の放射エネルギーI_{nk}は，プラズマによる再吸収がないものとすれば

$$I_{nk} = h\nu A_{nk} n_n \, [\text{W/m}^3] \tag{3.278}$$

で与えられる．ここで，A_{nk}はn準位に核外電子をもつ1個の粒子について単位時間当りにnからk準位に遷移する確率で，アインシュタインのA係数と呼ばれているものである．n_nはn準位に核外電子をもつ粒子の密度である．プラズマが局所熱平衡状態にあり，各準位間にボルツマン分布

---

* 電子の速度が光速に近い場合に，通常この呼び方がされている．

$$n_n = n_k \exp\left(-\frac{E_n - E_k}{\kappa T}\right) \tag{3.279}$$

が成立していると

$$I_{nk} = h\nu A_{nk} n_k \exp\left(-\frac{E_n - E_k}{\kappa T}\right) \tag{3.280}$$

が得られる．

式 (3.280) から明らかなように，この放射は原子（分子またはイオンを含む）の励起準位に拘束電子をもつ原子（分子またはイオンを含む）の密度に比例するから，拘束されているすべての電子が自由になるまでの部分電離プラズマで生じる．原子の最外殻電子の遷移に際しては，主として可視，紫外程度の放射が起り，また荷電数の多い原子の電離が進んだイオンからは，真空紫外さらにはX線の放射が起る．

水素原子エネルギーの基底準位 $n=1$ への遷移 [**ライマン**（Lyman）**系列**] と，$n=2$ への遷移 [**バルマー**（Balmer）**系列**] に伴う線スペクトルの波長を図3.43 に示す．また，図3.44は水素とヘリウムの代表的な線スペクトル強度の温度依存

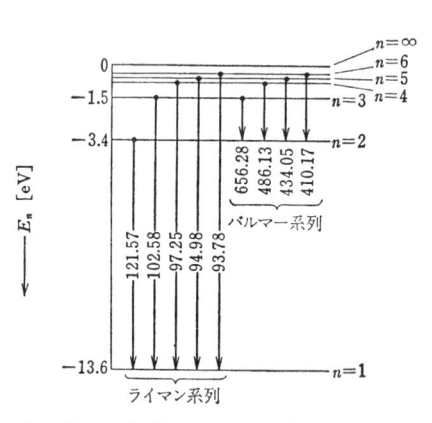

図3.43　水素原子エネルギー準位間の遷移*（ライマン系列，バルマー系列の一部）による放射スペクトルの波長 [nm]

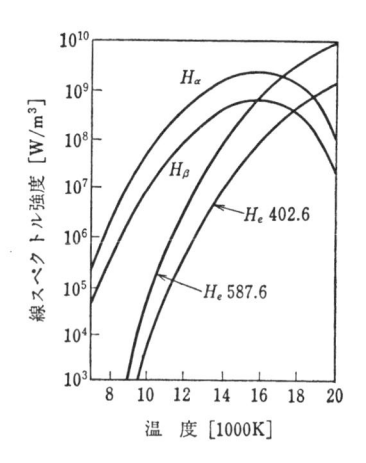

図3.44　水素とヘリウムプラズマの線スペクトル強度

---

* ライマン系列では，L_α（波長121.57nm），L_β（102.58），L_γ（97.25），L_δ（94.98）などを，またバルマー系列では，H_α（656.28），H_β（486.13），H_γ（434.05），H_δ（410.17）などの表示を用いることも多い．

性を示したものである.

再結合放射 運動エネルギー $(1/2)mv^2$ をもつ1個の電子がイオンとの二体衝突によって粒子の n 準位に捕獲される場合,$h\nu = (1/2)mv^2 + E_n{}^*$ なる周波数をもつ電磁エネルギーが放出される.しかし,プラズマを構成する自由電子群の運動エネルギーは分布しているため,再結合放射は連続スペクトルとなり,長波長側では $(1/2)mv^2 = 0$ すなわち $\lambda_{max} = hc/E_n$,短波長側は電子のエネルギー分布関数の高エネルギー部分で決まる.

マックスウェル分布した自由電子群が n 準位に捕獲されて再結合放射する場合,単位時間,単位体積,単位周波数当りの再結合放射エネルギー $dI_r/d\nu$ は

$$\frac{dI_r}{d\nu} = \frac{2K_r}{n^3} \frac{E_1}{(\kappa T_e)^{3/2}} n_e n_i \exp\left(\frac{E_n - h\nu}{\kappa T_e}\right) \tag{3.281}$$

で与えられる**.ここに,K_r は原子の種類で決まる定数である.

n 準位への再結合放射エネルギーは,上式を ν について $\nu = E_n/h$ から ∞ まで積分することによって得られ

$$I_r = \frac{2K_r}{n^3 h} \frac{E_1}{(\kappa T_e)^{1/2}} n_e n_i \tag{3.282}$$

となる.すなわち,再結合放射エネルギーの大きさは n_e,n_i に比例し,$\sqrt{T_e}$ に反比例するから,低温高密度のプラズマ(例えば,アフターグロープラズマ)で重要になることがわかる.

水素の基底状態 $(n=1)$ へ捕獲される場合の連続スペクトルの最大限界波長は $\lambda_{max} = 91.3$ nm である.さらに,水素原子の $n = 2, 3, \cdots$ に再結合して捕獲されるから,スペクトルは $\lambda_{max} = hc/E_n$ を波長の上限にもつ連続スペクトル帯が波長の長い方へ次々と現れる分布となり,放射エネルギーは実際にはこれら各準位についての総和として求められる.

制動放射 価電数 Z の正イオンがつくるクーロン電界中を電子が運動し,軌道を曲げられることによって加速度を受ける.電子の運動エネルギーはマックスウェル分布であるとして,単位時間,単位体積,単位周波数当りの制動放射エネ

---

 * E_n は式(2.6)や図3.43に示すように負の量であるから,第二項は $|E_n|$ とすべきであるが,以後本項の終り(p.119)までは $|\ |$ を除き E_n で表記する.
 ** この計算の過程は本書の程度を越えるので結果のみを示した.後の制動放射,サイクロトロン放射についても同様である.

ルギー $dI_b/d\nu$ を式（3.277）を用いて求めると

$$\frac{dI_b}{d\nu} = K_b \frac{Z^2 n_e n_i}{(\kappa T_e)^{1/2}} \exp\left(-\frac{h\nu}{\kappa T_e}\right) \quad (3.283)$$

が得られる．ここで，K_b は定数である．このスペクトル分布を波長に関する分布に書き換えると，$\lambda\nu = c$ なる関係から

$$\frac{dI_b}{d\lambda} = K_b \frac{Z^2 n_e n_i}{(\kappa T_e)^{1/2}} \frac{c}{\lambda^2} \exp\left(-\frac{hc}{\kappa T_e \lambda}\right)$$

$$\cong 6.6 \times 10^{-31} \left(\frac{\kappa T_e}{E_1}\right)^{-1/2} \left(\frac{hc}{E_1 \lambda}\right)^2 Z^2 n_e n_i \exp\left\{-\frac{(hc/E_1 \lambda)}{(\kappa T_e/E_1)}\right\} \quad [\mathrm{W/m^3/m}]$$

(3.284)

となるから

$$\lambda_{\max} = \frac{hc}{2\kappa T_e} = \frac{620}{T_e[\mathrm{eV}]} \quad [\mathrm{nm}] \quad (3.285)$$

で放射強度が最大になる連続スペクトルとなる（図3.45参照）．また，放射強度は Z^2 に比例するから，多価イオンが存在すると放射エネルギーは急激に増加する．式(3.285)の関係より，T_e ～1keVでの放射波長はX線領域に入ることがわかる．

全制動放射エネルギー I_b は，式(3.283)を ν について $\nu=0$ から ∞ まで積分することによって得られ

$$I_b = \frac{K_b}{h}(\kappa T_e)^{1/2} Z^2 n_e n_i$$

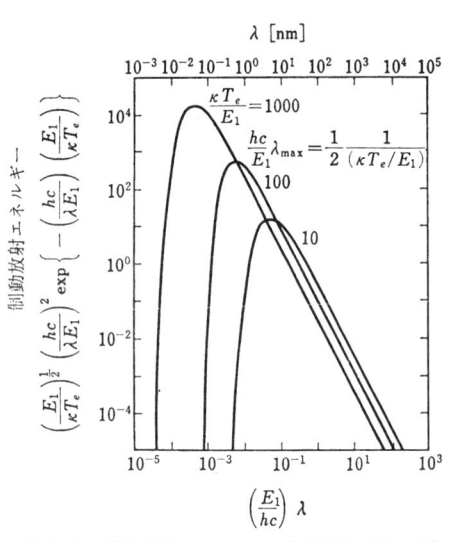

図3.45 制動放射のスペクトル分布（$E_1 = 13.6\mathrm{eV}$）

$$= 3.83 \times 10^{-29} (\kappa T_e)^{1/2} Z^2 n_e n_i \quad [\mathrm{W/m^3}] \quad (3.286)$$

となる．この式から，制動放射は，再結合放射と異なり温度について $\sqrt{T_e}$ に比例するから，温度が高くなるにつれて大きくなることがわかる．水素プラズマを例に

とり，式 (3.286) で $Z=1$ とし，式 (3.282) で $n=1$ として I_b と I_r との比をとれば

$$\frac{I_b}{I_r}=\frac{1}{2}\frac{\kappa T_e}{E_1} \tag{3.287}$$

であるから，$\kappa T_e < 2E_1$ の温度領域では制動放射が再結合放射よりも大きくなることがわかる．

サイクロトロン放射　　一様磁界中の電子の運動を考えると，その方程式は式 (3.14) で与えられ，加速度は

$$\dot{v}=\frac{eB}{m_e}v_\perp=\omega_c v_\perp \tag{3.288}$$

となる．この $\dot{v}$ を式 (3.277) に代入すると，1個の電子からサイクロトロン運動によって放射されるエネルギー $I_c{}^s$ が求められ

$$I_c{}^s=\frac{e^2}{6\pi\varepsilon_0 c^3}\left(\frac{eB}{m_e}v_\perp\right)^2=\frac{e^4 B^2}{6\pi\varepsilon_0 m_e{}^2 c^3}v_\perp{}^2 \tag{3.289}$$

と表される．電子の速度はマックスウェル分布しているものとすれば，単位体積，単位時間当りに放射されるエネルギーは式 (2.39) から

$$I_c=\frac{e^4 B^2 n_e}{6\pi\varepsilon_0 m_e{}^2 c^3}\cdot\frac{2\kappa T_e}{m_e}$$

$$=\left(\frac{e^4}{3\pi\varepsilon_0 m_e{}^3 c^3}\right)n_e(\kappa T_e)B^2$$

$$=0.387 n_e(\kappa T_e)B^2 \ [\mathrm{W/m^3}] \tag{3.290}$$

で与えられる．サイクロトロン放射が重要となる温度を知るために，サイクロトロン放射と制動放射の比をとると

$$\frac{I_c}{I_b}=1.01\times 10^{28}\frac{1}{n_i}(\kappa T_e)^{1/2}B^2 \tag{3.291}$$

であるから，制動放射に比べてより高温の領域で重要なことがわかる．後で述べるような磁界閉じ込め核融合プラズマを例にとり，$B^2 \simeq 4\mu_0 n_e\kappa T_e$ [式 (3.168) において $\beta=1$ と置いた場合] なる関係が成立するものと仮定すると，上式は

$$\frac{I_c}{I_b}=5.08\times 10^{22}(\kappa T_e)^{3/2} \tag{3.292}$$

となる．したがって，$\kappa T_e > 4.5\mathrm{keV}$ の温度領域では，サイクロトロン放射は制動

放射よりも大きくなる.

この一様磁界中の電子のサイクロトロン運動によって放射される電磁波の周波数は$\nu = \omega_{ce}/2\pi$であるが,実際には磁界の空間的不均一などによってνの高調波を生じる.波長領域は他の放射に比べて非常に長く,磁界が1T程度でマイクロ波からミリ波の領域となる.

各放射が支配的となる領域　以上の考察から,それぞれの放射が重要となるプラズマの温度領域を知ることができる.水素プラズマを例にとって示すと,図3.46のようになる.核外電子の数が増し,核外電子がすべて自由電子となるに要するエネルギーが大きくなるにつれて,線放射の温度領域は高温側に移っていく.

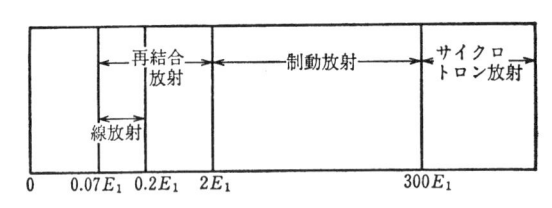

図3.46　水素プラズマにおける各放射の温度依存性($E_1 = 13.6$eV)

3.5.2　プラズマによる電磁波の吸収,屈折と散乱

電磁波をプラズマに入射すれば,反射,吸収(電磁波強度の減衰),屈折(電磁波伝搬通路の変化),散乱(電磁波伝搬通路以外の方向への入射電磁波の放出)の変化を受ける.これら電磁波伝搬のプラズマによる変化は,プラズマの密度,温度,さらに密度こう配などによって決定されるものであるから,逆に電磁波伝搬の変化量を測定して,プラズマの状態を知るのに利用することができる.さらには,吸収された電磁波エネルギーが,プラズマの熱エネルギーに変化される場合,電磁波によるプラズマ加熱法として利用することができる.本項では,これらの現象を取り扱う際の基本的な考え方を略述する.

反射　3.4.2項で取り扱った磁界の印加されていないプラズマ中の電磁波の伝搬は,式(3.229)の分散関係で表されるので,$\omega < \omega_{pe}$の電磁波は反射される.これを利用して電離層プラズマや実験室プラズマの計測が行われる(5.3.2項参照).

3.5 プラズマにおける電磁波現象

吸収　図3.47に示すように，プラズマに強度I_0の平面電磁波が入射し，xの点での強度をI_x，$x+dx$の点でそれをI_x+dI_xとすれば，dxが小さい時，dI_xはdxに比例すると考えられるので

$$dI_x = -\alpha I_x dx \quad (3.293)$$

この式はαを一定であるとすれば積分できて

$$I_x = I_0 \exp(-\alpha x) \quad (3.294)$$

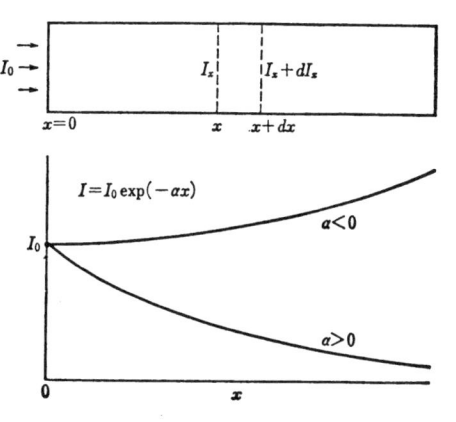

図3.47　物質中での電磁波の吸収

と書ける．αを**吸収係数**(absorption coefficient)といい，$1/\alpha$は長さの次元をもつもので**吸収長**(absorption lenght)という*．

αの値は電磁波の波長およびプラズマの状態によって異なる．$\omega > \omega_{pe}$の電磁波については，3.5.1項で示したプラズマによる電磁波放出とは逆過程による吸収が起ると考えればよい．すなわち線スペクトル放出に対して**共鳴吸収**(resonance absorption)が起り，$\lambda = hc/(E_n - E_k)$の波長のみが強く吸収される．その結果，プラズマ中の原子・イオンの中の核外電子はk準位からn準位へ励起されるのである．また再結合放射に対応して**電離吸収**(ionizing absorption)が起り，それにより励起準位または基底準位にある原子・イオン中の核外電子が電離される．制動放射に対応して**逆制動放射**(inverse bremsstrahlung)が起り，それによりプラズマ中の自由電子の運動エネルギーが増加する．サイクロトロン放射に対応しては**サイクロトロン吸収**(cyclotron absorption)が起り，電子・イオンのサイクロトロン運動と同期した周波数，またはその高調波は強く吸収される．以上のほか，弱電離プラズマで分子を含む場合には，分子の回転，振動に伴う赤外での共鳴吸収が顕著になる．

通常，これら吸収過程について吸収の断面積σ_{ab}を用いることが多い．吸収に関

---

* 入射電磁波は後で述べる散乱によっても弱められるが，それは吸収には含めないのが普通である．すなわち，吸収とは電磁波のエネルギーがプラズマの内部エネルギーに変換される過程をいうのが通例である．

与する粒子（原子，イオン，電子など）の密度をnとすれば

$$\alpha = \sigma_{ab} n \tag{3.295}$$

と表すことができる．電磁波の吸収を取り扱う際，吸収の機構にまで立ち入った考察をする時には，吸収係数より吸収断面積による方が便利であろう．

屈折　図3.48に示すように物質の屈折率のこう配$\nabla\mu$がある時は，電磁波の伝搬通路は曲げられる．外部磁界が印加されていないプラズマ中の電磁波伝搬の屈折率μは，式(3.229)を用いて

$$\mu \equiv \frac{ck}{\omega} = \sqrt{1 - \frac{\omega_{pe}^2}{\omega^2}} \tag{3.296}$$

で与えられ，$\omega \gg \omega_{pe}$では

$$\mu \simeq 1 - \frac{1}{2}\frac{\omega_{pe}^2}{\omega^2} = 1 - \frac{1}{2}\frac{e^2}{m_e\varepsilon_0\omega^2}n_e \tag{3.297}$$

と書けるので

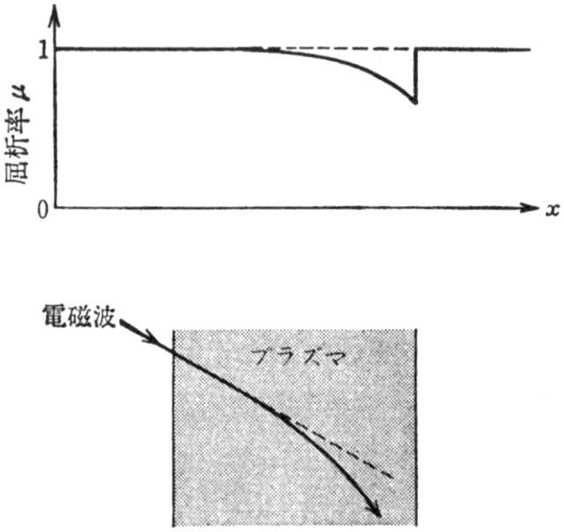

図3.48　プラズマによる電磁波の屈折

$$\nabla\mu = -\frac{1}{2}\frac{e^2}{m_e\varepsilon_0\omega^2}\nabla n_e \tag{3.298}$$

から，電磁波通路の曲がりを利用して，n_eのこう配∇n_eを求めることができる．

また，プラズマ中の電磁波の伝搬速度の真空中のものからの変化量Δvは$\omega \gg \omega_{pe}$に対して，式(3.297)より

$$\Delta v = c - \frac{\omega}{k} = c - c\left(1 - \frac{1}{2}\frac{e^2}{m_e\varepsilon_0\omega^2}n_e\right)^{-1}$$

$$\simeq -\frac{1}{2}\frac{e^2 c}{m_e\varepsilon_0\omega^2}n_e \tag{3.299}$$

プラズマ中の電磁波の伝搬速度が真空中のものと比してn_eに比例する量だけ変化することを用いて，プラズマ密度を測定する方法が広く用いられている．[干渉法 (interference method)]．これについては5.3.2項で述べる．

散乱　プラズマ中に電磁波を入射させた時，プラズマを構成する粒子は，電磁波の電界で強制振動させられる．その強制振動の結果，二次的に電磁波が放射

3.5 プラズマにおける電磁波現象

される現象を**散乱**（scattering）と呼ぶ*. 図3.49に示すように, 入射電磁波の波長λ_0, 強度I_0 [W/m^2] とし, 位置rでのθ方向の単位立体角当りの, 波長がλと$\lambda+d\lambda$の間の散乱光強度を$I(\lambda, \theta)$とすれば

$$I(\lambda, \theta) d\Omega d\lambda \propto I_0 n \cdot v \cdot d\Omega d\lambda \quad (3.300)$$

と書ける. ここでnは散乱粒子の密度, vは散乱光を観測する領域の体積で**散乱体積**（scattering volume）といわれる.

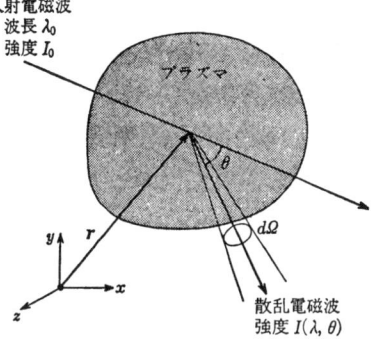

図3.49 プラズマによる電磁波の散乱

式 (3.300) の比例係数は, 散乱粒子1個1個がθ方向の立体角$d\Omega$にλと$\lambda+d\lambda$の波長幅に散乱する断面積の次元をもつ量で, これを**電磁波散乱の微分断面積**（differential cross section of scattering of electromagnetic wave）といい, $\sigma(\lambda, \theta)$で表せば

$$I(\lambda, \theta) d\Omega d\lambda = I_0 n \cdot v \cdot \sigma(\lambda, \theta) d\Omega d\lambda \quad (3.301)$$

$\sigma(\lambda, \theta)$の値は電磁波の波長, 散乱粒子の種類およびプラズマ状態によって異なる.

例えば, 中性粒子による散乱は, その粒子径dが電磁波波長λと同程度かそれ以上の場合, **ミー散乱**（Mie scattering）と呼ばれる. 散乱光は粒子の表面からの反射として取り扱われるものであり, 可視光の煙草の煙による散乱で我々が日頃接する現象である. 他方, $\lambda \ll d$の場合は**レイリー散乱**（Rayleigh scattering）と呼ばれ, 散乱は$1/\lambda^4$に比例する**.

---

* 吸収の項で述べた共鳴吸収によりk準位からn準位に励起された電子はn準位から他の準位mへの遷移確率A_{nm}で遷移して, nm間のエネルギー差に相当する電磁波を放出する. これは**共鳴散乱**（resonance scattering）と呼ぶこともあるが, いったん原子に吸収された電磁波が再放出されるのであるから蛍光（fluorescence）と呼ぶのが適当であろう. 蛍光を利用してプラズマ中の粒子挙動を調べる方法については5.3節で述べる.

** 我々に身近な現象で, レイリー散乱で説明できるものとして空が青く見えることが挙げられる. これは太陽光が, 上層の空気の粒子によって散乱された光が我々の目に届くので, 空一面が明るく見えるのであって, レイリー散乱の波長依存性により連続光である太陽光のうち, 短波長の散乱が大きくなるので青く見えるのである. 朝日, 夕日が赤く見えるのはそれとは逆に, 短波長が散乱されて我々の目に届くのは比較的散乱量の少ない長波長の赤が支配的になるためである.

以下には，プラズマによる電磁波散乱の中で最も代表的であり，プラズマ計測法にも広く用いられている荷電粒子による**トムソン散乱** (Thomson scattering) について考える．

平面波 $E(r, t)$ により荷電粒子 m_j（電荷 q）は

$$\dot{v}_j = \frac{q}{m_j} E(r, t) \tag{3.302}$$

の加速度を受ける．この加速度運動により式 (3.277) に示す電磁波エネルギー放出をするのが，荷電粒子によるトムソン散乱機構である．$m_e \ll m_i$ であるから，$|\dot{v}_e| \gg |\dot{v}_i|$ となり，プラズマでは電子によるトムソン散乱のみを考えればよい．

電磁波によって電子の受ける加速度 $\dot{v}_e$ は，電磁波の電界 E_i の方向，すなわち偏光 (polarization) 面の方向で異なる．図 3.49 に示したように，入射ベクトル k_i と散乱光観測方向 k_s のなす角度を**散乱角** (scattering angle) θ と呼ぶ．直線偏光した電磁波の電子による散乱光角度分布は図 3.50 に示すように E_i を軸方向とするりんごのような異方性を示す．特に E_i の方向の散乱光強度はゼロになる．他方，偏光していない電磁波が入射した場合の散乱光角度分布は，E_i を $y-z$ 平面内で回転した時の強度分布の重ね合せと考えればよい．

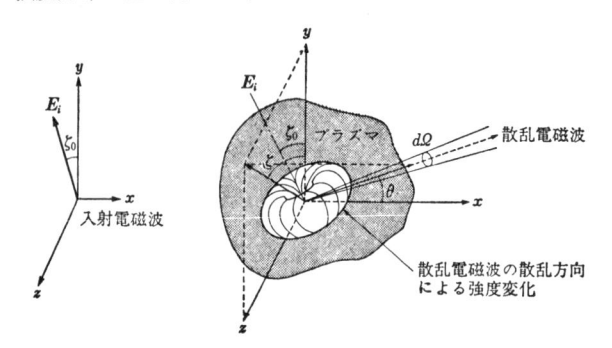

図 3.50 直線偏光電磁波 E_i による散乱電磁波強度の異方性分布

トムソン散乱に関する具体的な $\sigma(\lambda_i, \theta)$ の値を求めるには，やや詳細な電磁気学的計算を行わなければならないので，以下にはそのようにして得られた結果のみを示す．

まず，真空中にある1個の電子に電磁波が入射した場合の $\sigma(\lambda_i, \theta)$ は λ にはよらず一定である．偏光角 ζ_0 の電磁波が入射した場合の $\sigma(\lambda_i, \theta)$ は，図 3.50 に示す座

3.5 プラズマにおける電磁波現象

標系では
$$\sigma(\theta) = r_0^2 [\,1 - \sin^2\theta \cdot \cos^2(\zeta_0 - \zeta)\,] \tag{3.303}$$
と表せる．ここで，r_0 は電子の古典的半径と呼ばれるもので
$$r_0 = \frac{e^2}{4\pi\varepsilon_0 m_e c^2} = 2.82 \times 10^{-15}\,\text{m}$$
もし入射電磁波が偏光していない場合，式 (3.303) を ζ について積分して
$$\sigma(\theta) = \frac{r_0^2(1 + \cos^2\theta)}{2} \tag{3.304}$$
となる．トムソン散乱の全断面積 σ_T は
$$\sigma_T = \int \sigma(\theta)\,d\Omega = \frac{8}{3}\pi r_0^2 = 6.65 \times 10^{-29}\,\text{m}^2 \tag{3.305}$$

次に，プラズマ中の電子群による散乱を考える．場所 r，時刻 t での電子密度を $n_e(r, t)$ とし，時間平均密度を $\bar{n}_e(r)$，密度揺動を $\tilde{n}_e(r, t)$ として
$$n_e(r, t) = \bar{n}_e(r) + \tilde{n}_e(r, t) \tag{3.306}$$
と書けば，$\sigma(\lambda, \theta)$ は $\bar{n}_e(r)$ には依存せず，$\tilde{n}_e(r, t)$ にのみ関係することが示される*．$\tilde{n}(r, t)$ の下限は**熱的ゆらぎ** (thermal fluctuation) と呼ばれるもので，電子が熱運動をしている結果，ある点の密度は平均値を中心として常にゆらいでいることによる．熱的ゆらぎによる $\tilde{n}_e(r, t)$ は，二つの部分に分けて考えられる．一つは，電子自身の熱運動による部分である．他方は，個々のイオンが 3.1 節で述べたデバイ遮へいにより電子群に遮へいされた状態で熱運動し，それに追従する電子群の密度揺動によるものである．前者の密度揺動による $\sigma(\lambda_i, \theta)$ を微分断面積の**電子項** (electron term) と呼び，$\sigma_e(\lambda_i, \theta)$ と書き，後者を**イオン項** (ion term) と呼び，$\sigma_i(\lambda_i, \theta)$ と書く**．すなわち
$$\sigma(\lambda, \theta) = \sigma_e(\lambda, \theta) + \sigma_i(\lambda, \theta) \tag{3.307}$$
$\sigma_e(\lambda_i, \theta)$，$\sigma_i(\lambda_i, \theta)$ はプラズマ条件（n_e，T_e，T_i などの値）と，散乱条件（使用

---

* これは，直観的には以下のように考えて理解できる．個々の電子はある観測方向に対して式 (3.303) で示す散乱断面積をもつが，電子群はそれぞれ位相の異なる散乱をするので，結局，全体としての電磁波の電界は打ち消し合ってゼロとなる．ところが，電子群内に位相の揃った密度揺動があれば，その分は打ち消し合わずに残り，散乱強度に寄与するのである．

** この説明から明らかなように，イオン項といっても電磁波を散乱する粒子は電子であり，電子の運動がイオンの熱的ゆらぎによって支配されていることによる散乱微分断面積への寄与であることに注意する必要がある．

電磁波の波長λ_i,偏光と散乱角θ)によって決まる.計算結果のみ示せば

$$\left.\begin{array}{r}\bm{k}_i-\bm{k}_s=\bm{k}\\ \omega_i-\omega_s=\Delta\omega\end{array}\right\} \qquad (3.308)^*$$

として

$|\bm{k}|\lambda_D\gg 1$ のとき,$\sigma_e\gg\sigma_i$ となり

$$\sigma=\sigma_e=\frac{Kn_e c}{2\omega_i\sin(\theta/2)\sqrt{\pi}v_{th}}\exp\left\{-\frac{1}{v_{th}^2}\left[\frac{\Delta\omega_D c}{2\omega_i\sin(\theta/2)}\right]^2\right\} \quad (3.309)$$

ただし,ここで$\Delta\omega_D=\bm{k}\cdot\bm{v}$であり,$K$は定数である.

$|\bm{k}|\lambda_D\lesssim 1$ のとき,σ_eとσ_iは同程度の大きさとなり,その値はT_eとT_iの両方に依存する.

すなわち散乱の差波長$\lambda=2\pi/k$がデバイ長λ_Dより十分小さければ,プラズマによる散乱断面積は電子の熱運動のみによって決まる.これを電子の個々の熱運動によって決まるという意味で**非協同トムソン散乱**(incoherent Thomson scattering)という.λがλ_D以上になれば,電子項とイオン項が同程度の大きさになる.これはイオンを遮へいする電子群の協同的運動による散乱という意味で**協同トムソン散乱**(collective Thomson scattering)という.

また,式(3.309)を見れば,散乱波の周波数スペクトルは入射電磁波の周波数から,電子の熱運動分に関係する量$\Delta\omega_D$だけ拡がったガウス分布をしているので,このガウス分布の形を測定することにより電子温度が求められる.散乱光強度は,式(3.301),(3.309)を併せ考えれば,電子密度に比例することを利用して,電子密度を求めることに利用される.

[**例題 3.9**] $n_e=10^{20}\mathrm{m}^{-3}$(核融合プラズマ)について,電磁波のトムソン散乱の平均自由行程を求めよ.

[**解**] 平均自由行程$\sim 1/n_e\sigma_T=1.5\times 10^8\mathrm{m}$.この結果から入射電磁波が電子により散乱され,その散乱光がさらに電子によって散乱される多重散乱は全く考慮する必要がない.

---

* $|\bm{k}_i|\equiv 2\pi/\lambda_i$であり入射電磁波の波数,$\bm{k}_s$は散乱波数と呼ばれ,$|\bm{k}_s|=|\bm{k}_i|$である.$\bm{k}$は散乱の差波数(differential wave-number),$\lambda=2\pi/|\bm{k}|$を散乱の差波長と呼ぶ.

3.5 プラズマにおける電磁波現象

[例題 3.10] $|k|\lambda_D \gg 1$, すなわち非協同トムソン散乱条件下で, $n_e = 10^{20} \mathrm{m}^{-3}$, 散乱体積 $v = 10^{-3} \mathrm{m}^{-3}$ とした時の入射レーザー光と散乱光の比を求めよ．

[解] 式 (3.301) に式 (3.305) と上記の値を代入して

$$\frac{\iint I(\lambda, \theta) d\Omega d\lambda}{I_0} = 10^{20} \times 10^{-3} \times 6.65 \times 10^{-29}$$

$$= 6.65 \times 10^{-12} \mathrm{m}^2$$

入射電磁波のビーム断面積 A が $10^{-4} \mathrm{m}^2$ であるとすれば，電磁波強度 $I_0 = \phi_0 A$ であるから

$$\frac{\iint I(\lambda, \theta) d\Omega d\lambda}{\phi_0} = 6.65 \times 10^{-8}$$

となり，極めて小さい値となる．プラズマによる散乱計測ができるようになったのは強力な電磁波源であるレーザーの出現以降であり，それ以前はマイクロ波による電離層プラズマからの観測が行われた程度である．

以上は $\tilde{n}_e(r, t)$ の下限である熱的ゆらぎによる散乱断面積を示したものであるが，熱的ゆらぎ以上の電子密度揺動はプラズマ中に波動が誘起されている場合，さらにはその波動がかなりの振幅になって波動の非線形効果により異なる周波数間のエネルギー移動が起り，**プラズマ乱れ** (plasma turbulence) といわれる状態に近づいた場合，などに観測される．プラズマ波動ないしプラズマ乱れによる $\tilde{n}_e(r, t)$ によってポアソンの式から求められる電位に変動分が生じ，この電位変動と荷電粒子間の相互作用で電気抵抗や磁界を横切る拡散が大きくなる事実が観測されている[*]．これらの現象を解明するために $\sigma(\lambda_i, \theta)$ の測定から直接 $\tilde{n}_e(r, t)$ を求め，輸送現象との対比を求める詳しい研究の成果が実って最近の磁界によるプラズマの閉じ込め特性の改善や，大出力レーザー光のプラズマによる吸収過程の理解が得られ，核融合研究に大きく寄与しているのである．

なお，プラズマ波動や乱れのうち，波長がデバイ長より短いものは**ランダウ減**

---

[*] これらの粒子やエネルギーが，ある断面を横切る移動を**輸送現象** (transport phenomena) と呼ぶ．輸送量が熱的ゆらぎによるものより大きい現象は，当初説明が難しかったので**異常輸送** (anomalous transport) といわれたが，その後の研究により，プラズマ波動や乱れによることが明らかにされてきたのである．

衰（Landau damping）と呼ばれる機構により急激に減衰させられる．したがって，ある程度の振幅になり得るのは波長がデバイ長と同程度以上のものである．このことから，プラズマ波動や乱れを測定するには協同トムソン散乱領域に入るような条件の入射電磁波波長と散乱角を選んで実験を行わなくてはならない．また乱れた状態のプラズマであっても，非協同トムソン散乱領域では熱的ゆらぎしかないので，式（3.309）から電子温度，密度を求めることができるのである．

3.5.3 プラズマによる電磁波の共鳴吸収と誘導放射

本項では，プラズマを含む媒質中でのレーザー発振の必要条件を求める．吸収過程の一つとして，既に共鳴吸収について述べたが，その逆過程の誘導放射を含めてより詳しく説明する．

式（3.293）で述べたように，放射束I_0が吸収係数αの物質に入射した場合に，$\alpha > 0$の時には図3.47のようにxとともにI_xは減少する．しかし$\alpha < 0$の場合にはI_xはxと共に増加するので負の吸収といわれる．この時，$|\alpha|$を**利得係数**［gain coefficient，または**利得定数**（gain constant）］という．

今，図3.51に示すように，電子のエネルギー準位E_1, E_2を有する原子に$\nu_{21} = (E_2 - E_1)/h$に近い周波数の電磁波が入射したとする．この場合の電磁波の吸収・放出の現象は量子力学によって明ら

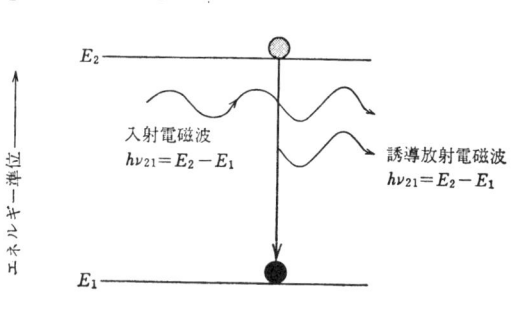

図3.51 電磁波の誘導放出

かにされるが，ここではその解析の詳細には触れず，これらの共鳴吸収・放出過程の意味を理解する上で必要な結果のみを示す．図3.51に示すように電子がE_2準位にある時，電磁波ν_{21}を入射することにより，電磁波（周波数ν）を放出してE_2からE_1へ遷移の起る確率B_{21}は

$$B_{21} = K \frac{\sin^2[\pi(\nu - \nu_{21})t]}{(\nu - \nu_{21})^2} \tag{3.310}$$

に等しい．ここで，Kは入射電磁波エネルギーに関係する定数である．したがっ

て，B_{21}は$\nu = \nu_{21}$の共鳴周波数において最大になり，共鳴条件から外れるにつれて急激に減少する．このようにして電磁波入射による下位準位への遷移が生じ，$\nu = \nu_{21}$の電磁波が放出される現象を**誘導放射** (stimulated emission) と呼ぶ．誘導放射による電磁波は周波数が入射電磁波の周波数に等しいのみならず，位相，偏光特性も同じである．したがって，誘導放射後には遷移による電磁波と入射電磁波が重畳され，結果的に入射電磁波の増幅作用が行われる．これに対して，3.5.1項で述べたプラズマからの線スペクトル放射は**自然放射** (spontaneous emission) と呼ばれる．一方，図3.52に示すように原子内電子がE_1準位にある時にν_{21}の周波数の電磁波入射によってE_1からE_2への共鳴吸収が起る確率B_{12}は誘導放射の確率に等しく，式 (3.310) で与えられる．

次に，電磁波がプラズマに入射した時の吸収係数を計算してみよう．プラズマ中の原子内電子のエネルギー準位をE_1, E_2, 密度をそれぞれn_1, n_2とする(図3.52参照)．$E_2 - E_1$に相当するエネルギーをもつ電磁波$h\nu$が入射すると，E_1準位にある原子は確率B_{21}でE_2準位へ遷移し，その際に電磁波を吸収する．他方，E_2準位にある原子は同じ確率B_{21}でE_1準位へ移り，$h\nu$の電磁波を放出する．電磁波エネルギー密度* ρの増減は上記二つの過程の差であるから，$B_{21} = B$と書いて

$$\frac{d\rho}{dt} = n_2 \rho B h\nu - n_1 \rho B h\nu$$

$$= \rho B h\nu (n_2 - n_1) \tag{3.314}$$

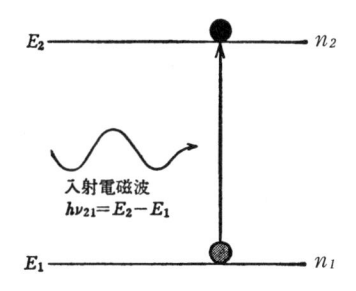

図 3.52 電磁波の共鳴吸収

と書ける．式 (3.313) および$dx = cdt$の関係を用いると

$$\frac{dI_x}{dx} = B h\nu (n_2 - n_1) \frac{I_x}{c} \tag{3.315}$$

になるから，式 (3.293) により

---

* **放射束** (radiation flux) Iと，**放射エネルギー密度** (radiation energy density) ρの関係を図3.53によって求める．放射束Iは単位面積を単位時間に通過する電磁波エネルギーであるから，面積dSをdt時間内にdEのエネルギーが通過する時に，↘

$$\alpha = -(n_2-n_1)Bh\nu\frac{1}{c}$$
(3.316)

が得られる．したがって，$n_2 < n_1$ ならば $\alpha > 0$ となり電磁波は吸収されるが，$n_2 > n_1$ ならば α は負になり電磁波の増幅作用が起ることがわかる．

熱平衡状態においては，n_1 と n_2 はボルツマン分布

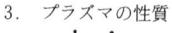

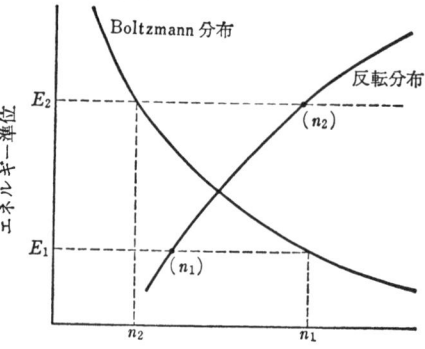

図3.54 反転分布

$$\frac{n_2}{n_1} = \exp\left(-\frac{E_2-E_1}{\kappa T}\right) \quad (3.317)$$

で与えられ，$E_2-E_1 > 0$ であるから，$n_1 > n_2$ となり $\alpha > 0$ となる．一方，α が負となるのは $n_2 > n_1$ の場合であり，**反転分布**(population inversion) と呼ぶ(図3.54参照)．反転分布は不安定な状態であり，この状態を実現するためには特別な手法が用いられる．その詳細については4.2.2項で述べる．

以上ではエネルギー準位 E_1, E_2 の縮退や E_1, E_2 から電磁波の自然放射による下位準位への遷移を考えていない．これらを取り入れても表式がやや複雑になるだけで，基本的には上述の内容は変わらない．

$$I = \frac{dE}{dS \cdot dt} \; [\text{W} \cdot \text{m}^{-2}] \quad (3.311)$$

で示される．ある空間の体積 dV に含まれる電磁波エネルギーを dE とすれば，放射エネルギー密度 ρ は単位体積から放出される電磁波エネルギー量であり

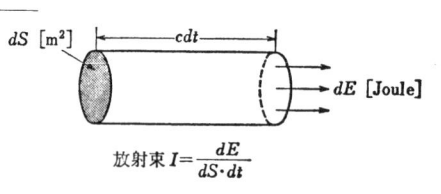

$$\rho = \frac{dE}{dV} \; [\text{J} \cdot \text{m}^{-3}] \quad (3.312)$$

で表される．図3.53に示すような平行ビームでは，電磁波が1秒間に $c[\text{m}]$ 進む間に，単位体積を通過する電磁波エネルギー量は $I[\text{J}]$ である．その体積は $1[\text{m}^2] \times c[\text{m}]$ であるから

$$\rho = \frac{I}{c} \; [\text{J} \cdot \text{m}^{-3}] \quad (3.313)$$

の関係が得られる．

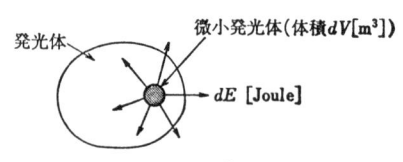

図3.53 放射束 (I) と放射エネルギー密度 (ρ)

3.6 プラズマ現象

本章の以上の節では，プラズマ状態の特徴，プラズマの電磁界中の振舞，プラズマ中の波動伝搬，および，プラズマからの放射というプラズマの基本的性質について述べた．本節では特徴的な二つのプラズマである，熱非平衡プラズマと熱平衡プラズマについて，具体的にプラズマのパラメータが決まる機構，および，装置内プラズマに必ず起こるプラズマと壁との間の境界層（イオンシース）について述べる．ここで取り扱うプラズマ現象は，第4章のプラズマの応用と直接関連しており，そこでのプラズマの生成，振舞，プラズマプロセスや核融合を目指した高温プラズマにおける物理を理解する上での基礎となる．

3.6.1 熱非平衡プラズマ

我々の周囲には，蛍光灯などの各種放電灯，He-Neレーザーをはじめとする各種気体レーザー，プラズマディスプレイパネルなど，低気圧の放電現象を応用した機器に接する機会が極めて多い．最近では，大規模集積回路などの微細加工や，アモルファス太陽電池の薄膜堆積などのプラズマプロセスにも広く低気圧放電が用いられている．また，核融合研究における超高温プラズマも低気圧放電によって得られている．これらのプラズマは，通常，定常放電またはパルス状の放電によって発生している．低気圧放電プラズマの大きな特徴は，電子温度がイオン温度や中性ガスに比べて高い熱非平衡の状態にあることである．

本項では，これらの中で代表的な直流低気圧放電を取り上げて，電子温度やプラズマ密度がどのような機構で決まっているかについて考察した後，パルス状放電に関連する基礎として，放電停止直後のアフターグロープラズマ，および，トーラス状低気圧放電プラズマについて触れる．

直流低気圧放電プラズマ　図2.17に示したように，円筒状放電管に気体を封入して絶縁破壊すれば，定常放電が得られる．また，図2.21には代表的な電流-電圧特性の例を示した．その放電の構造は陰極の側から順に，放電を維持するために大きな電位こう配をもつ**クルックス暗部**（Crookes dark space），**負グロー**（negative glow），**ファラデー暗部**（Faraday dark space）と続き，その陽極側

に**陽光柱**（positive column）が現れる．陽光柱は光をよく放出し，しかも電極間隔を大きくすると，この領域のみを長くすることができるので，発光現象を利用する際に重要である．ここでは，陽光柱内でのプラズマの密度，温度，電界などがどのようにして決まっているかを考察しよう．

陽光柱では，電子の密度の軸方向こう配は無視できるので，電流は電界のみで決まる．一方，陽光柱断面では，電子とイオンの密度分布は両極性拡散に支配される．

(1) 陽光柱の軸方向電界と電子温度の関係

熱運動をしている電子は軸方向電界E_zによって陽極方向に力を受けてエネルギーを獲得する一方，中性粒子と衝突してそのエネルギーを失う．このバランスの結果求まる電子群全体の平均運動エネルギーと軸方向平均速度から，それぞれ電子温度T_eと駆動速度$u_{ez}=-\mu_e E_z$が求まる．

電子群の中の1個の電子が平均として1秒間に得るエネルギーW_gは

$$W_g = eE_z \cdot u_{ez} = e\mu_e E_z^2 \tag{3.318}$$

また，1個の電子が平均として1秒間に失うエネルギーW_lは，一回の衝突で失うエネルギーを平均K_lとすると

$$W_l = K_l \nu_{eg} \tag{3.319}$$

で与えられる．1個の電子が平均としてもっている運動エネルギーは$\frac{3}{2}\kappa T_e$であり，そのうち衝突によって失われる割合がκ_lとすると

$$K_l = \kappa_l \left(\frac{3}{2}\kappa T_e\right) \tag{3.320}$$

で表すことができる．電子と中性粒子との衝突の際に，運動エネルギーだけが変化する弾性衝突か，励起や電離などが生ずる非弾性衝突かでκ_lの大きさが変り，後者の場合には前者の場合に比べてκ_lは大きくなる．弾性衝突が支配的である場合には，電子温度が中性粒子の温度T_gに比べて十分高い条件のもとで

$$\kappa_l = \frac{8}{3}\frac{m_e}{m_g} \tag{3.321}$$

として与えられる*．

---

* 電子と中性粒子が正面衝突（中心衝突）した時に電子が運動エネルギーを失う割合は$4(m_e/$

エネルギーの釣合いから $W_g = W_i$ であり,式 (2.56),(3.318) 〜 (3.321) を用いれば

$$\frac{\kappa T_e}{e} = \frac{\sqrt{2}}{3}\frac{1}{\sqrt{\kappa_l}}E_z\lambda_e = \frac{1}{2\sqrt{3}}\sqrt{\frac{m_g}{m_e}}\lambda_{e1}\left(\frac{E_z}{p_0}\right) \quad (3.322)$$

が得られる.ここに λ_{e1} は気体圧力が1Torrの時の平均自由行程である.電子温度 T_e は,式 (3.322) から電子が一平均自由行程進む間に得るエネルギーで決まることを示している.また T_e は E_z/p_0 に比例するが,これは2章で述べた放電の相似則の一つである.

(2) 電離周波数

陽光柱においては空間,および表面再結合による電子とイオンの消滅を補うため管内で電離が行われている.今,電離は電子の1回の衝突によって生ずるものとして*,1個の電子が1秒間に電離を起す回数,すなわち**電離周波数**(ionization frequency) g を求めてみよう.

v の速さをもつ電子の数は単位体積当り $dn(v)$ 個であり,この電子の中性粒子(密度 n_g)に対する衝突電離断面積を σ_i とすると,dt 秒間に1個の電子が電離を起す確率は $n_g\sigma_i v dt$ である.したがって,電子が単位体積当り dt 秒間に中性粒子を電離する数は

$$n_e g dt = \int_{v=0}^{\infty} n_g \sigma_i v dt dn(v)$$
$$= n_e n_g \overline{\sigma_i v} dt$$

であり,g は

$$g = n_g \overline{\sigma_i v} \quad (3.323)$$

で与えられる.σ_i が速度,またはエネルギーの関数として与えられると,g は電子温度の関数として表現される.

(3) 半径方向密度分布

空間再結合よりも表面再結合が支配的な条件のもとでは,式 (3.115 b) の右辺

---

m_g)である.マックスウェルの速度分布をもつ電子が中性粒子と衝突して失うエネルギーの割合を厳密に計算したのが式 (3.321) である.

* 準安定原子などが多いと累積電離が生じ,電子衝突による以外の電離が起こることもある.

に電離効果を取り入れて，電子についての粒子保存の式

$$\nabla \cdot (n_e \mathbf{u}_e) = g n_e \tag{3.324}$$

からプラズマの半径方向密度分布が決まる．管軸方向には$n_e\mathbf{u}_e$のこう配はないとすれば，式 (3.324) は

$$\frac{1}{r}\frac{d}{dr}(rn_e u_{er}) = g n_e \tag{3.325}$$

となる．$n_e u_{er}$が式 (3.139)，(3.140)，(3.150) で与えられるので，$x=\sqrt{g/D_a}\,r$を用いて

$$\frac{d^2 n_e}{dx^2} + \frac{1}{x}\frac{dn_e}{dx} + n_e = 0 \tag{3.326}$$

に変形される．この微分方程式の解は，ベッセル関数$J_0(x)$を用いて

$$n_e(x) = n_e\left(\sqrt{\frac{g}{D_a}}r\right) = n_e(0) J_0\left(\sqrt{\frac{g}{D_a}}r\right) \tag{3.327}$$

で与えられる．管壁 ($r=R$) では表面再結合のために$n_e(R) \simeq 0$となっているから

$$J_0\left(\sqrt{\frac{g}{D_a}}R\right) = 0 \tag{3.328}$$

を満足しなければならない*．したがって，$\sqrt{g/D_a}\,R$は$J_0(x)$の一番目の根であり

$$\sqrt{\frac{g}{D_a}}R = 2.41$$

すなわち，g は

$$g = 5.76\frac{D_a}{R^2} \tag{3.329}$$

でなければならない．これより，D_aが大きいか，または管径が小さい放電管では

---

* 0次のベッセル関数は図3.55のようなもので$J_0(0)=1$であり，また$J_0(x)=0$の$x=0$から最も近い根は$x=2.41$である．J_0は積分公式

$$\int x J_0(x)\,dx = J_1(x)$$

によって1次のベッセル関数$J_1(x)$と関係づけられる．$J_1(0)=0$である．

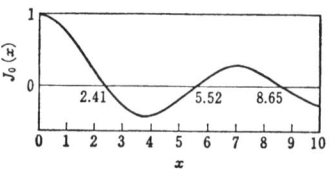

図3.55　0次のベッセル関数$J_0(x)$

表面再結合による電子，およびイオンの消滅の割合が増加し，それを補うため g が大きくなることがわかる．g が大きくなるためには，式 (3.323) より高い電子温度が必要であり，式 (3.322) から大きい軸方向電界を必要とする．

(4) 電子温度

電子温度は，境界条件から決まる電離周波数 [式 (3.329)] と，T_e が与えられると決まる電離周波数 [式 (3.323)] が等しいと置くことによって求まる．すなわち

$$n_g \overline{\sigma_i v} = 5.76 \frac{D_a}{R^2} \quad (3.330)$$

ここで $\overline{\sigma_i v}$ を求める際，簡単のために

$$\sigma_i = a(V - V_i) \quad (3.331)$$

と近似する．ここに，$V = \frac{1}{2} m v^2$ は電子の運動エネルギー，a は電離断面積の初期立上がり（単位 $[m^2/eV]$）で電離電圧 V_i の付近の σ_i のこう配を示す．これにより

$$\overline{\sigma_i v} = a(V_i + 2\kappa T_e) \sqrt{\frac{8\kappa T_e}{\pi m_e}} \exp\left(-\frac{eV_i}{\kappa T_e}\right) \quad (3.332)$$

が得られる．式 (3.332) を式 (3.330) に代入し，$n_g = n_{g1} p_0$，D_a の式 (3.150) に示した因子 $\mu_i = \mu_{i1}/p_0$（n_{g1}，μ_{i1} は $p_0 = 1$ Torr の時の中性粒子密度およびイオンの移動度）として，T_e を変数として表現すれば

$$\frac{(V_i/T_e) + 1}{(V_i/T_e)^{1/2}} \exp\left(-\frac{eV_i}{\kappa T_e}\right) = \left(\frac{5.75\sqrt{\pi}}{2\sqrt{2}}\right) \frac{m_e^{1/2} \mu_{i1}}{n_{g1} a e^{3/2} V_i^{1/2}} \frac{1}{(Rp_0)^2} \quad (3.333)$$

となる．式 (3.333) から，T_e は気体の種類を決めれば定まる定数以外に Rp_0 に依存している．したがって，$Rp_0 (\sim R/\lambda_e)$ を等しくすれば同じ T_e になるという放電の相似則が求まる．

(5) 水銀蒸気中の直流低圧放電

以上，(1)〜(4)で述べてきた直流低圧放電に関する理論を水銀蒸気放電陽光柱に適用して，実際に電子温度，電子密度を求めてみよう．

水銀原子に対する電子の衝突断面積 σ は，電子の運動エネルギーが数 eV 以下では水銀原子の断面積（$\sim 9\pi a_0^2$）から $190\pi a_0^2$ 程度まで変化するために正確な σ を求めることは困難である．ここでは，概略値として $\sigma = 80\pi a_0^2$ を用ることにすれば

$$\lambda_{e1} = \frac{1}{n_{g1}\sigma} = 1.6 \times 10^{-4} \text{m}$$

である．式 (3.333) は λ_e, $\lambda_i \ll R$ の場合に成立するが，管径30mmの放電管について考えるものとすれば，$\lambda_i \ll \lambda_e$ を考慮して，$\lambda_e = \lambda_{e1}/p_0 < 3 \times 10^{-2}$m から，$\lambda_e < R$ となる圧力範囲は $p_0 > 5 \times 10^{-3}$ Torr にあたる．

$T_i = 300$K，$a = 4.8 \times 10^{-21}$m^2/V とし，$V_i = 10.43$V，$m_i = 200.59 \times 1836 m_e$ を用いれば，式 (3.333) は

$$\left(\frac{\kappa T_e}{e}\right)^{1/2} \exp\left(\frac{eV_i}{\kappa T_e}\right) = 2.5 \times 10^9 (Rp_0)^2 \tag{3.334}$$

となる．式 (3.334) の計算結果を図3.56に示す．この図から，例えば $R = 15$mm，$p_0 = 10^{-1}$Torr の場合，$T_e \sim 1.2$eV が求まる．

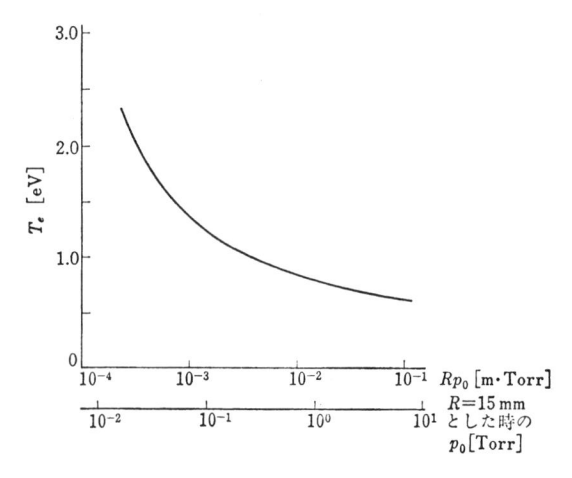

図 3.56 水銀蒸気中の低気圧放電における電子温度［式 (3.334) の計算結果］

電子密度は，放電回路の条件から決定される．管断面にわたっての n_e の平均を $<n_e>$ で表せば，放電電流 I_d は

$$\begin{aligned} I_d &= \int_0^R e n_e(r) \mu_e E_z 2\pi r dr \\ &= e\mu_e E_z <n_e> \cdot \pi R^2 \end{aligned} \tag{3.335}$$

で与えられるから，E_z が求まれば $<n_e>$ が求まる．E_z は式 (3.322) で表されているから，水銀に対しては

$$\frac{E_z}{p_0} = 34.8\left(\frac{\kappa T_e}{e}\right) \ [\text{V/m·Torr}] \tag{3.336}$$

となる．したがって，$R=15\text{mm}$，$p_0=10^{-1}\text{Torr}$，$I_d=400\text{mA}$ の場合を例にとると，$<n_e>\sim 1.9\times 10^{18}\text{m}^{-3}$ であり，その時の E_z は 4.2V/m である．

水銀放電は蛍光灯や水銀灯など放電を用いる光源で広く利用されている．光源の場合，放電電圧を下げるため水銀にアルゴンガスを添加してあることが多く，この場合にはペニング効果（p.16参照）のために式（3.333）を求める際に仮定した電子の1回衝突以外の電離が加わるため，電子温度はここで求めた値より低くなる．

アフターグロープラズマ　　放電を停止した後のプラズマを**アフターグロープラズマ**（afterglow plasma）と呼ぶ．このプラズマの特徴は，プラズマへのエネルギー供給が絶たれるため電離がなくなることである．ここでは電子温度と電子密度の時間推移を図3.57で示すような間隔Lの無限平行平板で囲まれた一次元拡散支配の低気圧放電プラズマ（電子，イオンの平均自由行程≪L）について考える．このような平行平板内の放電を停止した後のアフターグロープラズマは次のような方程式系で記述される．

電子は，主に中性粒子と弾性衝突をするとすると，上述の直流低気圧放電プラズマで述べたように，平均として衝突毎に $(8m_e/3m_g)\{(3/2)\kappa(T_e-T_g)\}$ のエネルギーを失うから，電子温度の時間推移は，

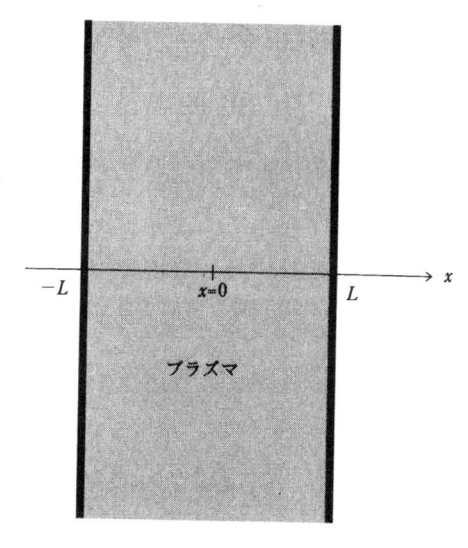

図3.57　一次元拡散支配の低気圧放電プラズマ

$$\partial T_e/\partial t = -(8m_e/3m_g)(T_e-T_g)\nu_{eg} \tag{3.337}$$

で表され，T_e は時定数 $(3m_g/8m_e\nu_{eg})$ で減衰する．また，プラズマ中の電子密度の時間推移は，式（3.115b）と式（3.149）より，

$$\partial n/\partial t = D_a \partial^2 n/\partial x^2 \tag{3.338}$$

で与えられる．D_aは$(T_e)^{1/2}$を含むために時間的に変化するが，その変化が少ないとして一定と仮定し，図3.57において壁 $(x=\pm L/2)$ で$n(\pm L/2)=0$ の境界条件を与えて式 (3.328) を解くと次式が得られる．

$$n(x,t)=n_0\exp\{(-D_a\pi^2/L^2)t\}\cos(\pi x/L) \qquad (3.339)$$

この式は，nが時定数 $(L^2/D_a\pi^2)$ で減衰することを示している．一般に電子，イオンの平均自由行程が容器のサイズLより十分短い系では，nの減衰の時定数はT_eのそれよりも長く，電子密度は電子温度よりも緩やかに減衰する．

トーラス状低気圧プラズマ

図3.58に示すように，変圧器鉄心の二次回路としてドーナツ状（トーラス状）真空容器を置き，一次回路にパルス状電界を印加すれば，トーラス方向に電圧が誘起される．そこで，トーラス内に適当な圧力 $(\sim 10^{-4}\text{Torr})$ の気体を封入して絶縁破壊すれば，プラズマが生成される．その際，トーラス方向の電流I_t（この電流密度をj_tとする）により，トーラス小半径断面［これを**ポロイダル面**（poloidal surface）という］方位角方向の磁界B_pが誘起され，式(3.163)で$j_t\times B_p$が半径方向のプラズマ圧力こう配∇pと釣り合って平衡状態を維持することができる．しかし，3.3.4項で示したように，この平衡はソーセージ形およびキンク形の不安定により破壊されるので，トーラス方向の磁界B_tで安定化を図っている．別の見方をすれば3.2.3項で示したようにB_tのみの単純トーラスではトロイダルドリフトによりプラズマを閉じ込めることはできないが，電流I_tによるB_pによって磁界に回転変換角を与えることにより，プラズマ閉じ込めの磁界を形成していると考えることができる．$B_t\gg B_p$をトカマク形，$B_t\simeq B_p$をゼータ形と呼ぶが，これについては4.4節で詳しく述べる．

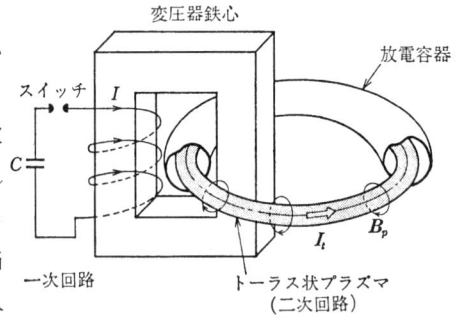

　トーラス状放電により得られるプラズマの密度，温度などはj_tによるジュール入力が，半径方向への粒子・エネルギーの損失と釣り合った状態で準定常的な値に落ち着く．その解析には直線状放電の場合と違って，トーラス効果を取り入れた複雑な，主として電子計算機による計算が必要である．しかし基本的には，3.2

図3.58　トーラス状（ドーナツ状）放電

節，3.3節で述べた方程式系の適用により，プラズマの振舞を十分な程度で予測することができるようになっている．

ジュール入力はηj_i^2に比例する．ηは式(3.156)に示したように$T_e^{-3/2}$に比例するので，温度が上昇するにつれてジュール入力は低下し，電流を増加することでの到達温度に上限がある．その値は大略$(T_e)_{max}\sim 2\mathrm{keV}$であり，4.4節で示す核融合に必要な温度$T_i\sim 10\mathrm{keV}$より一桁近く小さい．そこで，核融合に必要な温度までプラズマ温度を上昇させるには，ジュール加熱以外の方法でプラズマ加熱を行なわなければならない．それを**追加熱**(further heating または additional heating)といい，核融合研究では磁界による閉じ込めと並んで重要な研究項目である．これらについても4.4節で述べる．

3.6.2 プラズマと固体壁の境界遷移領域

プラズマは固体壁（プロセスプラズマにおける，基板や核融合プラズマにおける容器壁などで，導体と絶縁物の場合がある）と接している．この接触によってプラズマと壁との間にはプラズマ特有の境界遷移領域が生じる．ここでは，電気的に外部回路と絶縁された金属壁，または絶縁壁がプラズマと接触する場合と，金属壁がプラズマに対して大きな負電位にある場合に生じる，プラズマと固体壁間の境界領域の現象について述べる．なお，ここでの考え方は5.2.1項に述べる静電探針のデータ解析にも有用である．

電気的に絶縁された固体壁表面のプラズマに対する電位

図3.59に示すような外部回路と遮断された固体壁（導体または絶縁物）に接する一次元的プラズマ（プラズマの密度をn_0とする）を考える．プラズマから壁

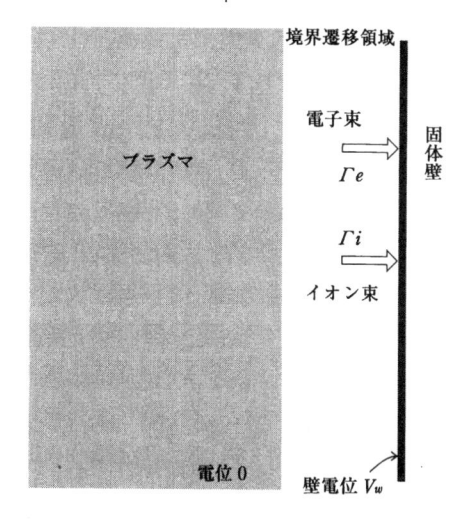

図3.59 電気的に絶縁された固体壁とプラズマとの接触

に流れる電流は，壁に飛び込む電子とイオンの粒子束の差で生じるから，壁の電流密度I_wは電子とイオンの粒子束Γ_e，Γ_iを用いて次のように与えられる．

$$I_w = e(\Gamma_i - \Gamma_e) \tag{3.340}$$

粒子束は壁のプラズマに対する電位で異なる．電気的に絶縁された壁では流れ込む電流はゼロとなり，電子-イオンの表面再結合が行われる．その損失を補う両極性拡散を実現するために壁表面はプラズマに対して負電位に保たれている．壁のプラズマに対する電位をV_w，壁へのイオン電流をI_iとすると，この条件は式(2.49)と後述の式(5.9)より次のように記述される．

$$I_w = I_i - I_e = I_i - (e/4)n_0 <v_e> \exp(-eV_w/\kappa T_e) = 0 \tag{3.341}$$

このようにプラズマから壁に向かってイオンを加速する電界が存在するため，この式中のI_iを求めるには，後述するように境界領域におけるイオンの運動について考慮する必要がある．イオン電流I_iが与えられると式(3.341)から壁の電位は，

$$V_w = -(\kappa T_e/e)\ln(en_0<v_e>/4I_i) \tag{3.342}$$

となる．この電気的に絶縁された電位は**浮動電位**（floating potential）または**絶縁電位**（insulating potential）と呼ばれている．

境界遷移領域の構造とイオン電流 プラズマが浮動電位にある壁と接している場合，境界遷移領域の電位の分布は図3.60のようになると考えられる．この領域では，イオンは粒子束が保存されながら加速されるために密度は壁に向かって緩やかに減少するのに対して，電子密度は$n_e(V) = n_0\exp(-eV/\kappa T_e)$のように急激に減少し，$n_i \simeq n_e$の領域から$n_i \gg n_e$の領域へと移行する．このような境界遷移領域の構造の特徴を記述するため，図3.60に示すような簡単化モデルが用いられている（ここでは簡単のために

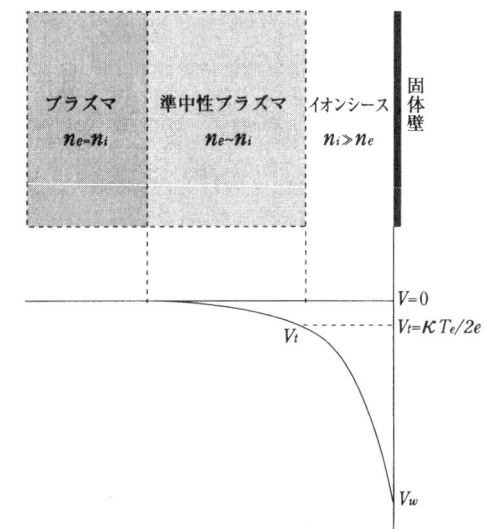

図3.60 境界遷移領域の構造と電位分布

境界遷移領域での衝突はないものとする)。すなわち，境界遷移領域を $n_i \simeq n_e$ となる**準中性プラズマ領域** (quasi-neutral plasma region) と $n_i \gg n_e$ となる**イオンシース領域** (ion sheath region) の二つの特徴的な領域に分ける。その境界となる電位 V_t を，一次元方向の電子の平均運動エネルギーが $\kappa T_e/2$ であることを考慮して，多くの電子がプラズマから進入できる電位 $V_t = \kappa T_e/2e$ で与える。準中性プラズマ領域では，$n_i \simeq n_e$ であるものの，イオンを熱運動速度に比べて十分大きい速度にまで加速できる電界が存在し，電位 V の位置でのイオンの速度 $v_i(V)$ は $mv_i^2/2 = -eV$ より，次式で与えられる。

$$v_i(V) = (-2eV/m_i)^{1/2} \tag{3.343}$$

一方，イオンシース領域では，$n_i \gg n_e$ の極限として $n_e = 0$ とする。

壁に流入するイオン粒子束 Γ_i はその連続性から，

$$\Gamma_i = n_i(V) v_i(V) = n_i(V_t) v_i(V_t) = n_i(V_w) v_i(V_w) \tag{3.344}$$

で求められ，境界での $n_i(V_t)$, $u_i(V_t)$ で評価できる。$u_i(V_t)$ は式 (3.343) から $u_i(V_t) = (\kappa T_e/m_i)^{1/2}$ であり，$n_i(V_t)$ は $n_i \simeq n_e = n_0 \exp(-eV_t/\kappa T_e) = n_0 \exp(-1/2)$ であることから，イオン電流 I_i は次式となる。

$$I_i = 0.61 e n_0 (\kappa T_e/m_i)^{1/2} \tag{3.345}$$

この式を式 (3.342) に代入すると浮動電位は，

$$V_w = -(\kappa T_e/e) \ln\{0.66(m_i/m_e)^{1/2}\} \tag{3.346}$$

で表される。

イオンシースの厚さ　準中性プラズマ領域の厚さを求めることは困難であるが，イオンシースの厚さは近似的に求めることができる。イオンシース中のポアソンの式は，図3.60のモデルから，

$$d^2V/dx^2 = -en_i/\varepsilon_0 \tag{3.347}$$

で表される。式中の n_i は式 (3.344) から I_i と V を用いて，

$$n_i = I_i/\{e(-2eV/m_i)^{1/2}\} \tag{3.348}$$

となることから，式 (3.347) は次のような V のみの微分方程式となる。

$$d^2V/dx^2 = -\{(m_i/2e)^{1/2} I_i/\varepsilon_0\}(-V)^{1/2} \tag{3.349}$$

境界条件として，イオンシースと準中性プラズマ領域との境界 ($x = 0$ とする) で $V = 0$ (V_t を V_w に比べて小さいとして無視する)，$dV/dx = 0$ とすると，解

$$(-V)^{3/4} = (3/2)\{(m_i/2e)^{1/2} I_i/\varepsilon_0\}^{1/2} x \tag{3.350}$$

が得られる．したがって，イオンシースの厚さd_sは$V=V_w$の時の値であるから，式 (3.345) と式 (3.346) から，

$$d_s = [\ln\{0.66(m_i/m_e)\}]^{3/4}\lambda_D \qquad (3.351)$$

と与えられる．ここでλ_Dは式 (3.7) で与えられるデバイ長である．低気圧放電プラズマなどでは，このd_sはλ_Dの数倍程度となる．

式 (3.350) から壁に流入するイオン電流がイオンシース厚と壁電位の関数として次のように表現される．

$$I_i = (4/9)\varepsilon_0(m_i/2e)^{1/2}(-V_w)^{3/2}d_s^2 \qquad (3.352)$$

この式は，**チャイルド則** (Child law) と呼ばれ，壁が導体でそれが外部回路に接続されて浮動電位よりも更に負電位にある場合にも成立する．また，このような浮動電位よりも更に負電位にある場合のイオンシースの厚さは，式 (3.350) から明らかなように壁電位と浮動電位の比の3/4乗に比例する．

3.6.3 熱平衡プラズマ

大気圧下での放電により得られるプラズマは，溶接，材料加工・精錬，光源，さらには最近は機能性材料作成プロセスにも利用されている．ここで生成されるプラズマは，各粒子間の衝突が頻繁なので，局所熱平衡がよい精度で成立する．ここではこのような熱平衡プラズマの温度，密度などの代表例について示し，それらの値を決めている機構について考察する．

大気圧直流アークプラズマ　図2.17に示した回路において，両電極間に電圧を加え，何らかの方法で大気圧気体を絶縁破壊してプラズマ化した後は，電源の容量が十分ならば，プラズマへの電気入力が熱伝導，放射などによる損失と釣り合って定常的なプラズマ状態が維持される．大気圧直流アークプラズマの性質を調べるために，図3.61に示す**円筒アーク** (cylindrical arc) 装置が用いられる．同装置では，アーク柱部を電極近傍の複雑な現象が起きている領域から分離し，調べやすくしたものである．すなわち，電極K，A間に互いに絶縁した円筒状水冷導体a，b，cなどを多数配置することにより，K，Aより離れた中央部c，d，e……では軸方向の温度，密度こう配は無視でき，プラズマ中のエネルギーの流れは半径方向のみを考えればよい．

プラズマ中の電界Eはa，b，c……の電位を測定することにより求め，電流

Iと併せて単位長当りの電気入力IEを得る．電離過程が解析しやすく，電離も容易なことから，作動気体としてアルゴンガスを用いた電流と電界の特性の測定結果の一例を図3.62に示す．

すなわち，アーク柱部には単位長当りの電気入力IEが供給され，それは半径方向の熱伝導，放射損失として失われて，定常プラズマ状態が維持される．このよ

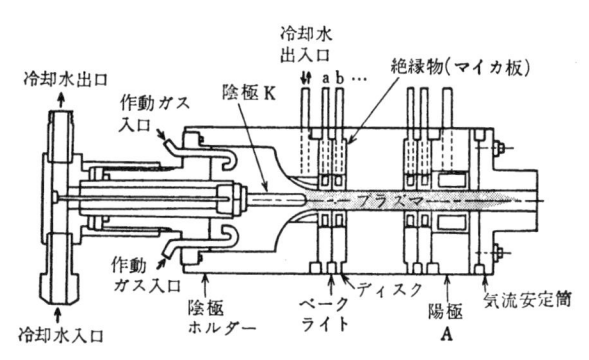

図3.61 円筒アーク装置

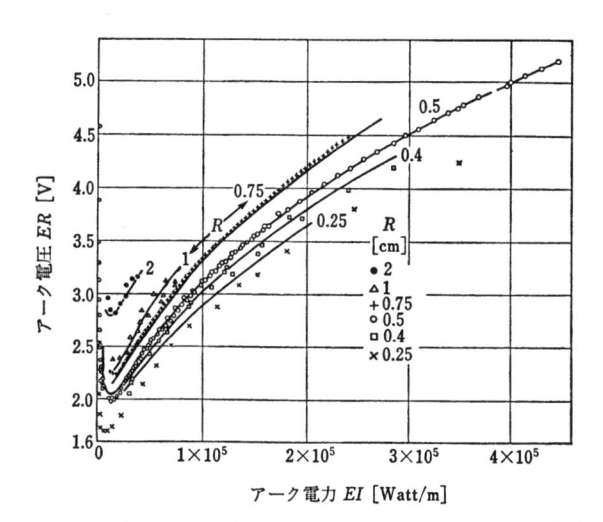

図3.62 円筒アーク（1気圧アルゴン）の電力-電圧特性（Rは放電容器の半径．横軸EIをEで，縦軸ERをRで除すればE-I特性が得られる．実線は計算結果である．ER最小の点はE最小の点に対応する．H. W. Emmonsの実験結果より）

うな機構で発生しているプラズマの温度，密度などを求めてみる．式(3.107)で右辺に単位体積当りの電気入力 $\boldsymbol{E}\cdot\boldsymbol{J} = \sigma E^2$ を加えると，定常状態では

$$\sigma E^2 - Q_r + \nabla\cdot(k_t \nabla T) = 0 \tag{3.353}$$

円筒座標系では

$$\frac{1}{r}\frac{d}{dr}\left(rk_t\frac{dT}{dr}\right) + \sigma E^2 - Q_r = 0 \tag{3.354}$$

この式は**エレンバース・ヘラー** (Elenbaas-Heller)**の方程式**と呼ばれており，定常アーク解析に利用される基礎式である．導電率 σ，熱伝導率 k_t，および放射強度 Q_r はプラズマの温度，密度に強く依存する．σ, k_t, Q_r などの温度依存性を考慮して求めた円筒アークの温度分布の計算結果を図3.63に示す．同図には，図3.61の観測窓からの光を，5.3.1項で示す連続放射光強度の分析法で求めた温度測定結果も併せて示したが，両者はよく一致している．また，得られた温度分布を基に電流-電圧特性を計算すれば，実験結果とよく一

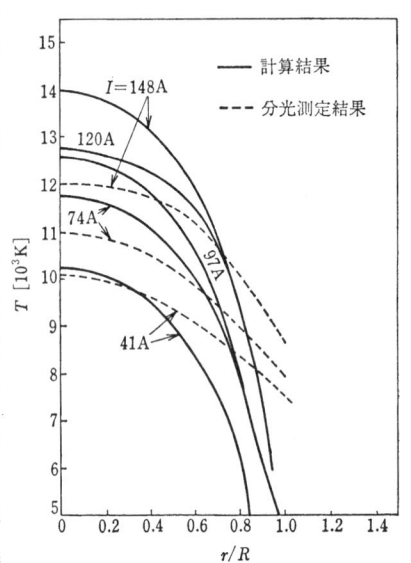

図3.63 円筒アークプラズマ中の半径方向温度分布

致することが確かめられた．すなわち，大気圧直流アーク中のプラズマの定常維持過程は定性的には勿論，定量的にもよく理解できることがわかった．

大気圧直流アークで得られる温度は，以上のように10,000K前後であるが，壁面近傍のガス流量を増やして，放電柱をしぼって［これを**熱ピンチ** (thermal pinch) という］，電流密度を増し，アーク部の単位体積当りの電気入力を増加することにより，20,000K以上の高温を得ることもできる．

ここで，大気圧直流アークの外部回路の安定性について述べる．図3.61で生成されるアークの電流-電圧特性は，図3.64になる．このアークに定電圧 V_0 を印加した状態では a 点，b 点が平衡点になり，アーク中にそれぞれ I_a, I_b の電流が流れる．

この a の平衡状態に外乱が加わって，例えば電流が I_a より大きい I_a' にずれた場合，アークを定常に維持するには V_a' が必要なのに，電源は定電圧に V_0 しか供給しないので，I_a' より小さな電流 I_a の方へ移動し，平衡位置へもどる．I_a より小さい側にずれた場合にも，同様にして平衡位置へもどる．

逆に b では同様な議論により，外乱が加わった場合，ますます b 点から離れる方向にある．すなわち，定電圧電源に対してA領域では安定な運転が可能であるが，B領域では安定な運転はできない．ところで，溶接アークのような，円筒アークの壁に相当する拘束物がないアークでは，図3.65に一例を示すように，Bの特性をもつものが

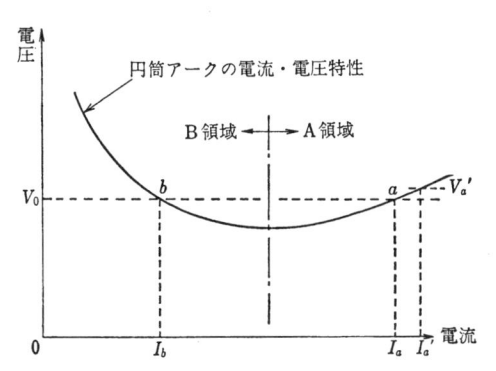

図 3.64 定電圧電源に対する円筒アーク動作の安定（A）領域と不安定（B）領域

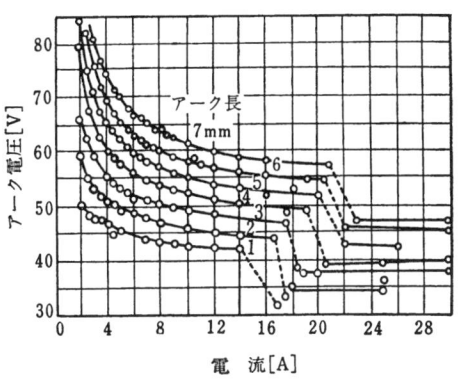

図 3.65 自由アークの電流・電圧特性の一例 [付録1の参考書(3)より]

多い．そこで，このような負荷の電源回路には，例えば図3.66に示すような適当な抵抗 R を挿入し，アーク部にかかる電圧 V を

$$V = V_0 - IR \tag{3.355}$$

とすれば，図3.66のようにアーク特性と b, a の二点で交わる．このうち b は上記不安定平衡に，a は安定平衡になり，a での安定な運転が可能となる．このように，電圧・電流特性に合わせて右下がりの電源特性をもたせることを**垂下特性**（drooping characteristic）をもたせるという．垂下特性は，図3.66のように抵抗による方法のほかに，電力損失が少なく，大容量抵抗がいらない可飽和リアク

トルを用いる方法もある．

大気圧高周波誘導プラズマ

図2.22に示したようなソレノイド状コイル（単位長当りの巻数n回/m）に電流Iを通すと，円筒軸方向の磁界$B=\mu_0 nI$が発生する．Iを交流$I_0\exp(i\omega t)$にすれば，$\nabla\times E = -\dot{B} = -i\omega B$から方位角方向電界$E_\phi$は

$$E_\phi = -\frac{1}{r}\int r(i\omega)B_z dr$$
$$= -\frac{i\omega rB_z}{2} = -\frac{i\omega r\mu_0 nI}{2} \quad (3.356)$$

になる．

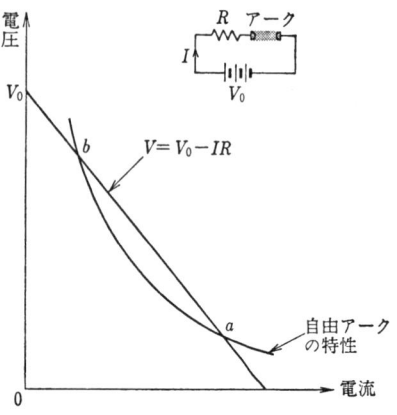

図3.66 自由アークの抵抗Rによる安定化

そこでソレノイド内部にガラス，石英などの絶縁円筒を挿入し，その中に作動気体を入れて，絶縁破壊して気体をプラズマ化すれば，以後E_ϕによるジュール加熱により，円筒内に定常的にプラズマを維持することができる．式(3.356)に示すように，E_ϕはω, n, Iに比例するので，同じ電界を発生するのにこれらの量の種々の組合せが可能であるが，応用に際しては技術上の容易さから，$f=\omega/2\pi$は100kHz以上，特に数MHz, nは約50巻/mを5～6巻程度，Iは～10A程度が広く用いられている．

大気圧気体中の高周波誘導プラズマの生成，維持は，電気入力が高周波電界E_ϕによるσE_ϕ^2を用いているほかは，前述の大気中直流アークと全く同じ機構によっている．E_ϕにより，プラズマ中には方

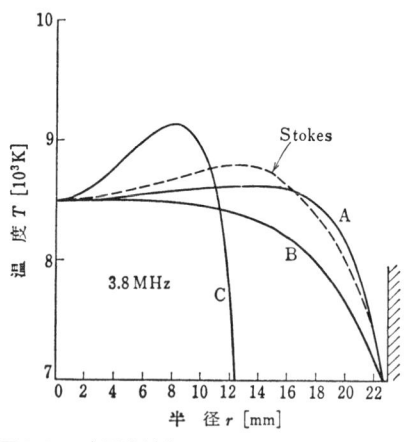

図3.67 高周波誘導プラズマについてのStokesの測定結果と数値計算温度分布の比較（理論曲線Aが実験結果に近い温度分布になっている．供給電力A：0.28kW/cm, B：0.11kW/cm, C：0.52kW/cm)

位角方向の電流j_ϕが流れるが，このj_ϕはプラズマ表面の薄い層(その厚さは表皮厚さ$\delta=\sqrt{2/\mu_0\sigma\omega}$のオーダである)に集中して流れる．すなわち，外部磁界Bは高い導電率を有するプラズマの内部には侵入しにくい．また，生成プラズマのパラメータはエレンバース・ヘラーの式を用いて求めることができる．その際，交流を用いるため複素数を用いた解析が必要になるので，直流アークに比してやや複雑になる．ここでは，こうして得られたプラズマ内の温度分布を，図3.67に示すにとどめる．

3.6.4 その他の大気圧放電プラズマ

大気圧付近の圧力で生成されるプラズマは，最近新エネルギー発生や地球環境浄化などの新しいプロセスに導入されている．そこで，電磁流体力学(MHD)発電実験に採用されている燃焼ガスプラズマと，オゾン生成や排ガス処理に利用されている無声放電の機構や特性について説明する．

燃焼ガスプラズマ　　石油，天然ガス，石炭などの化石燃料によって得られた2,000～3,000K程度の高温ガス中には電子やイオンが生じているが，それ自体では極めて低い電離度しか得られない．しかし，電離電圧が非常に低いアルカリ金属をシード(seed，種の意)物質として添加すると，かなり大きな導電率をもつプラズマを得ることができる．この種のプラズマは，後で述べるオープンサイクルMHD発電における作動流体として利用されている．ここでは，この燃焼ガスプラズマの電子密度や導電率がどのようにして決まっているかについて考える．

まず，燃焼ガスプラズマ中の電子密度について考える．燃焼ガスは1気圧程度の高気圧であることから各粒子間には熱平衡が成立しており，3.3.1項で述べたサハの式が適用可能である．一例として，大気圧の燃焼ガス中に密度$10^{22}\mathrm{m}^{-3}$のカリウム原子(電離電圧4.34V)を添加した場合，各粒子についてサハの式を適用し，電子密度n_eを求めた結果を図3.68に示す．この計算の結果，i)1,500～2,500K程度の温度では，燃焼ガスの電離はほとんど起らず，電子はほとんどカリウム原子の電離によるものであること，ii)温度2,500Kでは電子密度$n_e\sim10^{20}\mathrm{m}^{-3}$のプラズマが得られること，がわかる．

また，このような弱電離気体の抵抗率ηは，式(3.146)から求まる．各温度における上記粒子組成の計算結果および各粒子間の衝突断面積のデータを用いて計

算した η を同じく図3.68に記入した.この結果から,2,500 K程度では$\eta = 8 \times 10^{-2} \Omega$m程度となり,図3.21から明らかなように半導体(ゲルマニウムGe)と同程度の導電率をもつことがわかる.

無声放電 無声放電(silent discharge)は電極の両方または片方の表面を誘電体(ガラス,セラミックなど)で覆い,交流やパルス電圧を印加して,大気圧付近で生成する放電である.電極間に固体誘電体があるために**誘電体バリア放電**(dielectric barrier discharge)とも呼ばれる.この放電では放電ギャップの間に誘電体があるために,放電はアークなどの定常放電に遷移せず,ns程度の短時間継続するパルス性の**マイクロ放電**(micro-discharge)が次々と誘電体表面に生じる.この過渡プラズマの気体温度は低く抑えられ,電子温度のみ高い状態にあり,大気圧熱非平衡プラズマである.

図3.69は代表的な無声放電の電極構造である.石英ガラスなどの誘電体を2枚の平行平板金属放電ギャップの間に置き,電極間に電圧を印加する.電圧としては,50Hzや60Hzの交流高電圧,高周波電圧,パルス電圧などが用いられる.これらの電源の選択や放電条件の最適化により,高濃度のオ

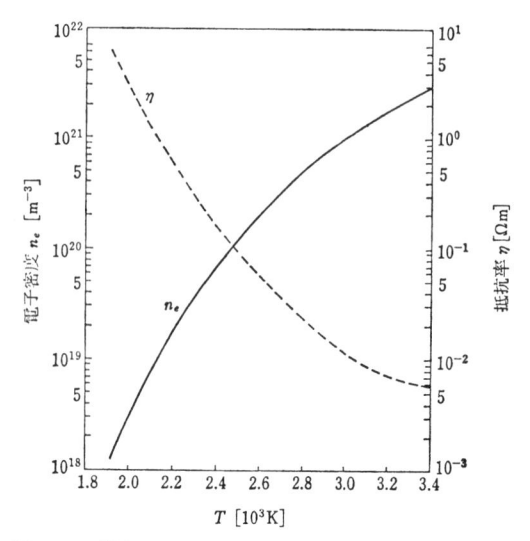

図3.68 燃焼ガスプラズマの電子密度と抵抗率[燃料:重油,シード:K$_2$SO$_4$ 0.1重量%,空気燃焼(酸素過剰率1),圧力1atm]

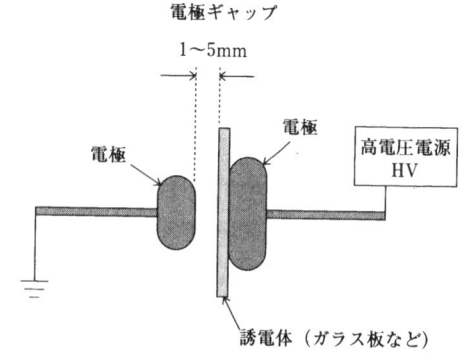

図3.69 無声放電の電極構造

3.6 プラズマ現象

ゾンを高効率で生成するための研究などが行われている．

図3.70は透明導電膜電極を通して観測した無声放電の生成状況（a）と印加電圧と電流の波形（b）を示したものである．この放電を構成する微小放電（マイクロ放電）の一つ一つが空間的および時間的にランダムに生成される．

この無声放電の生成機構を図3.71で説明する．交流高電圧を印加すると，電圧が低い状態ではコンデンサーと見なされるから，わずかに充電電流と漏洩電流が流れるのみである．電圧が徐々に増え，パッシェン法則による絶縁破壊電圧（V_S）を越えると誘電体と金属電極間に放電が生じる（a図）．絶縁破壊により生じた電子や正イオンはそれぞれ陽極と陰極に移動し，誘電体表面にこれらの電荷が蓄積される．この蓄積電荷による内部電界E_aは外部印加電界$E_x(=V_x/d)$を打ち消す向きに働くので，放電の経過に伴い，誘導体-金属電極間の電界$E_0=E_x-E_a$は徐々に低下する（b図）．その後，E_0が放電維持電界以下になると放電が停止し，

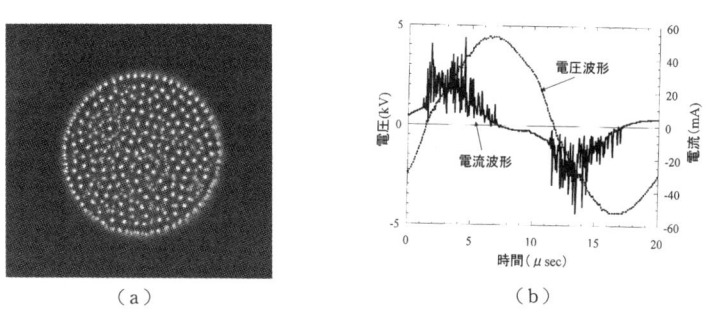

(a)　　　　　　　　　　　　　(b)

図3.70　無声放電のマイクロ放電（a）と電圧，電流波形（b）
　　　ギャップ長1mm，大気圧中，印加電圧（高周波50kHz）2.5kV
　　　マイクロ放電の平均直径は0.1mm，平均電荷量は10^{-10}C．

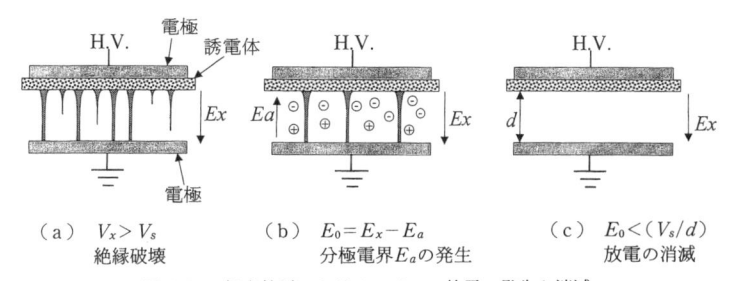

(a)　$V_x > V_s$　　　　（b）　$E_0 = E_x - E_a$　　　　（c）　$E_0 < (V_s/d)$
　　　絶縁破壊　　　　　　　分極電界E_aの発生　　　　　放電の消滅

図3.71　無声放電におけるマイクロ放電の発生と消滅

内部の電子やイオンは再結合や拡散により消滅する(c図)．これに伴いE_aが消滅し，元の外部電界のみが印加されることになるので，放電が再度生じる．この過程が無声放電を構成する微小放電の現象である．定常放電とは異なる間欠放電が，オゾン生成に適する．アークなどの高エネルギーの放電では生成オゾンはすぐ酸素分子と原子に分解されてしまうことになるからである．

ドイツのジーメンス（W. von Siemens, 1816-1892）は1857年に無声放電によるオゾナイザーを開発しており，現在ではそれは環境浄化装置として注目されている．また，プラズマディスプレイは無声放電により生成されるプラズマからの紫外線により蛍光体を励起するものである．これらについては，それぞれ4.1.7項および4.2.3項で説明する．

演 習 問 題

1. 一定磁界$\boldsymbol{B} = B\hat{z}$と一定電界$\boldsymbol{E} = E\hat{y}$の場中における電子とイオンの運動について述べよ．
2. 磁気鏡による荷電粒子の閉じ込め原理について説明せよ．
3. 単純トーラス磁場で荷電粒子閉じ込めが困難な理由を説明せよ．
4. プラズマからの放射には種々の原理によるものがあるが，放射機構の立場より放射の種類を説明せよ．さらに，それらの放射強度がいかなるプラズマのパラメータに依存するかを示せ．
5. 例題3.1のプラズマに対する電磁波のしゃ断周波数（cut-off frequency）$f_c = \omega_{pe}/2\pi$を求めよ．
6. 例題の3.1のプラズマについて，イオン音波の速度と$k\lambda_D = 1$となる波長を求めよ．ただし，イオンとしては，(i)はN_2^+, (ii)はAr^+, (iii)はH^+とする．
7. 次の事項について説明せよ．
   (1) デバイの長さ
   (2) 準中性
   (3) アインシュタインの関係式
   (4) 両極性拡散
   (5) ベータ値

3.6 プラズマ現象

(6) ソーセージ不安定
(7) キンク不安定
(8) 位相速度と群速度
(9) 電子プラズマ周波数
(10) 電子サイクロトロン共鳴（ECR）
(11) ヘリコン波（ホイッスラー波）
(12) 誘導放射
(13) 無声放電

4. プラズマの応用

　以上調べてきたプラズマの諸性質を利用して，プラズマの工業的応用の現状，および将来の可能性について述べる．すなわち，本章の内容がプラズマ工学の中心的課題になるのであるが，本章ではそれをプラズマプロセス（4.1節），電磁波への応用（4.2節），運動エネルギーの利用（4.3節），および制御熱核融合（4.4節）に分類して示す．4.1〜4.3節で取り扱うプラズマは10,000K前後の比較的低温であるのに対して，4.4節では1億度以上の超高温プラズマを対象とする．現状では，この中間の四桁の温度範囲の工業的利用法が考えられないことが，制御熱核融合の研究を他の応用分野の研究から遊離させ，そこでのプラズマ研究の成果が直接関連分野へ波及効果を及ぼすことを困難にしている．しかし，それは逆に，制御熱核融合についてある程度目処がつけば，途中の四桁の温度範囲のプラズマは，プラズマ工学的に極めて大きな発展の可能性を秘めた領域であるということができる．すなわち，今後20〜30年の間に4.1〜4.3節と4.4節の間に，新しく大きな応用分野の節が書き加えられる可能性が大きいのである．

4.1　プラズマプロセス

　現在プラズマは，大規模集積回路（LSI），アモルファス太陽電池，液晶駆動用薄膜トランジスタなど，さまざまな電子デバイスの製作には無くてはならない存在となっている．このようなプラズマを用いて物質の加工処理を行う技術を**プラズマプロセス**（plasma processing）という．これまで加工処理の対象は主に固体であり，表面への薄膜の堆積（deposition），表面の微細加工（etching），あるいは表面状態の改質を含む表面処理などに適用されている．

プラズマには，電子温度のみが高温でプラズマ温度は低温の**熱非平衡プラズマ**と，電子，イオン，中性粒子温度が等しく，プラズマ全体が高温の熱プラズマがある．前者の熱非平衡プラズマは，高温に耐えられない材料の加工処理にも適用できることから，現在広く利用されている．また，後者の熱プラズマは，高温を活かして溶射コーティングなどの加工処理に極めて有効である．

最近では，プラズマを用いて廃棄物や毒性ガスの分解など環境浄化への利用も始まっており，今後はさまざまな分野でプラズマの特長を活かしたプラズマプロセスが行われるようになるものと期待される．

4.1.1 プロセスプラズマ発生法

プラズマプロセスには，さまざまな発生原理に基づくプラズマが用いられている．ここでは，現在広く使われている熱非平衡プラズマの中で，発生，維持の方法が異なる4つの代表的なプラズマについて述べる．プロセスの対象となる材料（薄膜や被加工物となる基板）には絶縁物も含まれるため，通常，放電空間に絶縁物を置いてもプラズマが維持できる高周波の放電が利用される．

容量（電界）結合型高周波放電プラズマ　図4.1に示すような，二つの対向電極(通常，平行平板)にMHz以上の高周波（通常13.56MHzのRF帯の周波数が用いられているが，最近ではそれよりも高いVHF帯の周波数も採用されている）を印加して電極間にプラズマを発生させる方式である．放電に際しては，一方の電極と電源との間にコンデンサが接続され，もう一方の電極は容器とともに接地されるため，通常，高周波を印加する電極（ここでは高周波電極と呼ぶ）よりも接地電極の面積が広い．

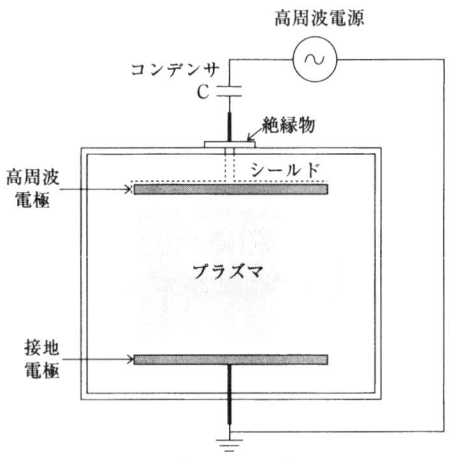

図4.1　容量結合型高周波放電プラズマ

このタイプの高周波放電における電極配置は，3.6節で述べた直流低気圧放電の

場合と同じであるが,放電維持の機構は異なる.直流低気圧放電の場合,放電の維持には陰極降下領域で加速されたイオンの陰極への衝突による2次電子放出が必要であるが,容量結合型高周波放電の場合には,この電極からの2次電子放出がなくても自続放電を開始・維持することができる.

まず,高周波放電の場合の放電開始電圧を,間隔 d の無限平行平板電極が置かれた系で,電子の平均自由行程 λ_e が d に比べて十分短い条件の下で考えてみよう.放電開始電圧は,電子衝突による電離の起こり易さ,および放電開始に寄与する初期電子が電界から得るエネルギーと電極に失われるまでの寿命で決まる.電極間の電界 E 中の電子の運動は,運動方程式

$$m_e d\bm{v}_e/dt = -e\bm{E} - m_e \nu_{eg} \bm{v}_e \qquad (4.1)$$

で記述される.高周波電界と $\bm{v}_e$ が

$$\exp(i\omega t) \qquad (4.2)$$

で変化するとすれば,電子の速度は式 (4.1), (3.20) を用いて,

$$v_e = -eE/\{m_e\nu_{eg}(1+i\omega/\nu_{eg})\} = -\mu_e E/\{1+i(\omega/\nu_{eg})\} \qquad (4.3)$$

で与えられるから,電子が電界から得るエネルギー U_g は

$$U_g = m_e v_e v_e^*/2 = (\sqrt{2}eE_0/\nu_{eg})^2/m_e\{1+(\omega/\nu_{eg})^2\} \qquad (4.4)$$

となる.ここで,v_e^* は v_e の共役複素数である.この式から,電子が電界から得るエネルギーは周波数の増加とともに,$\{1+(\omega/\nu_{eg})^2\}$ だけ減少していくことがわかる.一方,高周波電界中の移動度 μ_{eH} は,式 (4.3) より,

$$\mu_{eH} = \mu_e/\{1+(\omega/\nu_{eg})^2\} \qquad (4.5)$$

で与えられるから,周波数の増加とともに電子が電極間に滞在する時間が長くなる.したがって,高周波の半周期に走行する距離が電極間隔よりも短くなると,電子は電極間に捕捉され易くなる.これら電子のエネルギー獲得と寿命を考慮すると,放電周波数を増加させた場合,$\omega<\nu_{eg}$ の周波数領域では電子の捕捉が効いて放電開始電圧が低下していくのに対して,$\omega>\nu_{eg}$ になると電子エネルギーの低下の方が効いて放電開始電圧は逆に上昇する.すなわち,$\omega\sim\nu_{eg}$ において放電開始電圧は最低となる.

つぎに,発生したプラズマについて考察しよう.プラズマは電極と接すると,プラズマ固有の性質として,プラズマと電極壁との間に境界層を生じる.ここで対象としている周波数領域では,ω は得られるプラズマのイオンプラズマ周波数

ω_{pi}に比べて十分高く,電子プラズマ周波数ω_{pe}より十分低い.このため,電界の変化に電子は十分応答するのに対して,イオンは追従できない.このような状況においては,図4.2に示すような,イオンは直流的電界で,また電子は高周波電界によって運動し,両電極前面に境界層を生じる.図において,電極電圧が最も負の場合の境界層の厚さをs_m(このとき$t=0$に選び,プラズマと境界層の境界を$x=0$)とすると,境界層内のイオン密度$n_i(x)$は実線で示し

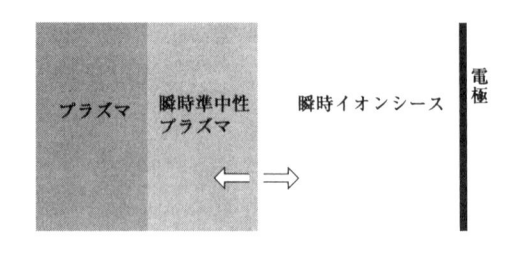

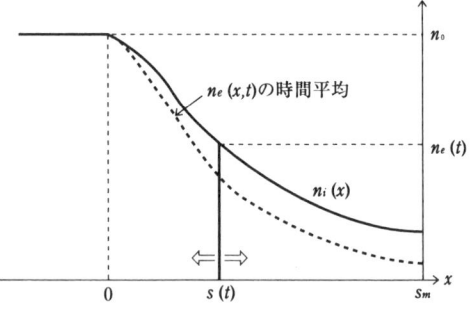

図4.2 容量結合型高周波放電プラズマの境界層とそのイオン,電子密度分布

たような時間的に一定の分布となり,$t=t$では$0<x<s(t)$までは準中性プラズマ領域$n_e(x,t)=n_i(x)$,$s(t)<x<s_m$では瞬間的なイオンシース領域となる.$s(t)$は電極電圧の上昇および低下とともにそれぞれ電極側,プラズマ側へ移動し,1周期で$x=0$に戻る.その結果,境界層の位置xにおける電子密度の1周期平均$\overline{n_e}(x)$は図の太い破線のようになり,$n_i(x)$と$\overline{n_e}(x)$から境界層の電界の直流成分が与えられる.詳しい計算によると,このような高周波プラズマの電極前面の境界層におけるイオン電流は,直流プラズマのチャイルド則の式 (3.352) とほぼ同一の形に書けることが明らかにされている.

$$I_i = K_i(2e/m_i)^{1/2}\varepsilon_0 \underline{V}^{3/2}/s_m^2 \quad (4.6)$$

ここに,$K_i \simeq 0.82$,$\underline{V}$は境界層にかかる電圧の直流成分である.

境界層領域の電子密度が低いため,境界層領域を通して流れる電子またはイオンによる伝導電流は,プラズマ中の電流に比べて小さい.この境界領域における伝導電流の不足分を補っているのが,高周波電界の時間変化による変位電流である.両電極前面の瞬時イオンシースの厚さを$s_t(\sim s_m)$,瞬時イオンシースにかかる

電圧の和をV_tとすると，この高周波変位電流I_{HF}は
$$I_{HF} = C_s dV_t/dt \tag{4.7}$$
で表されることがわかっている．容量結合型放電においては，この境界層領域を通して電流を流すが，境界層領域のインピーダンスは大きい．このため，プラズマへのエネルギー供給は制限され，プラズマ密度は低く抑えられる（$10^{15}-10^{16}$m^{-3}程度）．

プラズマを維持するには，プラズマの粒子とエネルギーの損失を補っている電子へのエネルギー供給が必要であり，これは境界領域内での高周波電界とプラズマから飛び込む電子群との相互作用によって生じる**統計加熱**（stochastic heating）と呼ばれる加熱機構で行われている*．

この容量結合型高周波放電には，**自己バイアス**（self bias）と呼ばれる，負の直流電圧が高周波電極に現れる．自己バイアス発生の原因は高周波印加電極の面積A_1が接地電極の面積A_2に比べて小さいことに起因し，原理的には次のように説明される．両電極境界層にはチャイルド則に従うイオン電流が流れ，その密度はほぼ等しいので，式（4.6）から，
$$V_1^{3/2}/s_{m1}^2 = V_2^{3/2}/s_{m2}^2 \tag{4.8}$$
の関係がある．また，境界層の容量は，$C_1 = \varepsilon_0 A_1/s_{m1}$，$C_2 = \varepsilon_0 A_2/s_{m2}$を持ち，両者の電荷$Q_1$と$Q_2$は等しいから，
$$C_1 V_1 = C_2 V_2 \tag{4.9}$$
であり，V_1とV_2の間に次の関係が成立する．

$V_1/V_2 = (A_2/A_1)^4$　（4.10）

式（4.10）は，境界層にかかる直流電圧の大きさは電極面積の狭い方が大きくなることを意味しており，プラズマの電位に対する高周波電極側の電位（V_2-V_1）は，$A_1 < A_2$とすると接地電極（V_2）のそれより負，

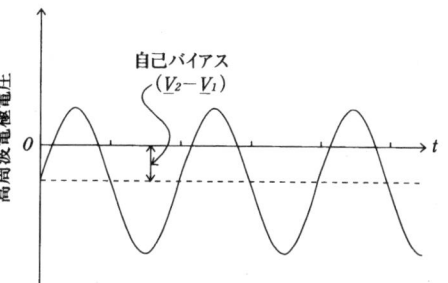

図4.3　高周波電極に現れる自己バイアス

---

* この加熱機構の詳細については，例えば付録に記した参考書(6)に詳しい．

すなわち,高周波電極には接地電極に対して図4.3のような負の直流電圧[自己バイアス(V_2-V_1)]が現れる.さらに詳細な検討によると,実際には式(4.10)の右辺の乗数は4乗よりも小さくなることが示されている.

境界層を除いた本体の**プラズマのインピーダンス**も式(4.1)を用いて求められる.プラズマ中の伝導電流は主に電子によって運ばれるので,その電流密度jは,次式で与えられる.

$$j = -en_0 v_e = [e^2 n_0 / i\omega\{1 - i(\nu_{eg}/\omega)\}]E \tag{4.11}$$

この電流を用いると,マックスウェルの方程式(3.124)からプラズマを誘電体としたときの誘電率ε_pが導かれて,

$$\varepsilon_p = \varepsilon_0 [1 - (\omega_{pe}/\omega)^2 / \{1 - i(\nu_{eg}/\omega)\}] \tag{4.12}$$

となる.ε_pが与えられると,プラズマのアドミタンスY_pは,プラズマの静電容量をC_p,長さをd,面積をAとすると,

$$Y_p = i\omega C_p = i\omega(\varepsilon_p A/d) \tag{4.13}$$

と表されるから,この式に式(4.12)を代入して整理すると,

$$\begin{aligned}Y_p &= i\omega(\varepsilon_0 A/d) - [i\omega(d/\omega_{pe}^2 \varepsilon_0 A) + \nu_{eg}(d/\omega_{pe}^2 \varepsilon_0 A)]^{-1} \\ &= i\omega C_0 + 1/(i\omega L_p + R_p)\end{aligned} \tag{4.14}$$

が得られる.ここに,$C_0 = \varepsilon_0 A/d$は電極間にプラズマがないときの静電容量,$L_p = d/\omega_{pe}^2 \varepsilon_0 A = 1/C_0 \omega_{pe}^2$は電子の慣性力によって生じるインダクタンス,$R_p = \nu_{eg}(d/\omega_{pe}^2 \varepsilon_0 A) = \nu_{eg} L_p$は電子の衝突で生じるプラズマの抵抗である.以上をまとめて容量結合型高周波放電プラズマの等価回路を描くと図4.4のようになる.

誘導(磁界)結合型高周波放電プラズマ 容量結合型高周波放電は,電極間に高周波電界を印加してプラズマを発生するのに対して,**誘導結合型高周波放電プラズマ**

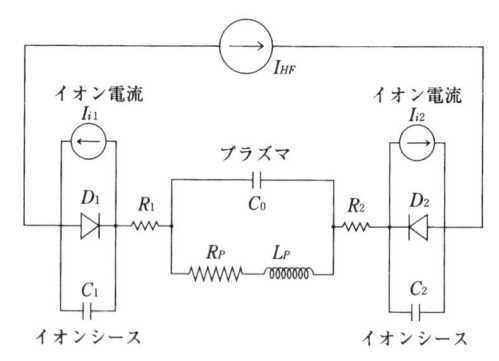

図4.4 容量結合型高周波放電プラズマの等価回路
D_1, D_2:電極が最高電位付近にあるときに流れる電子による電流を等価的にダイオードで表わしている.
R_1, R_2:電子の統計加熱を等価的に抵抗で表わしている.

(induction coupled plasma) は，図4.5(a), (b)のように，容器に隣接したコイルに高周波電流を流し，発生する磁束の時間変化により誘起される電界でプラズマを発生する方式で，ICP とも呼ばれている．

ここでは，図4.5(a)のような円筒状コイルが巻かれた円柱状プラズマの維持機構について考えてみよう．電源から円筒状コイルに方位角方向に高周波電流を流す．磁束の時間変化によって，プラズマ内にコイル電流とは逆の方向に誘起起電力を発生し［式 (3.356)］，**表皮厚さ** (skin depth) と呼ばれる，プラズマ表面の厚さ δ の領域内に高周波電流が流れ，電力が供給される．

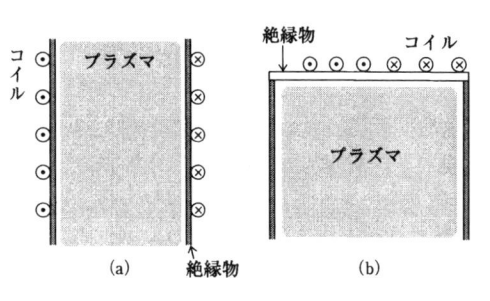

図 4.5 誘導結合型高周波放電プラズマ

今，簡単のために，表皮厚さ δ がプラズマ柱の半径 R に比べて小さくて，図4.6のようにプラズマが一次元的に取り扱える場合について，この δ を決める機構を考えてみよう．

まず，プラズマを導電率 σ の導体とみなしたときの表皮の厚さ δ_c に注目する．高周波磁界を印加する方向を z 方向，円柱プラズマの半径および方位角方向に相当する方向をそれぞれ x，y 方向とすると，プラズマ中の電磁界は式 (3.124) のマックスウェル方程式から，次式が得られる．

$$\partial E_y/\partial x = -\partial B_z/\partial t \quad (4.15)$$
$$-\partial B_z/\partial x = \mu_0 \sigma E_y \quad (4.16)$$

図 4.6 半無限プラズマ表面に高周波磁界を印加した場合の表皮厚さを求めるモデル

高周波電界中の σ は，式 (4.3) から

$$\sigma = e n_e \mu_e / \{1 + i(\omega/\nu_{eg})\} \quad (4.17)$$

で与えられるが，$\omega \ll \nu_{eg}$ の周波数領域の高周波プラズマ（プロセスに用いられるプラズマは，通常この条件を満足する）に注目すると，σ は直流の場合のそれと同じ

$$\sigma = en_e\mu_e = e^2 n_e / m_e \nu_{eg} \tag{4.18}$$

となる．ここで，プラズマ表面に印加されている高周波磁界を $B_z = B_0 \exp(i\omega t)$ とすると，式(4.15)，(4.16)は，次のような E_y，B_z に関する微分方程式となる．

$$\partial^2 E_y / \partial x^2 = \beta^2 E_y \tag{4.19}$$

$$\partial^2 B_z / \partial x^2 = \beta^2 B_z \tag{4.20}$$

ここに，$\varDelta = (2/\omega\mu_0\sigma)^{1/2}$ とおくと

$$\beta = (i\omega\mu_0\sigma)^{1/2} = (1+i)(\omega\mu_0\sigma/2)^{1/2} = (1+i)/\varDelta \tag{4.21}$$

である．$x = 0$ で $B_z = B_0 \exp(i\omega t)$ であることを考慮すると，$x = x$ における $B_z(x)$ の解は

$$B_z(x) = B_0 \exp(-x/\varDelta) \exp\{i(\omega t - x/\varDelta)\} \tag{4.22}$$

で与えられる．また，高周波電流 j_y は式(4.22)，(4.16)より

$$j_y = \sigma E_y = (\sqrt{2}/\varDelta) B_0 \exp(-x/\varDelta) \exp\{i(\omega t - x/\varDelta + \pi/4)\} \tag{4.23}$$

で与えられる．式(4.22)，(4.23)から明らかなように，プラズマ表面に印加された磁界によって生じたプラズマ中の電磁界はプラズマ表面から $\varDelta$ のところで $\exp(-1)$ にまで減少する．したがって，この $\varDelta$ がプラズマを導体としたときの表皮厚さ δ_c であり

$$\delta_c = (2/\mu_0\omega\sigma)^{1/2} \tag{4.24}$$

となる．この式に式(4.18)を用いると

$$\delta_c = (2\nu_{eg}/\omega)^{1/2}(c/\omega_{pe}) \tag{4.25}$$

とも表現される．この表皮厚さは，電子が中性ガスと衝突することによって生じる電気抵抗が原因となって現れる．

誘導結合型高周波放電プラズマの場合には，もう一つ図4.7のように，プラズマ内部からプラズマ柱表面に飛び出して来た電子が高周波電界からエネルギーを獲得してプラズマ内部に戻ることによる統計的な電子加熱の機

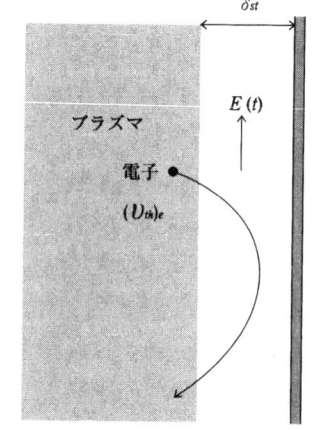

図4.7 統計加熱に関わる表皮厚さ

構が存在する．この加熱が行われる領域に関連した表皮厚さが考えられる．この表皮厚さδ_{st}は次のような考え方から求められる．この加熱は，プラズマから高周波電界が存在する表面領域 (厚さδ_{st}) に，熱運動速度 $(v_{th})_e$ で飛び込んだ電子が，高周波電界からエネルギーを得て再びプラズマに戻ることによって生じるから，この電子の実効的な衝突周波数は$\nu_{st} \sim (v_{th})_e/\delta_{st}$で与えられる．式 (4.25) において，$\nu_{eg}$をこの$\nu_{st}$に，また$\delta_c$を$\delta_{st}$に置き換えると，$\delta_{st}$は次のように与えられる*．

$$\delta_{st} = \{2(v_{th})_e \omega_{pe}/(c/\omega)\}^{1/3}(c/\omega_{pe}) \qquad (4.26)$$

実際のプラズマ表皮厚さδは，これら二つの効果によって決まり，実効的な衝突周波数が二つの衝突周波数の和で与えられるようなものになる．プロセスに用いられるような圧力領域の高周波プラズマではδ_cとδ_{st}がほぼ同程度の大きさとなることが知られている．

プラズマ表面に電流が流れる実効的な厚さが求められると，誘導結合型高周波放電円柱状プラズマへの電力供給を回路定数を用いて表現できる．ここで，図4.8のような半径R_p，軸方向長さ $l(\ll R)$，表皮厚さ$\delta(\ll R)$の円柱状プラズマの周りに半径R_c，巻数Nのコイルが一様に巻かれた系を考える．コイル電流によりプラズマに供給される電力U_pは，表皮厚さδ内を流れる正弦波電流による電力損失に等しいから，

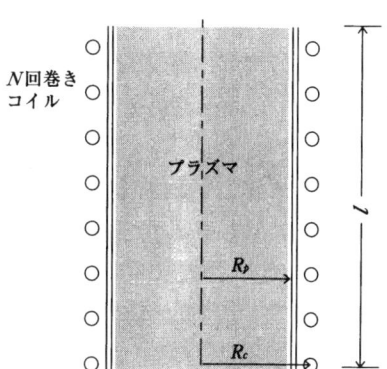

図4.8 円柱状プラズマとコイルの結合

$$U_p = (J_\theta^2/2\sigma_{eff})(2\pi Rl\sigma) = I_p^2 R_p \qquad (4.27)$$

ここに，J_θはプラズマ柱表面表皮厚さ内に誘起された方位角方向電流密度の振幅，I_pは表皮厚さ内を流れる全電流の実効値で$I_p = J_\theta l\delta/\sqrt{2}$，$\sigma_{eff}$は実効導電率で，実効衝突周波数$\nu_{eff} = \nu_{eg} + \nu_{st}$とすると

$$\sigma_{eff} = e^2 n_e/m_e\nu_{eff} = e^2 n_e/m_e(\nu_{eg} + \nu_{st}) \qquad (4.28)$$

R_pは厚さδの環状プラズマの抵抗で，

---

* この表皮厚さが現れる機構は，本書の程度を越えるので結果のみを与えたが，詳しい説明は付録に記した参考書(6)に詳しい．

$$R_p = 2\pi R/(\sigma_{eff} l \sigma) \tag{4.29}$$

である.また,この円柱状プラズマの自己インダクタンス L_p は,表皮電流が流れる領域を一回巻きの二次コイルとみなして

$$L_p = \mu_0 \pi R^2 / l \tag{4.30}$$

で与えられる.一方,巻数 N,長さ l の一次コイルの自己インダクタンス L_c とコイル間の相互インダクタンス M は,それぞれ

$$L_c = \mu_0 N^2 \pi R_0^2 / l \tag{4.31}$$

$$M = \mu_0 N \pi R^2 / l \tag{4.32}$$

で与えられる.誘導結合プラズマは,これらの回路素子を用いて図4.9のような等価回路で表現される.すなわち,周波数 ω の電源に接続された一次コイルの複素電流とコイル端複素電圧をそれぞれ I_c^*, V_c^*, 二次コイル(プラズマ)にかかる複素電圧を V_p^* とすると,次のような回路方程式で記述される.

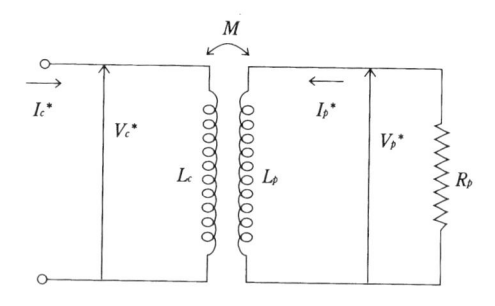

図4.9 誘導結合型高周波プラズマの等価回路

$$V_c^* = i\omega L_c I_c^* + i\omega M I_p^* \tag{4.33}$$

$$V_p^* = i\omega L_p I_p^* + i\omega M I_c^* \tag{4.34}$$

この2式を用いると,一次コイル側から見たプラズマの抵抗 R_p^c が求められ,プラズマに供給される電力 U_p が

$$U_p = |I_c^*|^2 R_p^c \tag{4.35}$$

から得られる.

マグネトロン放電プラズマ 正イオンが衝突して二次電子放出を起こす陰極の表面に磁界を印加することによって,衝突電離に寄与する電子を捕捉し,高密度のプラズマを発生する方式を**マグネトロン放電**(magnetron discharge)といい,直流放電を利用するものと高周波放電(高周波電圧を印加する電極が陰極となる)を利用するものとがある.このタイプの放電では $E \times B$ ドリフト効果により電子が陰極表面に捕捉され,陰極への高密度のイオン粒子束のためにスパッタリ

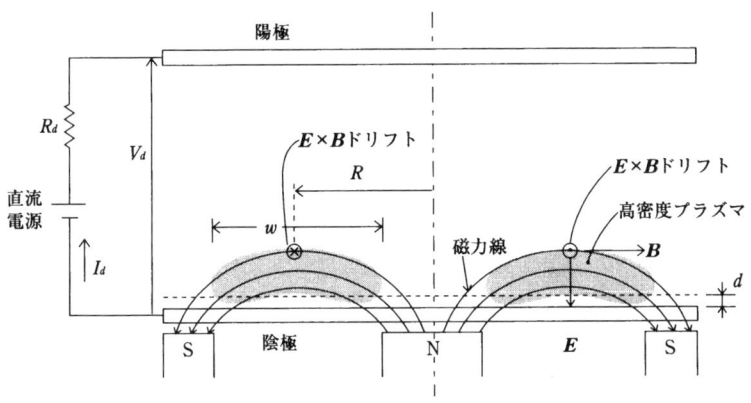

図 4.10 直流マグネトロン放電発生装置の概略図

ングを生じる.この特性を利用して,前者の直流放電はAlやWなどの金属薄膜の堆積を,また後者の高周波放電は金属薄膜以外に酸化膜や窒化膜などの絶縁性薄膜の堆積を行うことができる.

図4.10は直流放電を利用したマグネトロン放電プラズマ発生装置を示す.陰極にはスパッタリング材料となる金属を用い,その後方に磁石を配置して陰極前面に図のような二次電子を閉じ込めるための磁力線 B を発生する. B と直流電源による電界 E により, $E\times B$ ドリフトが図示の方向に生じる.図中の陰極前面の幅 w ,中心半径 R の円環状の部分が高密度プラズマ捕捉領域となる.この高密度プラズマに対応する陰極部分でスパッタリングが生じる.陰極と高密度プラズマの間の狭い空間(図中厚さ d の領域で通常 $d=1$ mm程度)が高電界が存在する陰極降下領域となる.直流マグネトロン放電の場合には,スパッタリングを容易にするため通常,重いアルゴンガスが用いられ,放電は,ガス圧力0.5Pa程度,陰極表面と平行な磁力線の部分の磁束密度0.02T程度,放電電流密度200A/m²程度のパラメーター領域で行われている.ここでは定性的に,この放電における放電電圧,放電電流,高密度プラズマ領域でのプラズマ密度の関係について考えてみよう.陰極降下領域でのイオンは弱い印加磁界のために磁界の影響を受けず,また低気圧のために殆ど中性粒子との衝突もない.そのため,印加電圧 V_d と放電電流密度 I_d は,金属壁が大きな負電位にある場合のイオン電流密度とイオンシースにかかる電圧の間の関係を与えるチャイルド則[式(3.352)]を用いて次のように関係

づけられる．

$$I_d = 2\pi R w (4/9) \varepsilon_0 (2e/m_i)^{1/2} V_d/d^2 \qquad (4.36)$$

ただし，この式では$R \gg w$の条件が成立するとしている．V_dを与えてI_dが決まると，イオン電流密度とプラズマのイオン密度n_iの関係式(3.345)からn_iが求められ

$$n_i = I_d/\{0.61e(\kappa T_e/m_i)^{1/2}(2\pi R w)\} \qquad (4.37)$$

となる．

マグネトロン放電の場合，磁界の印加により放電構造が非常に複雑になり，正確な解析は計算機シミュレーション等で行う必要がある．

電子サイクロトロン共鳴プラズマ
3.4.2項において，印加磁界に平行な方向に伝搬する電磁波の中の右回り偏波の電界は，電子の旋回方向と同じであり，$\omega = \omega_{ce}$のとき電子が共鳴的に電磁波電界からエネルギーを獲得することを述べた．この共鳴現象を利用して発生するプラズマが，**電子サイクロトロン共鳴プラズマ**（通常，ECRプラズマ）であり，0.1Pa程度の非常に低い気圧で$10^{18}\mathrm{m}^{-3}$程度の高密度のプラズマを発生できるという特徴を持っている．図4.11は，

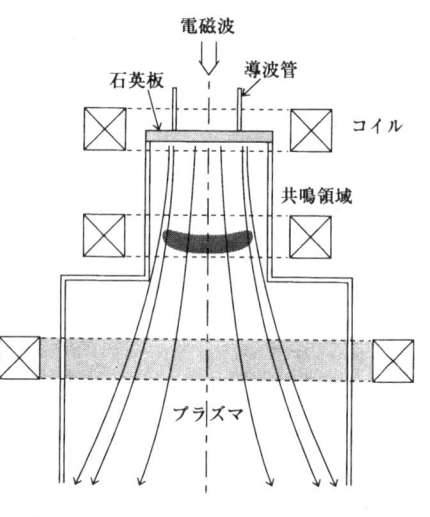

図4.11 ECRプラズマ発生装置の概略図

ECRプラズマ装置の概略を示す．プラズマの発生にあたっては，電磁波はプラズマによる共鳴点付近での反射を避けるため，強い磁界の方から入射される．

4.1.2 薄膜堆積

プラズマ中で形成された粒子が固体表面に接触すると，その粒子の一部が表面に堆積して薄膜が形成される場合がある．この現象を利用して薄膜を作製する方法が過去20年で大きく開拓されてきた．そこでは，プラズマ形成ガスを選択し，プラズマ状態の制御を行い，磁界や電磁波などを加え，また固体表面［これを**基**

板 (substrate) と呼ぶ] の温度を変化させたりバイアス電圧を印加するなどの方法により，目的の品質を有する薄膜を生成する．後述のIC，太陽電池，半導体レーザー，コンパクトディスクなど，我々を取り巻くエレクトロニクス製品はほとんど薄膜プロセスによる部品より構成されている．

　ここでは，薄膜堆積のための2〜3の代表的なプラズマプロセスの基本原理と作製例について述べる．なお，レーザーアブレーションによる薄膜堆積は電気放電によらない特徴のある方法なので，次の4.1.3項に新たな項を設けて述べる．

　プラズマCVD法　反応性ガスを放電によってプラズマ化するとプラズマ状態に応じてガスの分解が進み，この分解生成物を固体表面に輸送して膜として堆積する薄膜形成法を**プラズマCVD** (plasma chemical vapor deposition) と呼ぶ．図4.12に一般に使用されているプラズマCVD装置の概略を示す．この例では，4.1.1項で述べた静電容量結合型の電極構造で，13.56MHzの高周波電力が両電極に供給されている．この例に示したアモルファス (amorphous, 非晶質) 膜のほか，単結晶膜，多層膜，コーティング膜形成などに広く用いられている．

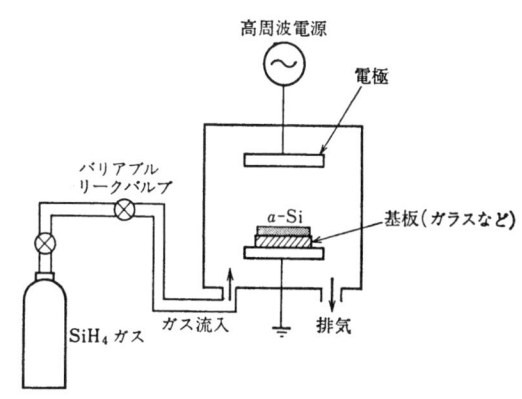

図4.12　容量結合型高周波放電プラズマによるアモルファスシリコン膜製造装置

　アモルファスシリコン (amorphous silicon, a-Si) **薄膜**は，1972年にスピア (W. S. Spear) により初めて太陽電池の材料に用いられ得ることが示され，p型アモルファスシリコンとn型アモルファスシリコンが作製された．図4.12の配置の下でSiH_4とH_2の混合ガスが導入され，適当な圧力 (数Torr〜100Torr程度) になるようにガス流量を選ぶ．生成されるプラズマの電子は1eV〜10eV程度のエネルギーを持ち，その密度は10^{15}から$10^{16}/m^3$程度である．

　このような条件において，SiH_4ガスは次のように分解される．

$$e+SiH_4 \longrightarrow e+Si+2H_2, \quad e+SiH_4 \longrightarrow e+SiH+H_2+H,$$
$$e+SiH_4 \longrightarrow e+SiH_2+2H, \quad e+SiH_4 \longrightarrow e+SiH_3+H \qquad (4.38)$$

薄膜を堆積する基板は電極(アース電極側が普通)上に取り付けられ,200℃～250℃に加熱されている.作製されるアモルファス薄膜は水素で未給合手が終端されており,半導体としての性質を示す.

このようにして作製されたa-Si膜は1 μmの膜厚で十分に電子材料素子として利用できる特性を有している.現在用いられている電子材料の主流は**結晶化シリコン**(crystal silicon, c-Si)を利用したものであるが,c-Siを製造するには原料の純化から単結晶にするまでに多くの複雑な工程が必要であり,材料は高価なものになる.他方,a-Si膜は製作費が安く,また大面積化が可能である上に,さらに電気的特性や光学特性を放電条件などによって広範囲に制御できる特徴を有する.したがって,これらの特色を利用して,太陽電池,光メモリ,電子写真感光膜などが既に実用化されている.

太陽電池による大規模な発電を行おうとする場合に,a-Siを太陽電池材料として用いれば,c-Siを用いる場合に比してSi使用量を極端に減少できるために,発電システムの低コスト化が可能になる.図4.13は,a-Siとc-Siの光吸収係数αの波長依存性を示したものである.a-Siの吸収係数は,400～600nmの波長域ではc-Siのそれよりも一桁以上大きくなっている.図より,500nmに対して$\alpha \sim 5 \times 10^4 \text{mm}^{-1}$であるから,式(3.294)を用いれば,0.1$\mu$mの厚さで太陽光の99%以上を吸収することになる.このようにa-Siは,太陽の放射エネルギーの大きいスペクトル領域で高い吸収特性を有する.太陽電池として必要な材料厚さは,c-Siでは200μm程度にもなるのに対して,a-Siではわずかに0.5～1μmで十分であるといわれている.そのために1W当りのSi使用量も,c-Si太陽電池の場合(15～20g)の数百分の1になり,大面積化を目的とする太陽電池材料として経済的である.現在,高品質a-Siの高速膜堆積を目指し

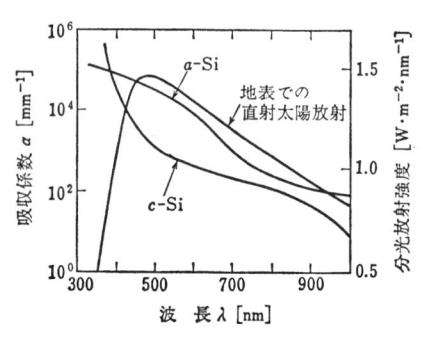

図4.13 a-Siとc-Siに対する吸収係数αの比較

た研究が進められており，SiH₄放電における微粒子発生を含む反応機構の解明，高品質膜に寄与するSiH₃粒子種の生成率を高めるための放電制御などがプラズマ工学上の大きな研究開発テーマとなっている．

スパッタリング　　**スパッタリング**（sputtering）は，100eV以上の高速イオンなどが固体表面に入射したとき表面から固体を構成する原子や分子が放出される過程で，物理スパッタリングと化学スパッタリングに分けられる．前者は入射粒子の力学的エネルギーが表面原子をたたき出すもの，後者は入射粒子と材料原子が化学反応して揮発性分子を形成して表面から離脱するものを指す．薄膜堆積に用いられるのは主として前者である．堆積する源になる固体材料は**ターゲット**（target, 標的）と呼ばれ，プラズマからのイオン（場合によってはイオンソースからのイオンビーム）を入射させてその材料から原子を放出させ，適当な位置に配置した基板上に堆積させる．

プラズマを用いたスパッタリングでは，スパッターして放出された原子はなるべく放電ガスの構成原子（主としてアルゴンを使用）と衝突なく基板に到達することが望ましく，その点から平均自由行程が10mm以上になる放電ガス圧力の数mTorr以下が良い．この条件で安定な放電ができる点で，まず磁界を用いて電子を閉じ込める**マグネトロン**（magnetron）**放電**によるスパッタリング装置が開発された．その配置の一例として平面マグネトロンスパッタリング装置を図4.10に示したが，この配置の下で陽極上に基板を設置してその上に薄膜が堆積される．

最近はこのような低圧下でも高密度（荷電粒子10^{18}m^{-3}以上も可能）プラズマ生成が可能な**電子サイクロトロン共鳴**（ECR）**プラズマ**（図4.11）を用いたスパッタリング装置も開発され，市販されている．そのほか種々の新しい放電形式によるスパッタリング装置の提案があり，単結晶薄膜や酸化物薄膜など，極めて多岐の高機能薄膜形成に広く用いられる機運にある．

イオンプレーティング法　　図4.14は**イオンプレーティング**（ion plating）法の原理図である．電気加熱や電子ビームにより原材料を加熱蒸発し，この蒸発粒子を，不活性ガスや反応性ガス中での放電によりプラズマ化する．これにより，イオン化された蒸発粒子は雰囲気ガスプラズマと気相反応しながら，負にバイアスした基板に高エネルギーで衝突して緻密な膜として堆積する．プラズマ生成法としては，直流放電，高周波放電，アーク放電，電子ビーム励起などが行われて

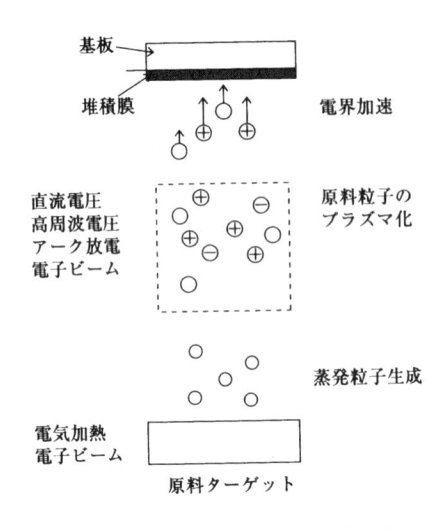

基板
堆積膜
電界加速
直流電圧
高周波電圧
アーク放電
電子ビーム
原料粒子の
プラズマ化
蒸発粒子生成
電気加熱
電子ビーム
原料ターゲット

図4.14 イオンプレーティング法の原理

いる．この方法は，TiN，TiC，TiOなどの薄膜作製や金属の表面改質に採用されている．

最近イオンガンにより生成されたビーム状のイオンを直接基板に照射して，膜の品質と付着性，結晶配向性，堆積速度を向上する技術が開発されている．これは**イオンビームアシスト堆積**(ion beam assisted deposition, IBAD) **法**と呼ばれている．この方法は，プロセス条件がイオンガンの動作圧力により制限されるが，TiN薄膜作製や超伝導薄膜など複雑な組成からなる薄膜の構成原子の組成比を化学量論比に近づけるのに有効な方法である．

4.1.3 レーザーアブレーション法

レーザーアブレーション法の原理と特徴 レーザーはコヒーレントで高いエネルギー密度を持つが，これが薄膜作製に新しい展開を可能にしている．固体に固有の**しきい値**(threshold energy, E_{th}) 以上のレーザーエネルギーを照射すると，レーザーのエネルギーは吸収されて，固体の気化(evaporation)，励起(excitation)，電離(ionization)などを通じてプラズマ形成が行われる．これを**アブレーション**(ablation) と呼ぶ．また**表面エッチング** (surface etching) も生ずる．この過程により固体表面から，原子，分子，クラスターやこれらのイオンや電子が放出される．図4.15はアブレーションにより生じるプラズマの時間分解写真である．これを**プラズマプルーム**(plasma plume) と呼ぶ．特に，パルスレーザーを用いて瞬時に固体表面を気化してプラズマプルームを生成し，薄膜を堆積する方法を，**パルスレーザーデポジション** (pulsed laser deposition, PLD) **法**と呼ぶ．

PLD法は，他のプロセスに比べて，1)高エネルギー粒子ビームなどによる膜損傷が少ない，2)膜厚の制御が一原子レベルで高精度に行える，3)雰囲気ガスを自

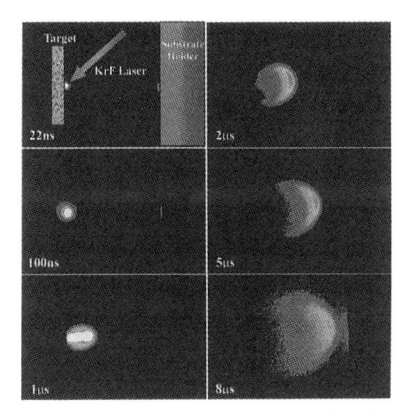

図4.15 エキシマレーザーアブレーションの時間分解写真
PZTターゲット（p.172参照）を20mJ/mm^2（2J/cm^2）で照射したときのICCDイメージ．ターゲット・基板間の距離40mm．（写真提供：池上知顕博士）

由に選べる，4）熱蒸発と異なり中エネルギー（10eV程度）の中性粒子が多数存在するので低温成膜が高速で行える，5）異種材料からなる複合薄膜（これを**ヘテロ構造**と呼ぶ）のデバイス作製が容易，のような特徴がある．

表4.1にPLD法に利用されている代表的なレーザーの波長を示す．光子エネルギーは式（2.15）の等号により求めたものである．現在，PLD法に最も多く用いられているレーザーは紫外線域に発振線を持つエキシマレーザーである．波長が短いほど光子エネルギーが大きいのでアブレーションが起こりやすく，材料作製の上では有利になる．

表4.1 レーザーアブレーションに用いられるレーザーの種類と波長

レーザーの種類	レーザー名称	波長（nm）	光子エネルギー（hν）
エキシマレーザー	ArF	193	6.42
	KrF	248	5.00
	XeCl	308	4.03
Nd:YAG	基本波	1064	1.17
	第2高調波	532	2.33
	第3高調波	355	3.50
	第4高調波	266	4.66

PLD法ではアブレーションにより生じる分解種と雰囲気ガスとの反応により多様なプラズマ状態が実現され，その制御により基板上に種々の薄膜が堆積される．高品質の成膜のためにはプラズマ状態を制御することが重要であり，そのためにプラズマ診断（5章）が重要になる．

PLD法による薄膜作製手順　PLD法は上に述べたような他にない優れた特長を有するために、最近になって多くの薄膜作製が試みられている。すなわち、半導体、金属、超伝導体、絶縁体等の薄膜作製や、これらの薄膜を複合して新しい機能を持たせた次世代エレクトロニクスデバイス作製などである。

図4.16にPLD装置を示す。チャンバー内をターボ分子ポンプにより10^{-6}Torrまで排気した後適当なガスを適切な圧力で充填し、パルスレーザーをターゲットに照射し、ターゲットから40〜50mmの位置に配置した基板上に膜を堆積させる。エキシマレーザーなどのパルスレーザーを、光学レンズにより集光してチャンバー内に導き、ターゲット表面を照射すると、

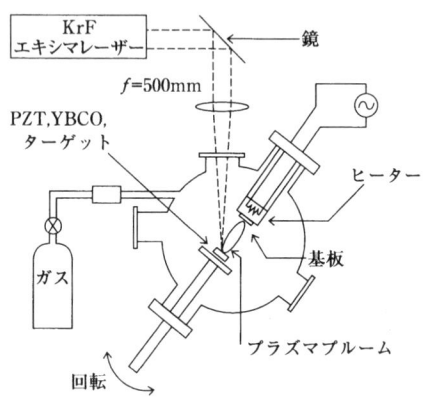

図 4.16　PLD装置（球形チャンバー）

ターゲット材料に特有のプラズマ発光がみられる。チャンバー内部は、材料作製に適した雰囲気にすることにより、放出された分解種の気相反応を制御し、酸化物や窒化物などを形成して、基板上に薄膜を堆積する。超伝導体や強誘電体の作製には、レーザーエネルギー密度20〜30mJ/mm^2（2〜3J/cm^2）が用いられ、カーボン系の薄膜作製ではこれより高いエネルギー密度80〜100mJ/mm^2（8〜10J/cm^2）程度が使われている。PLD法においてはレーザーの繰り返しにより薄膜を堆積していくので、パルスとパルスの時間間隔を選ぶことも薄膜の結晶成長のために重要である。

ここでは、PLD法を用いて酸化物高温超伝導薄膜と強誘電体薄膜の作製を具体的に説明する。

酸化物高温超伝導薄膜　1986年にはLa-Ba-Cu酸化物が30K（-243℃）付近で超伝導を示すことが報告され、翌年にはY-Ba-Cu-O酸化物が77K以上で零抵抗になることが発表された。その後、液体窒素温度（77K、-196K）以上で零抵抗を示す**酸化物高温超伝導体**（oxide high temperature superconductor）が次々と発見された。これら一連の研究が世界的な高温超伝導開発の引き金になり、現在に

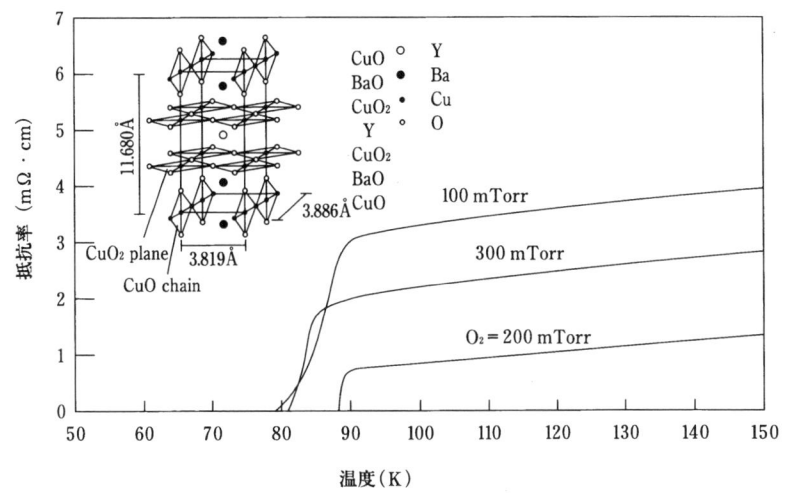

図4.17 YBCO超伝導薄膜特性の酸素圧力依存性
作製条件はレーザーエネルギー密度2 J/cm^2,基板(MgO)温度710°Cにおいて酸素圧力を100,200,300mTorrと変化.YBCOの結晶構造を図中に示す.

至っている.超伝導体は電気抵抗が零であると同時に,磁界が超伝導体内部に侵入しない[**マイスナー(Meissner)効果**],数nm薄膜(絶縁物や金属)を2個の超伝導体で挟んだ構造に電流が流れる[**ジョセフソン(Josephson)効果**]性質を有する.これらが常温近くで実現できれば種々のエレクトロニクスデバイスや電力変換輸送機器への応用が一挙に広がる,というのが上記の高温超伝導フィーバーの源である.

酸化物高温超伝導体YBa$_2$Cu$_3$O$_{7-x}$(以下,YBCOと略称)は図4.17の中に示すような結晶構造(ペロブスカイト構造)をしており,導電性はCuとOからなるCuO$_2$面が主な役割を果たしていると考えられている.CuO$_2$面はa-b軸でできる基板面に平行な面(c軸に垂直な面)である.YBCOを代表とする酸化物高温超伝導体において,酸素の材料への取り込み量(O$_{7-x}$の[7-x]で示される)が超伝導性を決定する.図4.17には,レーザーアブレーション法を用いて酸素の圧力を変えて作製したYBCO薄膜の抵抗率-温度特性も示している.酸素圧力200mTorrにおいて零抵抗温度88Kの良質の薄膜が得られていることが分かる.レーザー照射で生成されたターゲット放出粒子(Y,Ba,Cu,Oの励起種,イオン,電子,酸化物など)と酸素ガスの衝突励起電離反応により多くの分子が新しく形成され,

薄膜として堆積する.レーザーやプラズマプロセスで超伝導体を作製するには，レーザーの波長やエネルギー，雰囲気圧力，プロセス温度などを最適に選ぶことが重要になる.

強誘電体 PZT 薄膜　現在の情報世界において，情報記憶技術がコンピュータの心臓部分をなしている.このコンピュータのメインメモリに強誘電体メモリが製品として商品化されつつある.強誘電体を用いることにより，高密度，高速記憶・読み出し，不揮発性，低電力などを兼ね備えたメモリが実現することになる.その中でも，PZT($PbZr_{0.52}Ti_{0.48}O_3$；アメリカの会社の商品名)と呼ばれる強誘電体はPb, Zr, Ti, Oよりなり，YBCOと同じペロブスカイト酸化物である.

一般に強誘電体に外部電界を加えると，電気力の効果で結晶構造に歪みが生じ，強誘電体の表面に正，負の電荷が現れ，分極が発生する.この時の分極と外部電界との関係はヒステリシスループを描く.この強誘電体の有するヒステリシス特性が強誘電体メモリとしての作動原理である.このメモリでは，残留分極が正である状態を「1」，負である状態を「0」として情報を記録する.強誘電体 PZT を用いれば，これらの情報の書き込み・読み出しを10^{10}回以上繰り返すことが可能である.

また最近になり，この強誘電体に電界を印加することにより電子を放出[**電界電子放出**(field electron emission)]することが発見され，フラットパネルディスプレイの電子源やその他の幅広い応用を目指した研究開発が進んでいる.

$PbZr_{0.52}Ti_{0.48}O_3$ 強誘電体薄膜の作製　図4.18はYAlOという基板の上に下部電極としてYBCO，上部電極として金電極を用いたサンドイッチ構造のキャパシタのAu/PZT/YBCO/YAlOの分

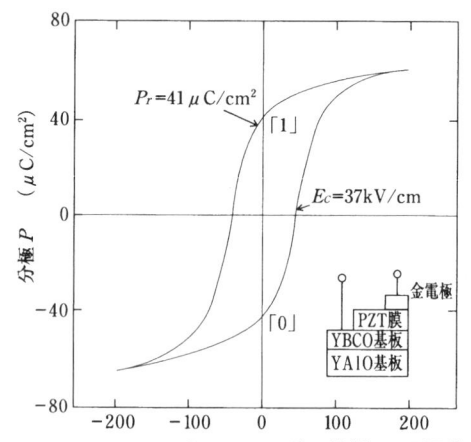

図4.18　レーザーアブレーション法で作製したPZT強誘電体の分極(P)-電界(E)ヒステリシス特性
PZTの作製条件はレーザーエネルギー密度 3 J/cm^2，雰囲気圧力酸素200mTorr，基板温度650°C.

極-電界ヒステリシス曲線を示す．このYBCOを作製するのに710℃の高温を，PZT作製に650℃の高温で，しかもこの温度を±2℃程度の精度で維持することが高品質の薄膜を得るのに必要である．分極-電界ヒステリシス曲線から，残留分極P_rが$0.41\mu C/mm^2$($41\mu C/cm^2$)，抗電界E_cが3.7kV/mm（37kV/cm）の良い結果が得られている．また平均的な比誘電率は1000になる．このように，異なる薄膜を重ねた多層薄膜を**ヘテロ構造薄膜**(heterostructure thin film)と呼んでおり，単層膜では得られない機能を持ったデバイスが作製できる．この異種材料を組み合わせる多層構造薄膜技術が次世代デバイスの発見につながるものと期待される．

カーボンナノチューブの作製　　最近，**ナノ科学技術**(Nano Science and Technology)を利用した材料，情報，環境，バイオテクノロジーなどの新しい研究開発が進められている．ナノ(nano)は10^{-9}であり，材料科学においては，原子[サイズはÅ(=0.1nm)オーダ]が数個から数百個で構成されるナノ構造体は，今までにない多様な電気電子，フォトニックス，化学触媒，機械的特性を示すことが期待されている．レーザーアブレーション法はナノサイエンスの新しい研究・開発ツールとして注目され，**カーボンナノチューブ**(carbon nanotube)，**フラーレン**(fullerene)，金属微粒子・微結晶，クラスターなどのナノ構造体を作製するための重要なプロセスとなっている．カーボンナノチューブは，グラファイトターゲットにエキシマレーザーやYAGレーザーを照射して，数100Torrのヘリウム（あるいはアルゴン）高温（1,200℃程度）雰囲気においてカーボンプラズマの凝縮により堆積される．その応用分野として，たとえば将来の大面積ディスプレイに利用する電界電子放出源などが注目されている．

4.1.4　エッチング（半導体プロセス）

キルビー（Jack Kilby, 1903-　）は，1958年に**集積回路**（integrated circuit, IC）のアイデアを発表した．これは，一つのシリコンチップの上に，抵抗，コンデンサ，トランジスタを作製し，それらの素子間をプリントにより相互接続するというものである．この技術がその後大きく発展して現在の電子情報社会を支える先端技術となった．トランジスタを含む素子の数が数万以上のものを**大規模集積回路**（large scale integrated circuit, LSI）と呼び，更に10万以上を**超大規模集積回路**（very large-scale integrated circuit, VLSI），100万以上を**超々大規模**

集積回路（ultra large scale integrated circuit, ULSI）と呼ぶ．LSI は，薄膜作製，微細加工（エッチング），不純物導入，ボンディング，実装などの工程を経て作製される．

図4.19にCMOS（complementary metal-oxide-semiconductor）の素子の作製におけるプラズマプロセス工程を示す．(1)では，まずp形シリコンウエハの上部に酸化膜SiO_2を作製する．これは1000°C程度の高温にした酸素雰囲気でウエハ表面の酸化反応$Si+O_2 \rightarrow SiO_2$により形成される．酸素プラズマ中での低温酸化膜形成が行われることもある．(2)は**フォトレジスト**（photo-resist, 感光性樹脂）の形成過程である．この過程ではシリコンウエハを高速回転させ，その上に感光液を滴下して表面に一様に塗布した後，加熱乾燥する．(3)回路設計により形状が決まったマスクで感光性樹脂の表面の一部を覆い，(4)その上から紫外線を照射する．写真の現像工程と同じように，未露光部のレジストを酸素プラズマでエッチングし露光部分のレジストを残す（これを**ネガ型**と呼ぶ）．(5)イオン注入を行う．ホウ素(B)イオン［または燐(P)イオン］を照射するとイオンがシリコンウエハのフォトレジストの除去された部分の内部に侵入する．これにより，この部分がそれぞれp型［またはn型］領域になる．そこにソースあるいはゲート電極を付ける．次に，(6)酸素プラズマを用いて残りのフォトレジストを取り除く．(7)酸化膜の上に窒化膜（Si_3N_4）を作製する．これには原料ガスとしてSiH_4とNH_3の混合ガスを用いたプラズマCVD法による．この窒化膜の上にゲート電極を作製する．

LSIの中でも半導体メモリーのチップは，記憶容量の増大による世代交代が急激に進んでいる．チップの記憶容量は，1Mビット，4Mビット，16Mビット，64Mビット，256Mビットというように，4倍ずつ増大しているが，チップサイズは1Mビットで5mm×12mm，256Mビットでは14mm×25mmであり，1Mビットのサイズの5.8倍でしかない．他方，パターンサイズは1.2μm程度（1Mビット）から0.25μm（256Mビット）に縮小されており，この微細加工技術に**プラズマエッチング**（plasma etching）が大きく寄与している．そこで微細加工の要となるプラズマエッチングについて詳しく説明する．

プラズマ中で化学的に活性な励起活性種ラジカルを生成し，それによる微細加工を行う技術がプラズマエッチングである．すなわち，CF_4（フレオン），CCl_4等のハロゲン化炭化水素をプラズマ中で励起・解離し，生成されるフッ素ラジカル

CMOS の作製プロセス

(1) 酸化 — SiO$_2$ / Si ウエハ

(2) フォトレジスト — フォトレジスト / SiO$_2$ 絶縁膜 / Si ウエハ

(3) フォトマスク — フォトマスク / フォトレジスト / SiO$_2$ / Si ウエハ

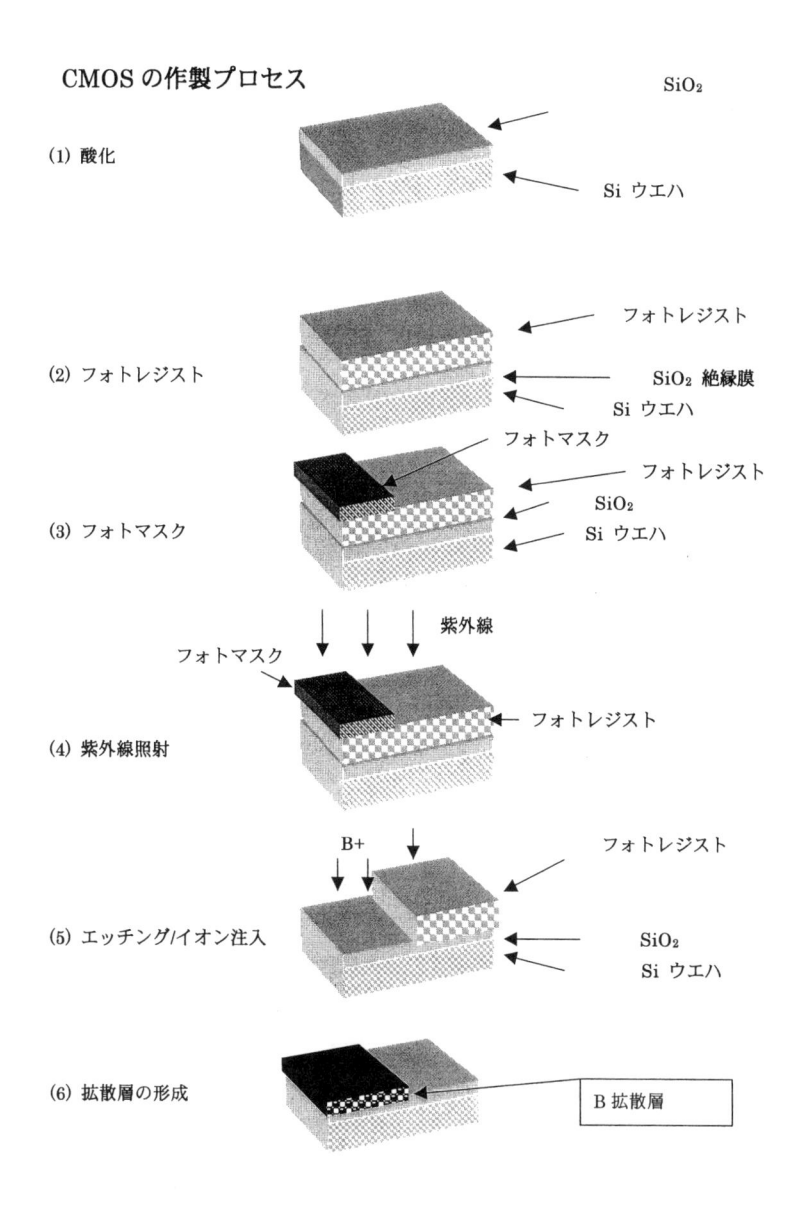

(4) 紫外線照射 — 紫外線, フォトマスク, フォトレジスト

(5) エッチング/イオン注入 — B+, フォトレジスト / SiO$_2$ / Si ウエハ

(6) 拡散層の形成 — B 拡散層

図 4.19　CMOS作製のプラズマプロセス

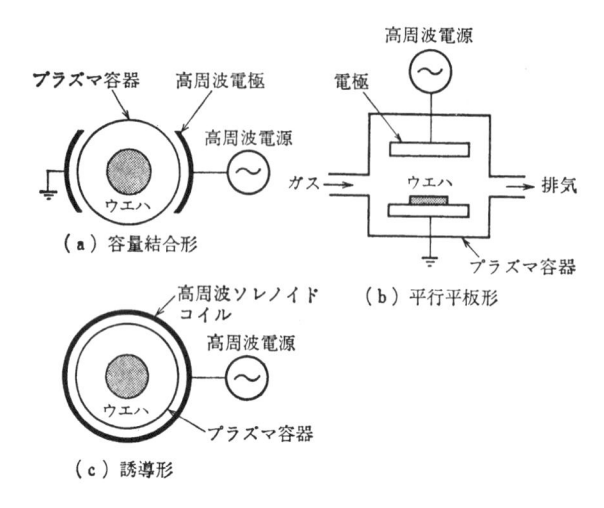

図4.20 プラズマエッチング装置

(a) 容量結合形
(b) 平行平板形
(c) 誘導形

(F^*) や塩素ラジカル (Cl^*) などによって微細加工する．また，酸素プラズマを用いると，フォトレジストなどの有機物の除去も可能である（図4.19の(6)）．

高周波放電によるプラズマエッチング装置は，4.1.1項に示したように，図4.20に示すような容量結合形，平行平板形，誘導形がある．放電容器は真空ポンプによって排気され，ガスを導入して，プラズマは0.1〜20Torrの低圧中で生成され，電子温度は1eV程度になるが，気体温度は50〜250℃にしか達しない．この熱非平衡プラズマ中では粒子の90％以上がラジカルであり，電離度は1％以下である．

例えばCF_4ガスの放電によってフッ素ラジカル (F^*) が発生し，プラズマ中に置かれたSiやSiO_2は，次のような反応によってエッチングされる．

$$Si + 4F^* \longrightarrow SiF_4 \uparrow \quad (4.39)$$
$$SiO_2 + 4F^* \longrightarrow SiF_4 \uparrow + O_2 \uparrow \quad (4.40)$$

図4.21に，プラズマエッチングの断面を示す．このようなエッチングはSi，多結晶Si，SiO_2，Si_3N_4などのSi系材料のほかに，金属膜(Al，Mo，Wなど)

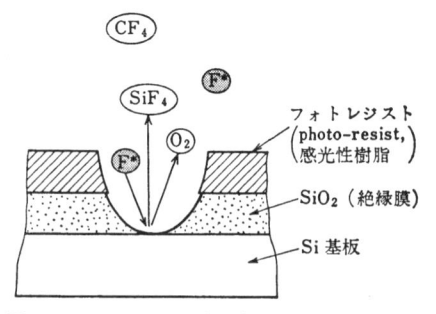

図4.21 フレオンガス(CF_4)プラズマによるエッチング

のエッチングにも適用できる．SiO_2やSi_3N_4は電気的絶縁膜や素子の保護膜などとして，半導体工業に広く使われており，4.1.2項に述べたプラズマCVD法による次のような反応で析出される．

$$SiH_4 + O_2 \longrightarrow SiO_2 + 2H_2 \tag{4.41}$$

$$3SiH_4 + 4NH_3 \longrightarrow Si_3N_4 + 12H_2 \tag{4.42}$$

プラズマエッチングは励起種が等方的に熱運動しているために，等法的なエッチングとなり，アンダーカット（図4.21でSiO_2がフォトレジストの真下の内側までまわり込んで削り取られること）等の現象が現れ，μm以下のパターン幅のエッチングには適さない．これを解決するために，ラジカルやイオンなどに方向性を持たせた低気圧高密度エッチング法が開発されている．**電子サイクロトロン共鳴**（ECR）**プラズマ**（図4.11）や**誘導結合プラズマ**（induction coupled plasma，ICP）などが代表的なものとして挙げられる．

現在，0.1μm以下のパターン幅により1GビットのLSIを実現するためのプロセス開発が進められている．この他に，4.1.2項に述べたスパッタリング効果を用いたスパッターエッチングや，イオンが表面と化学反応して揮発性分子を形成する**反応性イオンエッチング**（reactive ion etching）もある．

4.1.5 表面処理

材料表面をプラズマに触れさせることにより新しい性質や機能を賦与する試みは古くからなされてきた．それにより，たとえば物体表面の親水性が向上したり，接着性，印刷性などが改善することが知られている．一般にプラズマ表面処理とは，固体被処理物を非重合性ガスを用いたプラズマ雰囲気にさらし，その表面の性質を物理的あるいは化学的に変化させる手法である．

プラズマ表面処理は非重合性ガスの種類により，ヘリウム，アルゴンなどの不活性ガスで化学的に反応しないものと，酸素，窒素，アンモニア，四フッ化炭素等のように重合はしないが化学反応するものの二つに大別される．

不活性ガスのプラズマ中では，原子が励起され，一部はイオン化して高エネルギーを得る．これらの高エネルギー粒子が物理的に被処理表面に衝突し，その表面の形態を変化させる．不活性プラズマ中での一般的な表面反応は，基板への高エネルギー粒子の衝突によるスパッタエッチングである．特に質量の大きいアル

ゴンはスパッタ率が高く，接着性を改善する目的でプラズマ重合の前処理として使われる．

一方，反応性ガスプラズマによる重要な表面処理の効果としては，被処理物表面へ特別の性能を発揮する官能基の賦与があげられる．例えば，酸素プラズマで処理した場合，被処理物表面の組成に依存して，水酸基，カルボニル基，カルボキシル基といった官能基が被処理物表面に生成される．このような官能基の生成により，被処理物表面は官能基に固有の性質を帯びる．

プラズマによる表面処理の特徴は，1)材料の表面のみが改質される，2)ドライプロセスで処理が簡単である，3)低温で処理できる，などから溶液による湿式の化学処理と比較してメリットが多い．今後，反応機構を明らかにすることにより表面での反応を自由にコントロールできるようになれば，表面の分子・原子レベルでの構造設計が可能になり，さらに高機能，高付加価値な表面の形成が可能になる期待が大きい．

4.1.6 熱プラズマプロセス

アーク溶接（electric arc welding）　プラズマの熱エネルギーを用いてのプロセスでは，電気入力がプラズマを十分熱化すること，およびプラズマの熱容量が大きいことが必要なので，主として大気圧での放電プラズマが用いられる．古くから行われている溶接アークプラズマが代表的なもので，その様子を図4.22に示す．接合したい導電性部材A，Bに対して，**溶接棒**（welding rod）と呼ばれるCを図のように配置し，これをA，Bに対し負電位にして，A，BとC間とに大気中で放電を起させる．アーク柱は3.5.2項で述べたような10,000K以上の高温になるので，低融点の溶接棒Cは溶けて，A，Bの接合部へ付着する．Cを図4.22の紙面と直角方向に適当な早さで移動すれば，CのA，Bへの付着層が適当な厚みでできて冷却され，A，Bが強力に溶着されることになる．溶接棒は適当な温度で溶融すること，およびA，Bとのなじみなどを考慮して，種々の金属化合物が用いられる．

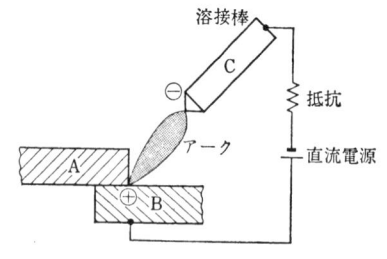

図4.22　アーク溶接の電気回路

アーク溶接技術は，自動車工業，造船業および建設業などで極めて重要であり，従来より工業国日本の得意な分野であった．それが最近ではロボット技術の進歩と組み合わされて大きく自動化が進み，これら工業分野での日本の技術の優越性の一つの源泉となっている．

図4.22の溶接雰囲気をアルゴンなどの希ガスとすれば，溶接部の酸化，脱炭現象が妨げられるので，溶接部の品質の優れたものができる．これは**アルゴンアーク溶接** (arc welding in argon atmosphere) と呼ばれ，アルミニウム，銅，チタンなどの非鉄金属やステンレス鋼などの，高品質を要求される溶接部に用いられる．

プラズマジェット (plasma jet) 3.6.3項で示した大気圧直流アーク部のアークを，図4.23に示すような形にしてガス流で外部に押し出せば，高温のプラズマ状ジェットが得られる．これを**プラズマジェット** (plasma jet) または**プラズマトーチ** (plasma torch) と呼ぶ．ジェット部に難溶材料を置けば，切断，加工を行うことができる．アーク溶接と違って，被加工材料が電気回路の一部になっていないので，耐火レンガ，その他，絶縁物質の材料加工，切断にも用いられるのが特長である．

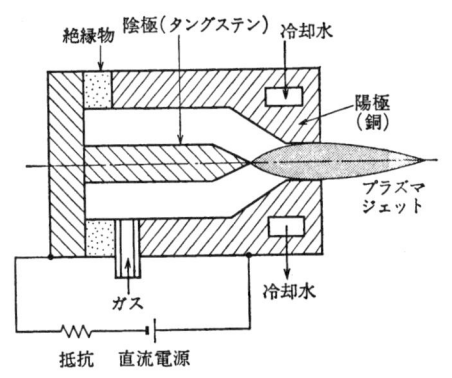

図4.23 プラズマジェット発生装置（放電電圧：数十V，放電電流：数十〜百A，ガス：アルゴン，ヘリウム，窒素など）

アーク炉 (electric arc furnace) 図4.24はアーク炉の一種で，製鋼に用いられるものである．電極と被熱物（スクラップ）間に発生するアークによって，被熱物を溶解し，精錬する．図4.24と似たようなアーク炉の構成によって，最近問題になっている都市のゴミの容積を減らそうとする動きがある．すなわち，年々増大するゴミの処理および

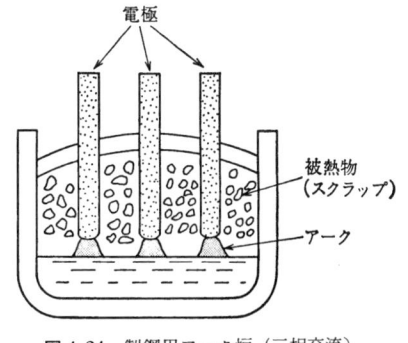

図4.24 製鋼用アーク炉（三相交流）

廃棄の問題が深刻化しているのに対応して、アーク炉で一度溶解して水分や揮発分を除去し、冷却後に残る固化物のみを処理しようとする。これにより、ゴミ容積を1/3程度まで減らせるとされる。

その他 さらに最近は、アークの加熱による電極蒸発を利用した**アーク蒸発法**（arc evaporation method）が、レーザアブレーション法とともに、フラーレンやカーボンナノチューブ作製などに利用されている。二本のグラファイト電極を対向させ、電極長を1mm程度に保ち、ヘリウム500 mTorr程度の雰囲気で直流放電（電流100A程度）を形成すると、陰極グラファイト電極上にカーボンプラズマの凝縮による堆積物が生じる。この生成物にカーボンナノチューブが含まれており、将来のデバイスに向けた高品位ナノチューブの研究開発が積極的に進められている。

4.1.7 環境浄化プラズマプロセス

科学技術の進歩、我々の生活レベルの向上、およびそれらに伴う人間活動の結果、自然環境に様々な変化が生じてきている。我々の周囲を取り巻く空気は、酸素（23.01%）と窒素（75.51%）から主に構成されており、アルゴン、二酸化炭素(0.04%)、ネオンなどが微量含まれている。工業化の発展に伴い化石燃料が多量に燃焼されることによりCO_2ガスの量が急激に増加し、またフロンガスの利用によりオゾン層が破壊されるなど、地球環境の悪化が懸念されている。他方、除草や殺虫のための薬剤散布、各種有機溶剤洗浄の廃液などの流入により、地下水が汚染されつつある。このまま環境の汚染が続けば、我々の健康のみならず、地球上の生物全体に重大な危機が訪れると懸念されている。このような世界的環境汚染を防ぎ、あるいは環境を浄化する技術が最近盛んに研究されている。ここでは、放電プラズマを用いた環境浄化技術として注目されているオゾン（O_3）の生成法や窒素酸化物（NO）処理を中心にして述べる。

オゾンの性質と無声放電による生成法 オゾンは酸素原子3個で構成される分子であり、酸素分子の同素体である。オゾンは図4.25に示すように、紫外線領域の強い吸収帯（これをHartley bandと言う）を有し、253.7nmに吸収ピークがある。

オゾンはこの紫外線吸収作用以外に、1) 強力な酸化作用、2) 殺菌作用、3) 洗

浄作用，などの多くの特異な性質を持っており，既にこれらの性質を利用した多くの応用がなされている．すなわち，空気の洗浄，飲料水の殺菌・洗浄などの環境純化，IC作製過程における基板などの表面洗浄，高品位酸化物作製などである．

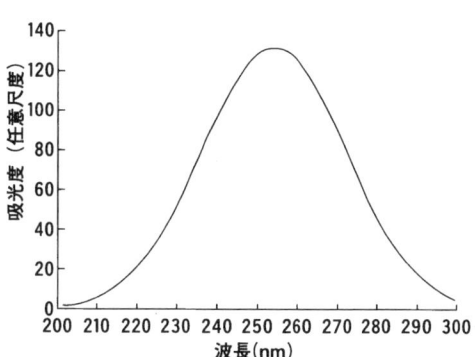

図4.25 オゾンの紫外線吸収スペクトル(Hartley band)

高濃度のオゾンを高効率で生成する方法として，古くから放電を用いる方法が行われてきた．その中で，オゾン生成に利用される無声放電の概要は3.6.3項で説明している．

空気中の無声放電により，次のような反応によってオゾンが生成される．

$$e + O_2 \longrightarrow e + O + O \tag{4.43}$$

$$e + N_2 \longrightarrow e + 2N \tag{4.44}$$

$$N + O_2 \longrightarrow NO + O \tag{4.45}$$

$$N + NO \longrightarrow N_2 + O \tag{4.46}$$

$$O + O_2 + M \longrightarrow O_3 + M \tag{4.47}$$

ここで，MはO, O_2, O_3を示し，反応時の運動量保存を満足させるために必要な三体衝突の相手である．

図4.26は80%N_2と20%O_2の混合気体（圧力1気圧）に約5 μsのパルス電圧を印加したときのO, O_3などの生成濃度割合の時間変化を示す計算機シミュレーションの結果である．初めに酸素原子が生成されるとともにO_2分子が減少しており，その後O_3が約1 μs前後から徐々に増加し，10 μsで飽和していることがわかる．

オゾン層 オゾン生成にからんでオゾン層に言及しておく．成層圏では酸素と太陽光紫外線や宇宙線によりオゾンが生成される．このオゾン濃度が高い部分を**オゾン層**(ozone layer)と呼び，高度約23km付近を中心として15～35kmの範囲にある．オゾン層は，太陽光に含まれる有害紫外線の大部分を吸収して，地球上に生息している人類を含めた生物の安全を守る役割をしている．オゾン層の形成過程は次のように考えられている．太陽からの光子hνにより，2章で述べた光

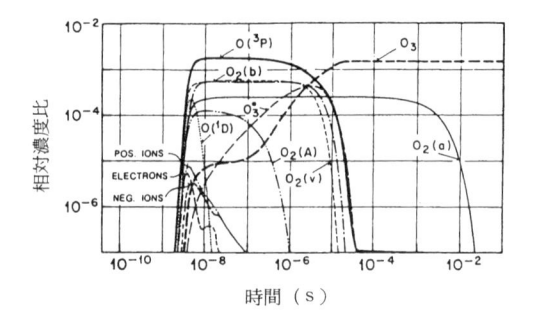

図4.26 無声放電によるオゾンの生成
1気圧混合ガス (80%N_2, 20%) に 5 μs パルス電圧を印加したときのマイクロ放電のシミュレーション結果 [B. Eliasson and U. Kogelschalz：IEEE Transactions on Plasma Science, Vol. 19, NO.2, 309 (1991) より]

電離が

$$O_2 + h\nu \longrightarrow O + O \tag{4.48}$$
$$e + O_2 \longrightarrow e + O + O \tag{4.49}$$

を通して行われてOが生成され，その結果

$$O + O_2 + M \longrightarrow O_3 + M \tag{4.50}$$

よりオゾンが生成される．他方，このオゾンは

$$O + O_3 \longrightarrow 2O_2 \tag{4.51}$$

などの再結合により消滅する．上層にいくほど太陽光線は強く，光電離によるO生成は盛んであるが，一方O_2は地表面近くが高濃度で上にいくほど減少する．このように，高度が高くなるほど濃度が低下するO_2と上層ほど増加するOとによりオゾンの濃度はある高度で最大を示し，オゾン層が形成されている．

オゾン層破壊や**オゾンホール** (ozone hole) と言われている現象は，フロンガスが原因の一つと言われている．フロンガスはハロゲン化炭化水素のことであり，特にオゾン層を破壊する影響力が強いものは**特定フロン** (specialized substances) と呼ばれ，$CFCl_3$ (CFC-11)，$CFCl_2$ (CFC-12)，$C_2F_3Cl_3$ (CFC-113) などがある．これらのガスは地表面では非常に安定なガスであり，低毒性，安定性，不燃性，腐蝕性がない，高い溶解性，電気絶縁性などの特徴を持ち，冷凍・空調機器用冷媒，エアゾール用噴射剤，洗浄，プラスチックフォーム発泡剤などに広範囲に用いられ，使用後は大気中に放出されてきた．しかし，高いエネルギ

ーの宇宙線や太陽光線に含まれる強い紫外線により，次のようにハロゲンやカーボンに分解される．すなわち，紫外線域の光子$h\nu$によって

$$CFCl_3 + h\nu \longrightarrow CFCl_2 + Cl \tag{4.52}$$

$$CF_2Cl_2 + h\nu \longrightarrow CF_2Cl + Cl \tag{4.53}$$

でClが生じる．このClはO_3と反応して

$$Cl + O_3 \longrightarrow ClO + O_2 \tag{4.54}$$

によりオゾン分子を破壊し，ClOは酸素原子と反応して

$$ClO + O \longrightarrow Cl + O_2 \tag{4.55}$$

によりClが生成される．このClが式（4.54）により更にオゾンを破壊する．これにより，紫外線とハロゲンガスによるオゾン破壊サイクルが構成される．また，ハロゲンガスは負イオンを形成するために，

$$e + F \longrightarrow F^- \tag{4.56}$$

$$e + Cl \longrightarrow Cl^- \tag{4.57}$$

の反応が起こり，電子がハロゲンガスに吸収される．このために酸素原子生成に寄与していた電子の量が低減し，O_3の生成が低下することによりオゾン層形成にも悪影響を与える．

窒素酸化物気体と環境浄化 酸素と窒素の混合気体中での燃焼を通じてのエネルギー発生などにより様々な生成物が生じる．NO，NO_2などの一般にNO_xで表される窒素酸化物もこのようにして生成される．大気汚染原因物質であるNO_x生成には，人間活動以外に自然現象や土壌中の微生物の活動によるものもある．これらNOやNO_2は大気中で酸化を受け，光化学反応を起こすことにより，酸性雨や光化学スモッグ等の環境問題を引き起こしている．このうち，NOは空気に比べて若干重い無色無臭の気体である．NOは酸素に触れるとすぐ化学反応してNO_2になる．NO_2は赤褐色の刺激性の気体であり，難水溶性であり，空気中に有害物質として残留することになる．

O_2とN_2混合ガス放電プラズマ中の現象は前述のオゾン生成以外にも古くから調べられており，最近はNO_x処理技術やNOの生体応用などへ展開している．O_2とN_2混合気体の無声放電などにおける電子衝突による解離過程を通してNO_xは次の反応式により生成されると考えられている．

$$e + O_2 \longrightarrow e + O + O \tag{4.58}$$

4. プラズマの応用

$$e + N_2 \longrightarrow e + 2N \tag{4.59}$$

$$N + O_2 \longrightarrow NO + O \tag{4.60}$$

$$NO + O \longrightarrow NO_2 \tag{4.61}$$

$$N + NO \longrightarrow N_2 + O \tag{4.62}$$

$$O + O_2 + M \longrightarrow O_3 + M \tag{4.63}$$

$$O_3 + NO \longrightarrow NO_2 + O_2 \tag{4.64}$$

$$O_3 + NO_2 \longrightarrow NO_3 + O_2 \tag{4.65}$$

ここで，Mは式 (4.47) と同じく三体衝突の相手である．

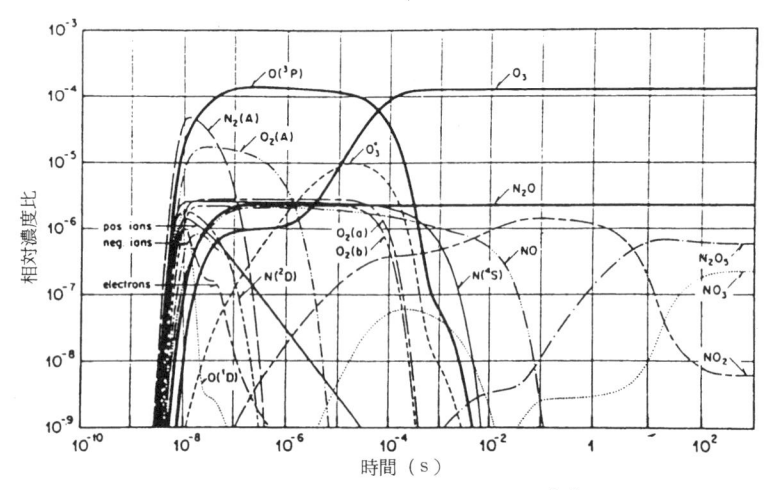

図 4.27　無声放電によるNO, NO_2などの生成
（条件と引用は図4.26と同じ）

図4.27は無声放電によるNO, NO_2などの生成と消滅の時間変化をシミュレーションで求めたものである．放電による解離でN, Oが現れ，その後NO, N_2O, NO_2, NO_3, N_2O_5などが形成されることがわかる．

地球環境保全の立場から，自動車などの排気ガスに含まれる有害物質を処理する技術開発が進められている．その中で放電プラズマによるものとして，燃焼ガスに含まれるNO_xを放電励起してO, N, OHのラジカルを生成し，NO_xを酸化および還元反応により浄化しようとする．ここでは，

$$NO + N \longrightarrow N_2 + O \tag{4.66}$$

$$NO + O + M \longrightarrow NO_2 + M \tag{4.67}$$

$$NO + OH + M \longrightarrow HNO_2 + M \qquad (4.68)$$

などが主な処理反応過程である．

しかし，有害物質として扱われていたNOが，最近になって多面的な生物学的機能を持つことがわかってきた．NOの生体内における主な働きとして，血管平滑筋の弛緩とそれに伴う血圧調整機能をはじめ，神経情報の伝達物質としての機能，バクテリアやウィルスを殺す感染防御反応など，生物の生命活動をプラスに機能させる（これを「修飾する機能」と言う）性能を持っている．したがって，NOは生物の生命現象を支配する物質であり，生命科学や医学および薬学等の分野で注目を浴びている．この分野では，むしろ放電により積極的にNOを作ることが行われている．

その他の放電機器による環境浄化　　最近になって，ダイオキシン分解などのための大規模な大気中放電を用いたパイロットプラントが造られ，テストされ始めた．ここでは大気中で線対円筒ギャップの間隔100～200mmに100kV以上の電圧を100ns以下で印加して**ストリーマ**（streamer）といわれる電子エネルギーのみが高い状態を短時間発生させ，その電子衝撃による分解を行わせようとしている．また，充填した高誘電体間に電圧をかけて放電させる**パックドベッド**（packed bed)**放電**が開発されつつある．この方式では，その空隙に入れた気体物質を分解することによる浄化を行おうとしている．

そのほか，家庭用のエアクリーナーにも放電応用機器により，たとえば煙草の煙や建材の接着剤から室内に放出されたホルムアルデヒドを分解する機器が販売され始めている．

4.2　電磁波への応用

3.5節で述べたように，プラズマと電磁波は多彩な相互作用を行う．この中で本節ではプラズマ中の電磁波現象を積極的に利用する照明，リソグラフィー用光源，気体レーザー，プラズマディスプレイおよびプラズマ中の電磁波伝搬について述べ，電磁波によるプラズマ加熱については制御熱核融合に関連して4.4.3項で，電磁波を用いてのプラズマ諸量の計測については5.3節で述べる．

4.2.1 照明,リソグラフィー用光源

人類が手にした最初の人工照明源は炎であるが,これは炭素などの燃焼に際して放出される化学エネルギーで燃焼気体が高温に加熱された結果放射される熱放射光を利用するものである.炎は今世紀初頭まで用いられてきたが,電気的な方法が開発されるや,操作性,安全性などの点から急速にとって代られた.現在では,人工照明はほとんど電気的な方法によっており,炎は特殊な演出効果の舞台照明や未開地の小規模な家庭用照明などに限られている.

電気的な方法のうちで最初に開発されたのは,高融点金属をジュール加熱により高温にし(この材料を**フィラメント**という),その**熱放射** (thermal radiation) *を利用するものである.これを**白熱電球**という.初期の白熱電球は耐久性の点で問題があったが,フィラメント材質の改良およびガラス球中に封入されたフィラメントの蒸発・酸化による劣化を防ぐ工夫がなされた結果,現在でも広範囲に利用されている.

ところが,白熱電球は高温フィラメントの熱放射を利用するものであるから,フィラメントに加えられた電気入力のうち大部分は熱として失われるので,放射エネルギーのうちで照明エネルギーに利用される割合,すなわち発光効率が低い.そこで放電を利用したプラズマによる照明が開発され,電気エネルギーを照明エネルギーに有効に変換できることになり,現在広く利用されている.

放電で生じた弱電離プラズマ中の原子は電子によって衝突励起され,それが下位のエネルギー準位に遷移する際に電磁波を放射する.グローまたはアーク放電の陽光柱は,その電子温度が数千度〜数万度程度で可視光領域(波長380〜780nm)や紫外線領域(波長380nm以下)の電磁波を放射しやすい条件にあるため照明用光源として広く適用されている.水銀ランプ(高圧水銀ランプ),高圧ナトリウムランプ,メタルハライドランプなどのいわゆる **HID** (high intensity discharge) **ランプ**やキセノンランプなどは陽光柱から放射される可視光を直接利用する光源であり,一方,蛍光ランプは放射される紫外線を蛍光物質を介して可視光に有効に変換する光源である.照明用光源としては,明るさと発光効率に加えて,物体の

---

* **黒体**(black body)と呼ばれる理想化した物体からの放射エネルギーのスペクトル(波長)分布は,その物体の温度のみによって決まる [**プランク** (M. Planck, 1858-1947) **の放射則**という.演習問題3参照].実在の物体は黒体ではないが,スペクトル分布が黒体からのそれに近く,その分布が温度のみによって決まる時,その物体は熱放射をするという.

色をありのままに見せる度合を示す"**演色性**"が良いことが望ましい．プラズマの条件もそのような要求を達成する方向で開発が進められてきた．

水銀は，他の金属に比べて蒸気圧が高く（25°Cで約10^{-3}Torr），電離電圧（10.44 eV）が高く，しかも励起エネルギーが5～9 eVの準位を数多く有しているため，電子衝突励起によって紫外線（185nm以上）から580nm付近の可視光に至るまで種々の波長の電磁波を放射する．管内水銀蒸気圧が10^{-3}～10^{-1}Torr程度の低気圧グロー放電陽光柱では，管壁での表面再結合による荷電粒子の損失が多いために，図4.28に示すように電子温度が10,000K程度以上と高くなる．したがって，比較的高い水銀の励起準位に基づく紫外線（185nm, 253.7nm），特に253.7 nmを強く放射する．さらに，この低圧領域では水銀原子の密度が低いから，放射された電磁波の再吸収が少ない．

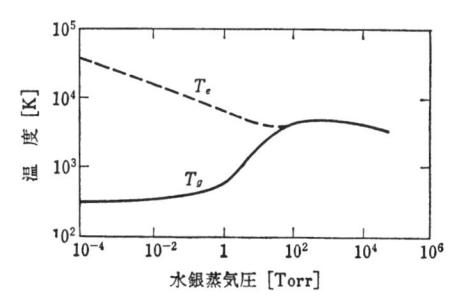

図4.28 水銀放電の電子温度とガス温度（放電電流＝一定）

蛍光ランプ（fluorescent lamp）は，この紫外線を管内壁に塗布した蛍光物質に当てて得られる蛍光（可視光）を利用する．図4.29に蛍光ランプの構造を示す．光源の明るさを増すには，放電管を長くして陽光柱部分を長くするか，管経を細くして管軸方向電界を大きくして陽光柱部分に注入される電力の割合を増したり，放電電流を増して原子の励起に関与する電子数を増す必要がある．ただし，放電電流を増加する方法によると，電力損失が増加して管壁温度が上昇し，その結果として水銀蒸気圧が上昇して放射された紫外線の再吸収が強くなるから，蒸気圧の上昇を抑えるような工夫が要求される．上述の考察から明らかなように，蛍光ランプには最適蒸気圧が存在する．すなわち，低い圧力領域では蒸気圧の上昇に伴って発光原子数が増して光源の明るさは増加する

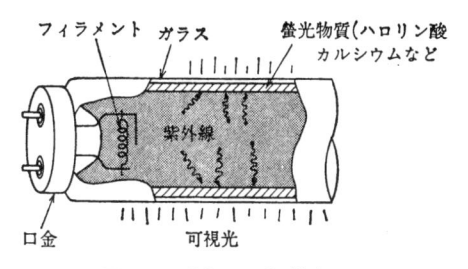

図4.29 蛍光ランプの構造

のに対して，余りに蒸気圧を増すと再吸収の影響が強くなる．実際の蛍光ランプの最適蒸気圧は($5\sim10$)$\times10^{-3}$Torrであり，管壁温度が40°C程度の時に達成される．この条件は，定格で室温が25°C程度の時に達成されるよう設計されている．

水銀蒸気圧を上昇して高気圧（$1\sim10$気圧程度）とすると，陽光柱プラズマは，熱平衡に近づき，その温度は3.6.3項で示したように10,000K程度になるので，励起準位間の遷移に基づく可視光を多く放射するようになる．この可視光を利用する光源が**水銀ランプ**（mercury lamp）である．その構造を図4.30に示す．水銀蒸気圧を大気圧程度にするには，管壁温度を600°C程度にする必要があり，放電管として高温に耐える石英管を用いるとともに，管壁温度を高く維持するため放電管を囲む外管が設けられる．水銀ランプは明るい光源であるものの，赤色発光が不足するため演色性が余り良くないという短所がある．この点を改善する試みが幾つかなされてきた．その一つは，水銀ランプの可視光と同時に放射される紫外線365nmを水銀ランプの外管内壁に塗布した蛍光物質に当てて得られる可視光をも利用するもので，**蛍光水銀ランプ**（fluorescent mercury lamp）と呼ばれている．もう一つは，励起エネルギーが$2\sim4$eVのSc, Tl, Snなどの金属蒸気をアーク柱内に添加するために，ハロゲン化金属（ScI^3, TlII, SnI^{2}など）を封入した**メタルハライドランプ**（metal halide lamp）の開発がある．発光管内のハロゲン化金属はアーク中心付近の高温部で金属とハロゲンに解離し，アーク柱内の金属原子密度を高める．一方，中心部から管壁に拡散した金属原子は管壁付近で再びハロゲン化金属となる．点灯中，水銀蒸気圧は数気圧（$3\sim4$気圧），ハロゲン化金属の蒸気圧は数Torr～数百Torr程度であるが，添加金属の励起エネルギーが水銀のそれに比べて低いため，発光のほとんどは添加金属からのものである．一般に，演色性を向上すると発光効率が損なわれる場合が多いが，メタルハライドランプは水銀ランプよりも高い発光効率が得られている．

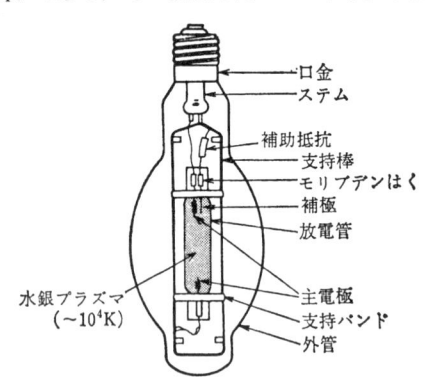

図4.30 高圧水銀ランプの構造

ナトリウムも水銀と同様に金属の中では蒸気圧が高く（260°Cで約 4×10^{-3} Torr），電離電圧（5.14eV）が低く，しかも励起エネルギーが 2〜5 eV 程度の準位を数多く有するので，**ナトリウムランプ**（sodium lamp）として利用されている．高圧ナトリウムランプ（ナトリウム蒸気圧：数百Torr）は，**ナトリウムD線**（589.0，589.6nm）を中心として長波長，短波長側に連続的に広がったスペクトル分布をもち，低圧ナトリウムランプと並んで最も発光効率の高い光源に属する．ナトリウムD線近傍の波長は霧に対する透過率が高いので，高い発光効率と相まって，道路，トンネル照明などに広く用いられているが，演色性が良くないのが最大の欠点である．

リソグラフィー（lithography）用光源　感光性樹脂に光を照射して，光照射を受けた場所と非照射場所とのエッチングの差を生じさせるリソグラフィー工程のための光源は，紫外光からレーザー光へと移行している．すなわち，微細パターニング寸法が $1\mu m$ オーダから $0.5\mu m$，さらに $0.3\mu m$（64Mbit DRAM），$0.15\mu m$（1 Gbit DRAM）となるにつれて，光源の回折限界の克服のためには，0.4〜0.3μm 程度の波長の水銀灯からの紫外線では対応できなくなって，KrFエキシマレーザー（波長248nm）が実用化された．さらにArFエキシマレーザー（193nm）の開発が進んでおり，より短波長を求めて F_2 ハロゲン分子レーザー（157nm）などの研究にも着手されている．これらは，いずれもパルス幅10ns，パルス当りのエネルギー10mJ程度のレーザーを周波数 1 kHz程度で運転し，平均出力10W程度で光照射する．

リソグラフィー用レーザーには，微細加工の精度と歩どまりを確保するために狭帯域で長時間安定で，しかも光学部品にダメージを与えないために尖頭出力を抑えた運転が求められる．

4.2.2　気体レーザー

レーザー（laser）は，light amplification by stimulated emission of radiation（電磁波の誘導放射による光増幅）の頭文字を用いて作られた用語である．1958年にレーザーの理論が発表されるや，その実現に向けて多くの研究者が実験に着手し，1960年の初めにはルビーレーザーとHe-Neレーザーが公表された．その後，種々のレーザーの開発とその各方面への応用は目覚ましいものがあり，現在，レ

ーザー光の波長は約10nmの軟X線から可視,赤外を含み,1～2mmのミリ波の領域にまで及んでいる.

レーザー光は3.5.3項で既に述べた,電磁波の共鳴吸収と誘導放射の原理を利用したものであり,従来の光に比べて次に示すような際立った性質をもっている.

(i) 単光色である:He-Neレーザーは632.8nm,ルビーレーザーは694.3nmのように単一波長の光のみが発振される.さらに,色素レーザーを用いれば発振波長を連続的に変えることもできる.

(ii) 位相がそろっている:レーザー光は時間的・空間的に位相がそろって伝搬する.この性質を**コヒーレント**(coherent)であるという.

(iii) 指向性が良い:レーザー光はビームの広がりが非常に小さく,ほとんど平行ビームと見なされる.

(iv) 高エネルギー密度ビームである:ビーム収束により,ビームのエネルギー密度を高めることができる.

レーザー発振の条件 電磁波の増幅作用によりレーザー光を放射するためには,まず,3.5.3項で述べたようにレーザー媒質中に反転分布を起して,光の吸収係数 α を負にする必要がある.レーザー装置内では,このようにして α を負にしたレーザー媒質中における光の増幅,鏡による反射を繰り返し,ある条件の下でレーザー光の発振が得られる.

レーザー装置は,図4.31のように反射鏡(M_1, M_2)とレーザー媒質から構成される.今,反射鏡M_1(反射率R_1)の点で反射鏡M_2(反射率R_2)の方向に進行する電磁波の放射束が I_0 であるとすると,長さ L のレーザー媒質中で誘導放射,共鳴吸収のために反射鏡M_2に入射する時には,$I_0\exp(-\alpha L)$ となる.この光はM_2で反射され,$R_2 I_0 \exp(-\alpha L)$ の光束となってレーザー媒質中を通り,M_1表面では $[R_2 I_0 \exp(-\alpha L)]\exp(-\alpha L)$ に増幅される.さらにM_1で反射されると,この光は $R_1 R_2 I_0 \exp(-2\alpha L)$ になる.この放射束が最初の放射束 I_0 より大きければ,電磁波は増幅される.すなわち

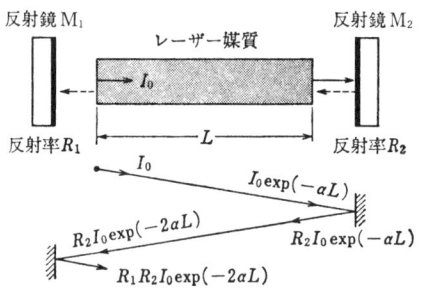

図4.31 光共振器と光の増幅

4.2 電磁波への応用

$$\sqrt{R_1R_2}\exp(-\alpha L) = 1 \qquad (4.69)$$

がレーザー作用を生ずるための最低条件であり，**発振の条件**（oscillation condition または threshold condition）という．$\alpha L \ll 1$ の時には $\exp(\alpha L) \approx 1 + \alpha L$ で近似できるから，吸収係数 α に式（3.316）を用いれば

$$\alpha = -(n_2 - n_1)Bh\nu\frac{1}{c} = \frac{1}{L}(\sqrt{R_1R_2} - 1) \qquad (4.70a)$$

あるいは

$$n_2 - n_1 = \frac{c}{Bh\nu L}(1 - \sqrt{R_1R_2}) \qquad (4.70b)$$

が得られる．式（4.70b）から得られる値は，レーザー発振のための反転分布の**しきい値**（threshold value）と呼ばれている．レーザー発振は，しきい値ができるだけ小さい方が容易であるが，それは B が同じならばレーザー媒質の長さ（L）を長く，反射率（R_1, R_2）を大きくすれば得られる．

レーザー媒質として気体，固体，液体，半導体を使ったものがあり，それぞれ**気体レーザー**（gas laser），**固体レーザー**（solid-state laser），**液体レーザー**（liquid laser），および**半導体レーザー**（semiconductor laser）と呼ばれる．以下では，レーザー媒質の反転分布達成に放電を用いることからプラズマ工学と関連が深い気体レーザーについて述べる．つづいて，プラズマ計測に広く利用されており，慣性核融合実験にも用いられている固体レーザーについても簡単に説明する．

気体レーザー 気体レーザーは種類が多く，発振波長域は真空紫外の100nm付近からミリ波の 1～2 mm まで極めて広い．また，**連続発振**（continuous wave, cw）するものは，特に単色性，指向性，コヒーレント性に優れている．表4.2に代表的な気体レーザーと，その発振波長

表4.2 代表的な気体レーザー

種　類	発　振　波　長
He-Neレーザー	632.8nm, 1.15μm, 3.39μm
CO_2レーザー	10.6μm
Arイオンレーザー	476.5nm, 488.0nm, 514.5nm
Krイオンレーザー	647.1nm
He-Cdレーザー	411.6nm
N_2分子レーザー	337.1nm
H_2分子レーザー	160.0nm
H_2Oレーザー	118.6nm
XeClエキシマレーザー	308nm
KrFエキシマレーザー	248nm

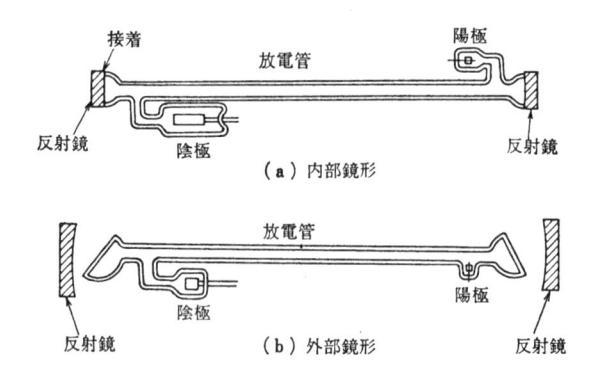

図4.32 気体レーザー装置の概略図

(a) 内部鏡形
(b) 外部鏡形

を示す.

気体レーザーで気体媒質中に反転分布を起させるために，直流放電，交流放電，高周波放電，パルス放電などが用いられている．実際には2.1.2項で述べた励起，電離衝突過程などが複雑に組み合わさっており，最も効率よく目標とする遷移間の反転分布をいかに実現するかが，工学的開発の鍵となる．

気体レーザーで最も代表的な **He-Ne レーザー**（helium-neon laser）装置の概略を図4.32に示す．レーザー管内にはHeとNeの混合ガスが封入されており，電極間に電圧を印加するとHeガスとNeガスが電離してグロー放電が生ずる．放電管の両端には高反射率の反射鏡が取り付けられており，光共振器の役割をする．通常，レーザー光を外部に取り出すためには片方の反射鏡の反射率を1よりわずかに小さくするか，中心部に小さな孔を設けている．

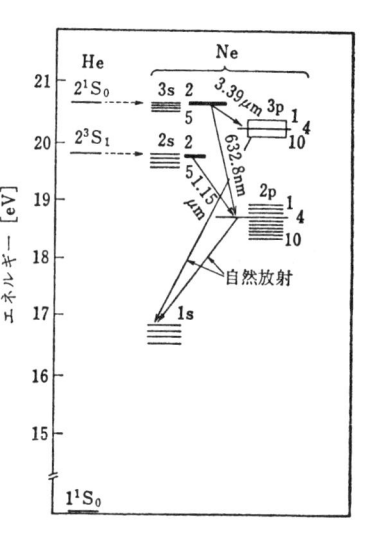

図4.33 HeとNeのエネルギー準位

図4.33は，HeとNeの関連するエネルギー準位である．放電によってHeの準安定準位 $2\,^1S_0$ および $2\,^3S_1$ の原子ができる．これらの準安定準位の寿命は比較的長い（$\sim 10^{-4}$s）ために，この状態にあるHeの原子数が増加する．これらのHeの準位

4.2 電磁波への応用

$2\,^1S_0$ (20.6eV) や $2\,^3S_1$ (19.8eV) よりわずかに低いレベルにNeの$2s_2$, $3s_2$準位がある．したがって，基底状態にあるNe原子と準安定状態にあるHe原子間の衝突によって

$$He(2^3S_1)+Ne \longrightarrow He(^1S_0)+Ne(2s_2) \quad (4.71)$$

$$He(2^1S_0)+Ne \longrightarrow He(^1S_0)+Ne(3s_2) \quad (4.72)$$

の励起が大きい確率で起る．この時，Heは再び基底状態($^1S_0$)へ戻る．$Ne(2s_2)$や$Ne(3s_2)$準位の寿命は，表4.3に示すように100ns程度の時間である．他方，Neの2p準位から1s準位には多数の強い遷移があり，2p準位の寿命は2s準位に比較して短くなっている（表4.3参

表4.3 ネオン2s, 2pの寿命 (ns)

$2s_2$	$2s_3$	$2s_4$	$2s_5$	
96	160	98	110	
$2p_1$	$2p_2$	$2p_3$	$2p_4$	$2p_5$
14	20	18	24	23
$2p_6$	$2p_7$	$2p_8$	$2p_9$	$2p_{10}$
21	22	25	24	26

照）．したがって，2s状態にあるNe原子数が2p状態にある原子数より多くなるか，3s準位にある原子数が2p準位にある原子数より多くなる反転分布が生じる．前者の場合，2s→2pの遷移によって$1.153\mu m$のレーザー光が放出され，また後者の場合，3s→2pの遷移によって632.8nmの可視レーザー光が得られる．その他にも，3s→3p($\lambda=3.39\mu m$)の遷移によってレーザー光が生ずる．

得られるレーザー出力は，HeとNeの全ガス圧力およびその混合比，放電電流，放電管径に強く依存する．これらの放電条件を変化することにより，Neの準安定状態$3s_2$, $2s_2$にある粒子密度を制御し，出力が最大になる条件を求める．現在まで行われた多くの実験によれば，He-Neレーザーの最適放電条件は

(i) $pD=3.6\sim4.0\mathrm{Torr\cdot mm}$

(ii) $p_{He}:p_{Ne}=5:1$

である．ここにp_{He}, p_{Ne}はHe, Neの分圧であり，$p=p_{He}+p_{Ne}$と書け，$D(=2R)$は放電管直径である．この条件におけるプラズマ特性を調べてみよう．電子温度は，式(3.333)を用いれば求められる．この式は混合気体については適用できないが，上述の条件(ii)を考慮して，Neの放電特性に及ぼす影響は少ないとして，Heプラズマについて考察する．$eV_i \gg \kappa T_e$の条件のもとで，式(3.333)にHeに対する物性値を代入すると

$$\sqrt{\frac{\kappa T_e}{eV_i}}\exp\left(\frac{eV_i}{\kappa T_e}\right)=0.44(pD)^2 \quad (4.73)$$

で表すことができる。ここでpDは [Torr·mm] 単位である。Heでは、$eV_i=24.59\text{eV}$（表2.1参照）である。図4.34は式 (4.73) の計算結果であり、電子温度はpDの増加により急激に減少することがわかる。また、上述の条件(i)では11.6〜10.3eVの電子温度の範囲にあることがわかる。実際のHe-Neレーザー放電におけるp_{He}：$p_{Ne}=5:1$の条件においても、これに近い電子温度になっていることが確認されている。また、最適レーザー放電における電子密度n_eは10^{16}〜$10^{17}/\text{m}^3$であることが、探針測定 (5.2.1項) などにより明らかにされている。

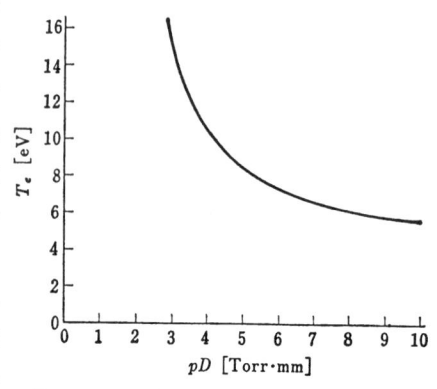

図4.34 Heプラズマにおける電子温度とpDの関係 [式 (4.73) の計算値]

He-Neレーザーの最適条件における放電電流は50〜100mAの範囲にあり、電流の増加は必ずしもレーザー出力の増大にはならない。例えば、図4.33における$3s_2 \to 2p_4$への遷移による632.8nmの光において、放電電流を増加すると、$3s_2$にあるNe原子数$n_2(3s_2)$も$2p_4$にある原子数$n_1(2p_4)$も増加する。しかし電流増大に伴い、Neの1s準位から$2p_4$準位への衝突励起が盛んになるために、$n_1(2p_4)$の増加量が$n_2(3s_2)$の増加量より大きくなる。そのために、比$n_2(3s_2)/n_1(2p_4)$が減少し反転分布が弱められる結果、光出力が減少することになる*。

気体レーザーとしては、表4.2に示した以外にも多くのものが現在開発されつつある。中でもCO_2レーザーは加工用として、次項で述べるYAGレーザーとともに広く用いられている。またエキシマレーザーは集積回路作成のリソグラフィー用光源 (4.2.1項参照) として、また薄膜堆積のためのレーザーアブレーション (4.1.3項参照) 用光源としても、用いられ始めている。このほか気体レーザーはプラズマ計測にも広く用いられているが、それについては5.3.2項で述べる。

固体レーザー 固体レーザーは、ルビーやYAGのような結晶あるいはガラス

---

* He-Neレーザー放電管が細いのは、最適なT_eを決める放電からの要請 [式 (4.73)] のほか、Neの1s準位の原子を管壁へ拡散させ、管壁との衝突によりNeを基底状態へ戻す目的のためである。

のような非晶質をレーザー媒質としたものであり，種々の技術で短時間（ナノ秒〜ピコ秒）光発振ができるので，パワーが容易に大きくできる（MW〜TW）．

図4.35は，**ルビーレーザー**（ruby laser）装置の概略図である．ルビーロッドはCr^{3+}イオンを微量ドープした人工のAl_2O_3単結晶であり，それをヘリカル形のXe放電管で取り巻いている．

コンデンサ放電によって生ずるXeプラズマの強力な放射光がルビーロッドに吸収され，反転分布を起させる．光により励起を起させることから，**光ポンピング**（optical pumping）という．

図4.36は，ルビーレーザーに関連するエネルギー準位を示したものである．ルビーは550nm, 400nm付近に強い吸収帯を有し，光ポンピング作用によってCr^{3+}原子イオンの基底状態$^4A_2$から$^4F_2$, $^4F_1$準位への励起が起る．しかし，これらの励起レベルの寿命は短く，10^{-7}sec以内で，$^2E2\bar{A}$と$^2E\bar{E}$へ遷

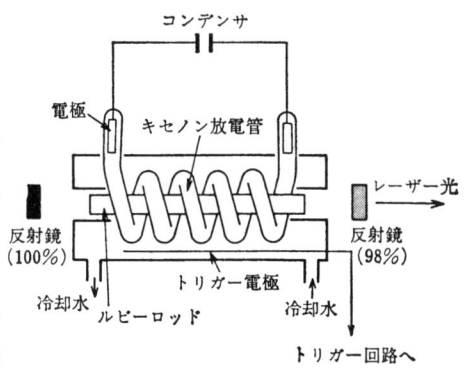

図4.35 ルビーレーザー装置の概略図

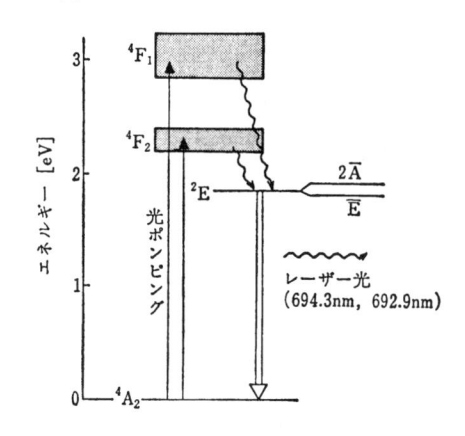

図4.36 ルビー中Cr^{3+}のエネルギー準位

移する．この急速な遷移のために^2E準位と$^4A_2$準位の間に反転分布が生じ，その間の誘導放射により694.3nm（$2E\bar{E} \to {}^4A_2$）と692.9nm（$^2E2\bar{A} \to {}^4A_2$）のレーザー光が発生する．

固体レーザーには，ルビーレーザー以外に**YAGレーザー**（YAG laser）や**ガラスレーザー**（glass laser）などがある．YAG（yttrium aluminium garnet）の母体結晶または非晶質のガラスにNd^{3+}イオンをドープしたものを使用している．発振波長は$1.06\mu m$の近赤外線が最も強く，それ以外にも弱いスペクトル線が現

れる．

　固体レーザーの励起はすべて光ポンピングによるので，レーザー光への変換効率（レーザー出力エネルギー／コンデンサー蓄積エネルギー）が低い（$\lesssim 10^{-3}$）のが欠点であった．ところが最近は半導体レーザーの進展が著るしく，それを用いての固体レーザー励起によりこの問題が克服される見通しが出てきた．その半導体レーザー自体もパワー源として重要になりつつある．また，固体レーザーは大部分短パルスのパルスレーザーとして用いる場合が多いが，特殊な目的には連続発振とすることもできる．産業用としては，YAGレーザーを高繰り返し（>100Hz）して材料の精密切断，加工用の熱源として広く用いられている．固体レーザーのプラズマ工学とのつながりは，慣性核融合との関連で4.4節で，またプラズマ計測に関連して5.3.2項で述べる．

4.2.3　プラズマディスプレイ

　家庭用の大画面表示テレビを薄型にできないかということで色々な形式の表示装置が開発されてきたが，1990年代後半になって**プラズマディスプレイパネル**（plasma display panel, PDP）が実用化された．対角40インチ（テレビを含め，表示装置サイズは対角線の長さをインチで表す慣行がある）以上で厚みが100mm以下のフルカラーハイビジョン対応のものも商品として発売され，徐々にシェアを伸ばしている．各電器メーカーは今後の戦略商品として位置づけて改良に力を入れているので，価格，効率や明るさを含む性能ともにCRT等の他方式に比して優位に立つことが期待されている．

　気体放電を利用した表示装置は古くから関心がもたれていたが，イリノイ大学で1960年代に発表されたイリノイ形PDPが実用的なものとしては最初のものである．プラズ

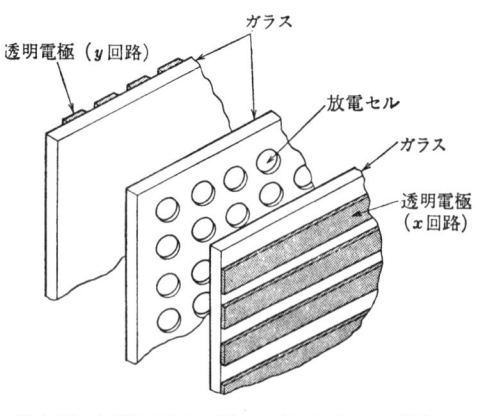

図4.37　AC形プラズマディスプレイパネルの構造

マディスプレイパネルには，正弦波交流電圧（AC 型）あるいはパルス電圧で駆動する形式と，直流電圧（DC 型）を用いるものとがある．図4.37は，AC 型 PDP の基本的構造である．このパネルは小孔のあいた中板を両側から透明電極付のガラス板で挟んで貼り合わせたもので，小孔とガラス板で囲まれた個々の空間は**放電セル**（discharge cell）と呼ばれている．x, y 両軸方向に規則正しく配列された放電セルを選択的に放電発光させると，図形や文字をドット式（点の連続）に表示することができる．

これらのセル内で放電を生じさせるには，あるしきい値以上の電圧を電極間に印加することが必要である．図4.38で AC 型の PDP の重要な動作原理である**メモリ機能**について説明する．パネル動作時には，まずすべての放電セルに放電しきい値電圧よりも低い交流電圧（"駆動電圧"と呼ぶことにする）を印加しておく［図(a)］．ある放電セルを発光させるには，このセルの駆動電圧のある半周期のピーク付近でパルス電圧（"点灯パルス電圧"と呼ぶことにする）を重畳して，その電圧の和が放電しきい値電圧を越すようにする．それにより放電が開始し，そのセルが発光する［図(b)］．放電が始まると，陰極側と陽極側のガラス絶縁板上にはそれぞれ正イオンと電子が蓄積されて印加電界を打ち消す電界を生じるから，放電すなわち発光が停止する［図(c)］．しかし，駆動電圧の次の半周期では，この駆動電圧とガラス板上の電荷で生じた電圧の和が再び放電しきい値電圧を越すから放電を生じ［図(d)］，それに続いてガラス板上の電荷の蓄積によって放電が停止する．このように一度放電を開始すると，各正負の半周期で発光パルスを得ることができる．発光を停止するには，ガラス板上への電荷の蓄積が生じないような弱い放電を起させればよい（発光時に駆動電圧を低下させるようなパルスを重畳する）．

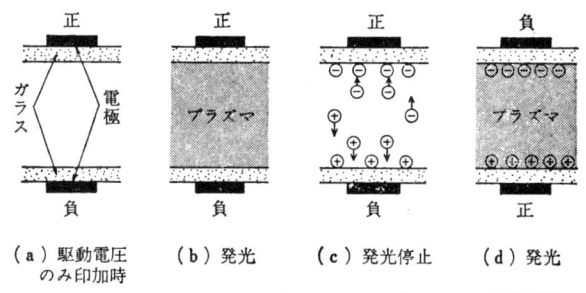

（a）駆動電圧のみ印加時　（b）発光　（c）発光停止　（d）発光

図4.38 AC形プラズマディスプレイパネルの放電セルの発光過程

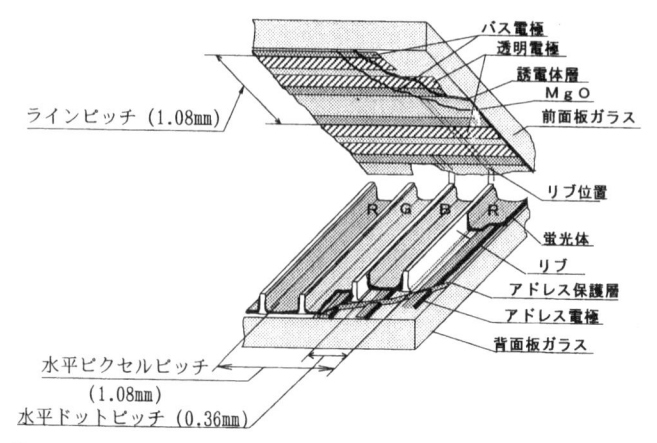

図4.39 フルカラー PDP の放電パネルの構造（対角42インチ）の例．わかりやすいように接合部を開いて示してある．バス（供給）電極を通じて透明電極へ駆動電圧を印加しておき，点灯しようとするドットにアドレス電極を介して点灯パルスを重畳する．リブは放電領域を区切る仕切り，MgOは透明誘電体である．［パイオニア㈱打土井正孝氏の提供］

モノクロ表示には放電ガスからの発光を用いることができる．Neガス中の放電でのオレンジ発光により1990年代前半にはパソコン表示用 PDP が商品化されたが，このサイズでは価格，電力の点で優れる他方式，すなわちデスクトップではCRT に，ポータブルでは液晶にとって代られた．PDP の他の形式に比しての優位性は対角40インチ以上の大画面フルカラーにしたときに現れ，当初に述べた商品化につながった．図4.39はこの放電パネルの構造を示す．混合ガスとして，Ne，Xeをそれぞれ450，50Torr程度で混入（これ以外にArやKrを添加して発光改善を試みている例もある）して用いている．放電によってXeによる147nmの紫外線を主として発光させ，それにより各セルに塗布した蛍光塗料の赤（R）・緑（G）・青（B）三色のセルを光らせてワンセットとしてフルカラー表示を得ている．

PDP はデジタル方式の表示（ドットの点滅回数を256段階に調整して明るさを決めている）であり，ハイビジョンテレビなど，これからのデジタル技術との相性が良いため，今後の大きな発展が期待されている．

4.2.4 プラズマ中の電波伝搬

電磁波は，磁界がない時にはプラズマ周波数ω_{pe}より高い周波数でのみ伝搬で

き，ω_{pe} より低い周波数の電磁波はプラズマの表面で反射されることを3.4.2項で述べた．ここで，プラズマ中の電磁波の伝搬についてもう一度考えてみよう．プラズマ中のプラズマ周波数より高い周波数での伝搬は分散特性を有し，その関係は既に式（3.243）で与えた．

さらに，屈折率 μ は式（3.296）

$$\mu = \frac{c}{v_p} = \frac{ck}{\omega} = \sqrt{1 - \frac{\omega_{pe}^2}{\omega^2}} \tag{4.74}$$

で表された．

屈折率と周波数との関係を図4.40に示す．$\omega < \omega_{pe}$ であれば，根号の中が負になるから屈折率は虚数になり，電磁波はプラズマを伝搬することができず（plasma cut-off），$\omega > \omega_{pe}$ の時のみ伝搬できることは既に3.4.2項で述べたことである．

プラズマ中への電磁波伝搬現象の最も身近な応用例は，地球の**電離層**による電磁波の反射を利用した**短波通信**である．図4.41に示すように，A地点から送信された信号は，電離層で反射されてB地点で受信される．電離層は，表4.4に示すように，地球に最も近い**D層**とその外側に**E層**，さらにその外側に**F層**と呼ばれるものから成っている．電離層は地球上層にある気体（酸素，窒素）が太陽からの放射（紫外線，X線など）によって電離され形成されたものである．電子密度はD層で 10^9 /

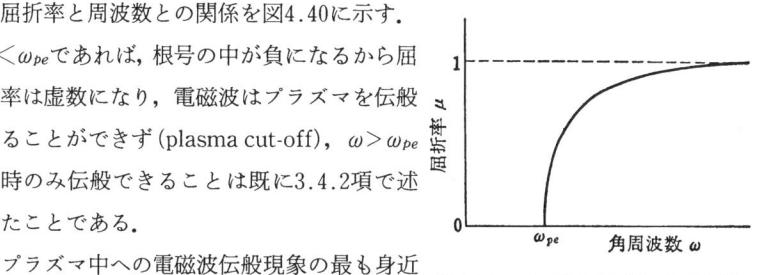

図4.40 プラズマの屈折率と周波数の関係

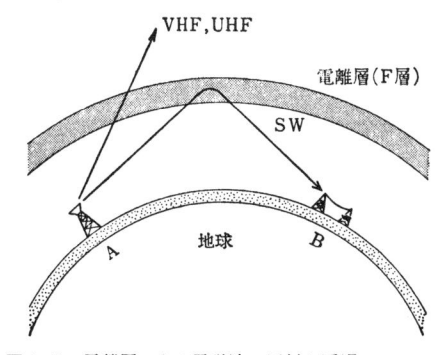

図4.41 電離層による電磁波の反射と透過

表4.4 電離層の種類

電離層	地表からの距離 [km]	電子密度 [1/m³]
F層	200〜500	10^{11}〜10^{12}
E層	90〜160	〜10^{11}
D層	60〜90	10^8〜10^9

m³，E層で10^{11}/m³，F層で10^{12}/m³である．したがって，f_{pe}（$=\omega_{pe}/2\pi$）はD，E，F層の，これらの密度に対してそれぞれ0.3，2.5，9MHzとなる．**短波**(short wave, SW) は周波数$f = 3$〜30MHz（波長100〜10m）であり，長波長のものはF層で反射される．**中波**（medium wave, MW）は$f = 300$〜3000kHz（波長1km〜100m）の範囲にあり，E層で反射される．また，30MHz以上の**超短波**(very high frequency, VHF)，**極超短波**（ultra high frequency, UHF）などは電離層で反射を受けず通過する．

電離層内の荷電粒子密度は，季節や昼と夜によっても変化する．昼間は太陽放射のために電離層は強く電離され，密度は高くなるために，十分短い電波まで反射できる．夜間は太陽放射はなくなり，荷電粒子間の再結合が生ずるために電子密度は減少する．そのために夜間では，電波は電離層の上層まで伝般して反射されるために遠隔地の短波受信が可能になる．

4.3 プラズマの運動エネルギーの利用

通常の金属導体を磁界中で運動させると導体中に起電力が発生し，逆に，磁界中に置かれた金属導体に電流を流すと導体に力が働くことは，フレミングの法則として知られている．プラズマも導体であるから，磁界との相互作用によって金属導体と同様の現象を生ずる．本節ではその現象を利用した代表例として，**MHD発電**（magnetohydrodynamic power generation）と**プラズマを用いた宇宙推進**（space propulsion by plasma）について述べる．

4.3.1 MHD発電

図4.42に示すように，2枚の対向する平板電極と絶縁壁とで構成され

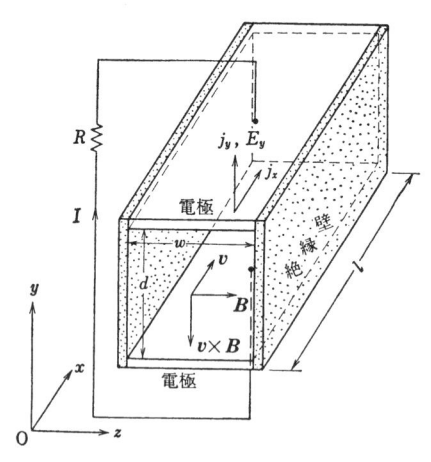

図4.42 MHD発電の原理（連続電極ファラデー形発電機）

た流路に磁界Bを印加し，導電性流体を速度vで流すと，フレミングの右手の法則によりvとBに垂直な方向に単位長さ当り$v \times B$なるローレンツ起電力が生じるから，電極間に電位差が発生する．これがMHD発電の原理である．このようにMHD発電は液体のもつエネルギーを直接電気エネルギーに変換することから，燃料電池や熱電子発電などと同様に直接発電方式の一つと考えられる．"直接"という言葉は，従来の火力や水力発電などが蒸気や水のもつエネルギーをいったんタービンの運動エネルギーに変換した後，発電機を回転させて電気エネルギーを得る"間接"発電方式であるのに対してつけられている．

導電性の作動流体としては，液体金属とプラズマの両方が考えられるが，前者は低温で良導体であるものの流体の加速が難しいことから，通常後者の利用が考えられている．

MHD発電において使用されるプラズマは，核融合における高温完全電離のプラズマとはその生成法および性質が大きく異なる．MHD発電のプラズマとして，3.6.4項で述べたように，石油，天然ガス，石炭などの化石燃料の燃焼ガスを用いることが考えられる*．その温度は2000～3000Kであり，電離度を上げるには電離電圧が低いアルカリ金属をシード物質にして添加する．シード量としては通常，化石燃料の場合，燃焼ガスの1％程度添加され，その時の抵抗率とガス温度との関係を図3.68に既に示した．MHD発電に用いられるプラズマの抵抗率は大体$0.1\ \Omega\mathrm{m}$程度である．以下では，このようなプラズマを作動流体とした場合のMHD発電機の特性の概略を示す．

MHD発電の動作原理 図4.42においてプラズマが流れる方向をx，磁界の方向をzとし，流路は幅がw，長さがlの平行平板電極をもつ一定断面とする．また簡単のため，プラズマの流速および温度は流路全体にわたって一定とする．このような条件の下で，一般化したオームの法則［式（3.135）］を用いて発電機の電圧-電流特性を求める．

式（3.135）において∇p_eの項を無視すると，

---

* さらに将来は，高温ガス原子炉の冷却剤としてアルゴン，ヘリウムなどの希ガスを用い，それにシード物質を添加してプラズマとしたMHD発電方式も考えられている．

$$j = \frac{1}{\eta}(E + v \times B) - \frac{1}{\eta e n_e} j \times B \qquad (4.75)$$

となる。ここで η に対する式 (3.157),移動度 μ_e に対する式 (3.140) および ω_c に対する式 (3.16) を用いれば,式 (4.75) の右辺の最後の項の係数は

$$\frac{1}{\eta e n_e} = \left(\frac{e^2 n_e}{m_e \nu_{en}}\right)\frac{1}{e n_e} = \frac{e \tau_{en}}{m_e} = \mu_e = \frac{\omega_{ce} \tau_{en}}{B} \qquad (4.76)$$

で表されるから*,式 (4.75) は

$$j = \frac{1}{\eta}(E + v \times B) - \frac{h_e}{B} j \times B \qquad (4.77)$$

となる。ここで

$$h_e = \omega_{ce} \tau_{en} \qquad (4.78)$$

は**ホールパラメータ**(Hall parameter)である**。図4.42の配置についての電流密度 j_x, j_y は,式 (4.77) から

$$j_x = \frac{1}{\eta(1+h_e^2)}[E_x - h_e(E_y - uB)] \qquad (4.80\,\text{a})$$

$$j_y = \frac{1}{\eta(1+h_e^2)}[h_e E_x - (uB - E_y)] \qquad (4.80\,\text{b})$$

となる。

式 (4.80) は,z 方向の磁界 B が印加されているところに,抵抗率 η のプラズマを x 方向に u の速度で流し込めば,電界 E_y が発生して電流 j_y が流れるが,同時に流れ方向の電界 E_x,電流 j_x も誘起されることを示す。E_x を**ホール起電力**(Hall electric field),j_x を**ホール電流**(Hall current)と呼ぶ。図4.42に示したように,

---
* 弱電離プラズマ中の抵抗率は電子と中性原子の衝突で決まるので,式 (3.157) で $\nu_{ei}=0$ と置いた。
** h_e は MHD 発電機の諸特性を支配する重要な量である。電子の平均自由行程 λ_e とラーモア半径 r_{Le} に対する表式 (2.55),(3.20) を用いれば,

$$h_e = \omega_{ce} \tau_{en} = \frac{\omega_{ce}}{v_{the}} \cdot v_{the} \tau_{en} = \frac{\lambda_e}{r_{Le}} \qquad (4.79)$$

となる。ここで v_{the} は電子の熱速度である。$h_e \ll 1$ の時には式 (4.77) の右辺の第二項は無視でき,プラズマを抵抗率 η の物質と見なすことができる。$h_e \ll 1$ の条件は式 (4.79) より $\lambda_e \ll r_{Le}$ に相当し,電子がラーモア半径を1周する間に多数回の粒子衝突が起ることを意味する。逆に $h_e \gg 1$ の場合には $\lambda_e \gg r_{Le}$ であるから,衝突と衝突の間に電子は磁力線のまわりに多数回の旋回運動を行うので,流れ方向の運動が制限される。そのため式 (4.80) より明らかなように,見掛け上の抵抗率が $\eta(1+h_e^2)$ に増加する。

磁界と流れの両方に直角方向に出力を取り出すMHD発電機は，MHD発電を初めて試みようとしたファラデーの名に因んで*ファラデー形と呼んでいる．

図4.42に示したように，電極板を連続な導体とすればホール電流j_xの帰路が構成され，x方向にも電流が流れる．その場合について簡単のため，プラズマの抵抗率が小さくて$E_x=0$と仮定できる場合について考えてみよう．式（4.80）から

$$j_x = -\frac{h_e}{\eta(1+h_e^2)}(E_y - uB) \qquad (4.81\,\mathrm{a})$$

$$j_y = \frac{1}{\eta(1+h_e^2)}(E_y - uB) \qquad (4.81\,\mathrm{b})$$

となる．

負荷電流Iは，流路の入口を$x=0$とすれば，

$$\begin{aligned}
I &= -\int_{x=0}^{l} j_y \cdot w \cdot dx \\
&= -\int_{x=0}^{l} \frac{1}{\eta(1+h_e^2)}(E_y - uB)\,wdx \\
&= \frac{wl}{\eta(1+h_e^2)} \cdot (uB - E_y) \qquad (4.82)
\end{aligned}$$

で与えられる．ここで，ローレンツ起電力はyの負の方向に生じることを考慮した．他方，発電機の負荷時の端子電圧Vは

$$V = -\int_{d}^{0} E_y dy = E_y d \qquad (4.83)$$

であり，無負荷時の端子電圧は$V_0 = uBd$であるから，式（4.82）を書き換えると

$$V = V_0 - \frac{\eta(1+h_e^2)}{wl/d} I \qquad (4.84)$$

となる．上式は$\eta(1+h_e^2)/(wl/d) \equiv R_i$と書けば**

$$V = V_0 - R_i I \qquad (4.85)$$

となり，発電機が図4.43のような等価回路で表されることを示している．

---

* ロンドンのテームズ河の流れの有限な導電性を利用し，地球磁界と川の流れとに直角方向に起電力を得ることを考えた．
** 弱い磁界の場合$h_e \ll 1$と書けるが，この場合$R_i = \eta d/(wl)$となり，プラズマの内部抵抗を表している．これをホール効果がある場合に拡張して$\eta(1+h_e^2)d/(wl) \equiv R_i$と書いたのである．

発電機の出力 W は，外部負荷抵抗を R とすると

$$W = RI^2 = \frac{R}{(R_i+R)^2}V_0^2 \quad (4.86)$$

で与えられ，最大出力 $W_{\max}$ は $dW/dR = 0$ より $R = R_i$ のとき得られる．したがって，単位体積当りの出力の最大値は

$$\frac{W_{\max}}{wld} = \frac{1}{4}\frac{u^2B^2}{\eta(1+h_e^2)} \quad (4.87)$$

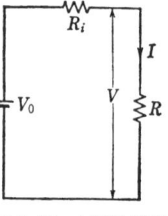

図 4.43　MHD 発電機の等価回路

で表されるから，出力密度は $1/\eta(1+h_e^2)$，u^2，B^2 に比例していることがわかる．通常，u は音速に近く（～1,000m/s），B は数T程度の値であるから，η を0.1Ωmとすると，最大出力密度は数＋MW/m³程度となる．

負荷を変化した場合の出力の変化を求めてみる．負荷率 K を

$$K = E_y/uB \quad (4.88)$$

で定義すると，出力密度は式 (4.86) から K を用いて

$$\frac{W}{wld} = K(1-K)\frac{u^2B^2}{\eta(1+h_e^2)} \quad (4.89)$$

で表される．図4.44は式 (4.89) を，h_e をパラメータとして計算した結果である．

$K=0$ は出力端子間を短絡したことに相当し，$K=1$ は無負荷の場合に相当する．式 (4.89) および図4.44から，出力は，ホール効果による見掛けの抵抗率が $\eta(1+h_e^2)$ に増加する結果，磁界を上げても増加しない．

このホール効果に対する対策として，基本的にはホール起電力を短絡しないようにする方法と，ホール起電力を発電に積極的に利用する方法がある．前者は図4.45に示すように，流れ方向に電極を分割して個々の電極

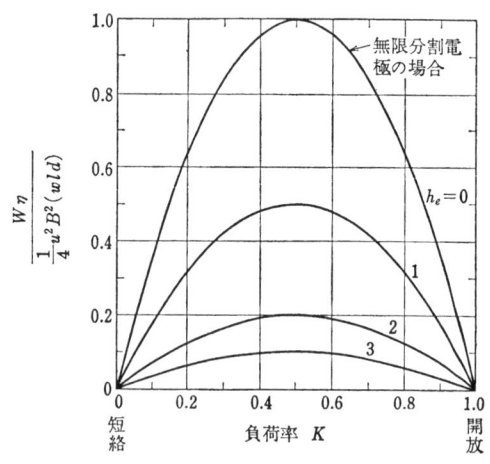

図 4.44　ファラデー形 MHD 発電機の出力特性，$\dfrac{W\eta}{\frac{1}{4}u^2B^2(wld)} = \dfrac{4K(1-K)}{1+h_e^2}$ の計算値

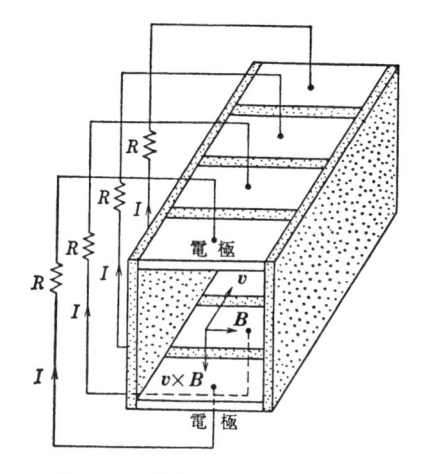

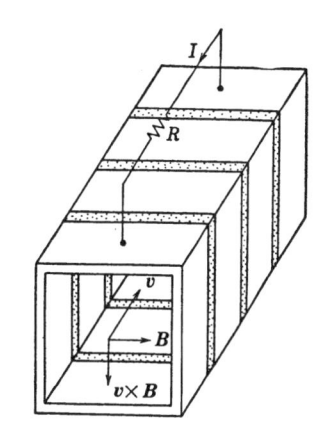

図4.45　分割電極ファラデー形発電機　　　　図4.46　ホール形発電機

間を電気的に絶縁する，いわゆる**分割電極ファラデー形発電機**であり，後者は図4.46に示すように，分割して絶縁された電極のうちで対向する電極間を短絡する，いわゆる**ホール形発電機**である．

　以上の考察では，プラズマの流速や密度，温度などが流路内で一定という条件を用いた．一般的には流路断面の形状，および流路壁からの熱損失などによってこれらは流れに沿って変化する．したがって，発電機の特性を記述するためには一般化したオームの法則だけでなく，プラズマの連続の式，運動量保存の式，およびエネルギー保存の式を用いて解析することが必要である．また，流路断面内についても電極や絶縁壁のために生じる速度や温度変化がある．したがって，実際には，これらの変化を考慮した特性解析が要求される．例えば，電極表面付近に生じる境界層では温度低下により導電率が急激に低下する*．

　オープンサイクルMHD発電とクローズドサイクルMHD発電　　以上の原理に基づくMHD発電には，化石燃料を燃焼して得たプラズマを直接作動流体として用いる図4.47に示すような**オープンサイクルMHD発電方式**と，希ガス作動流体としてそれを高温にするための熱源を他に求める図4.48に示すような**クロー**

---

*　このことは，出力を取り出す際に大きな障害となる．例えば，出力電流を大きくしようとすると境界層の局所的な部分に電流が集中する拘束アークが発生し，これが電極の寿命を縮める重要な原因となっている．

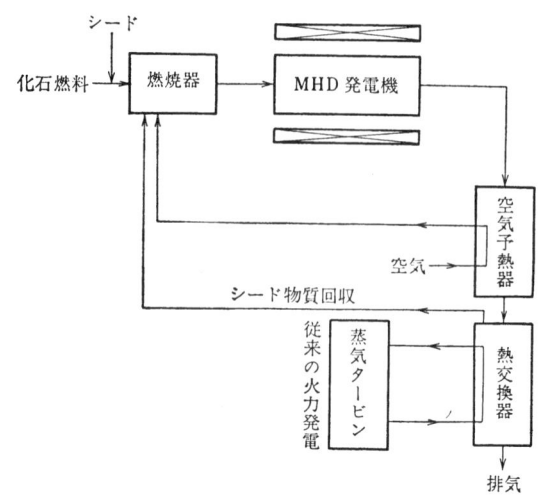

図4.47 オープンサイクルMHD発電の構成

ズドサイクルMHD発電方式がある.

特にオープンサイクルMHD発電は，図4.47のように従来の火力発電の前段に設置するトップ発電方式で全発電効率を10%程度向上するシステムが注目されている.

クローズドサイクルMHD発電は小規模の研究の段階で

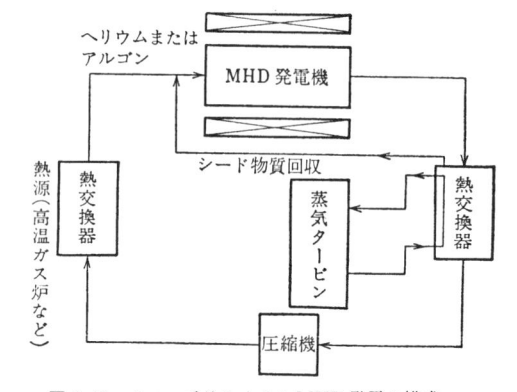

図4.48 クローズドサイクルMHD発電の構成

あるが，希ガスを加熱するための熱交換器および高温ガス原子炉などの発展次第では大きく飛躍する可能性も有している.

4.3.2 宇宙推進機

物体から何かを放出すれば，その反作用として放出した物体は放出物と逆方向の力を受ける．ジェット機やロケットは，この原理を利用して飛行のための推進力を得る．電磁力を応用してプラズマに容易に運動エネルギーを与えることがで

4.3 プラズマの運動エネルギーの利用

きるので，それを推進力に利用しようとするアイデアは古くからある．しかし，プラズマは多くの場合低密度下で生成されるので推力の絶対値が大きくない．したがって，地上や大気圏での我々の輸送手段とする可能性はなく，この分野はこれからも化学燃料が中心に用いられることになろう．他方，宇宙空間に送られた後の衛星の位置や姿勢の制御にはプラズマ推進はその特徴を発揮する．それは使用燃料流量$\dot{M}$に対する推力Fの**比推力**（specific impulse）$F/\dot{M}$を大きくとれるので，一定燃料装荷量に対して運転できる期間，すなわち衛星寿命を長くとれることによる．

ここでは，その一例としてプラズマ中に電流jを流してそれが作る磁界Bの結果生ずる$j \times B$の力によりプラズマを衛星から放出して推力を得る場合を考察しよう．

[**例題 4.1**] 図4.49に示すような電極間隔d，電極幅w，長さlの定断面流路において，プラズマに電流密度jの電流を流した時，推進機の推力の表式を求めよ．ただしプラズマ流量は一定とし，プラズマ状態および流れはx方向にのみ変化する一次元の定常流を考え，磁界はjによる自己磁界のみとする．また，ホール効果は無視する．

[**解**] 条件に従ってプラズマの連続の式，運動方程式，マックスウェルの式，および一般化したオームの法則を書けば

$$\dot{M} = \rho uwd = \text{const.} \quad (4.90)$$

$$\rho u \frac{du}{dx} = j_y B_z \quad (4.91)$$

$$j_y = -\frac{1}{\mu_0} \frac{dB_z}{dx} \quad (4.92)$$

$$j_y = \frac{1}{\eta}(E_y - uB_z) \quad (4.93)$$

ただし，$\dot{M}$は単位時間当りのプラズマ流量である．境界条件として，流路入口$x=0$で$u(0)=0$，$B_z(0)=B_0$を与え，$\dot{M}=$

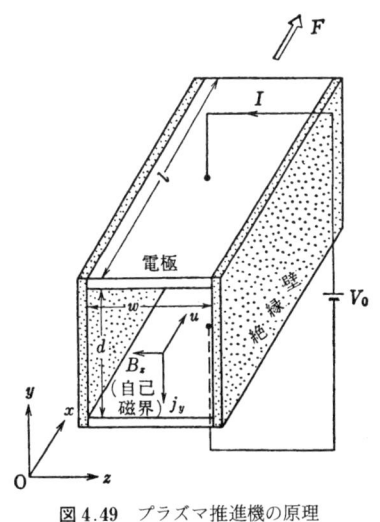

図4.49 プラズマ推進機の原理

一定，$E_y = V/d =$ 一定に留意すれば，次の 2 式が得られる．

$$u(x) = \frac{wd}{2\mu_0 \dot{M}}[B_0^2 - B_z(x)^2] \tag{4.94}$$

$$\frac{dB_z(x)}{dx} = -\frac{\mu_0}{\eta}\left\{\frac{V}{d} - \frac{wd}{2\mu_0 \dot{M}}[B_0^2 - B_z(x)^2] \cdot B_z(x)\right\} \tag{4.95}$$

式 (4.95) から $B_z(x)$ が求まるから*，これを式 (4.94) に代入して $u(l)$ が得られる．この $u(l)$ を用いてプラズマ加速による推進機の推力 F は

$$F = \frac{d}{dt}[Mu(l)]\dot{M}u(l) \tag{4.96}$$

によって与えられる．

 比推力は式 (4.96) から明らかなようにロケットからの燃料の噴出速度で決まる．化学ロケットではこれは熱速度（$\sim 10^3$m/s）で制限されるが，プラズマ推進機では大きな噴出速度（$> 10^5$m/s）にできて比推力が大きくおれる．しかし，プラズマ推進機はプラズマ密度 ρ が小さいため，前述のように推力の絶対値は小さい．

 プラズマ推進機には，生成したプラズマをグリッドにより引き出して静電加速するイオンエンジンと称されるもの，ホール効果を積極的に利用するホール推進機，熱アークジェットを超高速で噴出する方式および次に示すプラズマガンなど種々のものが開発され，一部は衛星に搭載して実機テストを行う段階に達しつつある．

 図4.50に**プラズマガン**（plasma gun）を示す．これは同軸円筒状の陰陽電極間を真空にしておき，ある瞬間に気体を噴出口から噴出し，電極間に印加した電圧により放電してプラズマ化し，放電電流 j と自己磁界 B による $j \times B$ の力がプラズマにかかり，プラズマが円筒軸方向に放出されることを利用するものである．プラズマ推進以外に核融合研究のためのプラズマ閉じ込め磁界中に初期プラズマを注入するため，あるいは宇宙空間のプラズマ流を実験室で模擬するためのプラズマ源として使われている．さらには，図4.50の間欠的放電を繰り返し行わせて準定常的な推力を得るロケットの一種としての可能性も検討されている．

---

* ただし，式 (4.95) は非線形微分方程式であるから解析解は求まらず，数値解によらざるを得ない．

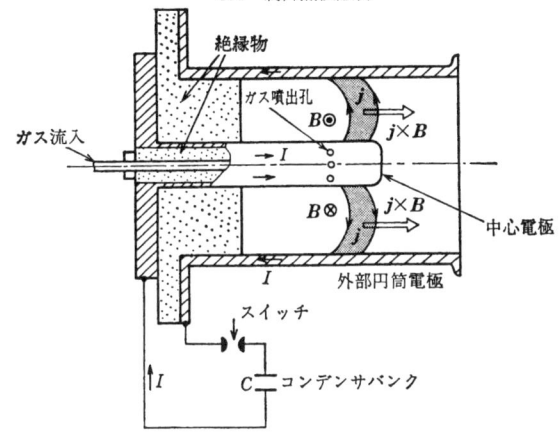

図 4.50 同軸形プラズマガン

4.4 制御熱核融合

20世紀初頭からの原子物理学，量子理論および相対論の発展の結果，原子核構造が明らかになり，また加速器により人工的に原子核壊変を行わせられることが示された．そして，ある種の原子核壊変反応に際して，エネルギーを放出するものがあり，それを利用すれば原子核からエネルギーを取り出せる可能性があることはすぐ認識された．このような原子核反応物質を燃料としたエネルギー源が成立するための第一の必要条件は，反応を生起させるのに要したエネルギーより，発生エネルギーの方が大きいことである［ここでは仮にエネルギー臨界の条件 (energy breakeven) と呼ぶ］．第二に，その燃料が安価で，大量に入手可能であることである．ウラニウムを中心とする重い原子核は**中性子** (neutron) により容易に壊変（分裂）して軽い原子核になり，1個以上の中性子と大きなエネルギーを放出するので，反応をスタートするための初期中性子を供給すれば，以後反応でできた中性子により次々に分裂反応が継続し［**連鎖反応** (chain reaction)］，エネルギーが放出される．初期中性子を作るには大きなエネルギーを要しないので，分裂反応におけるエネルギー臨界の条件は容易に達成され，1942年の**フェルミ** (E. Fermi, 1901-1954) による有名なシカゴパイル (Chicago pile) での実験を皮切りとして，ウランが比較的大量に，安価で入手可能になったことと相まって，現

在の核分裂形原子力の時代を迎えるに至った.

他方,軽い原子核を結合させて,より重い原子核に融合させる際,大きなエネルギーを放出する過程も可能である [**核融合** (nuclear fusion)]. ところがこの場合,核分裂の際の中性子のような反応の触媒的なものがないので*,原子核同志を融合させるために接近させた場合のクーロン反発力に打ち勝つだけの大きな運動エネルギーを原子核に与えねばならない**. 核融合のエネルギー臨界達成は,加速器により発生した高エネルギー原子核の衝突による方法では不可能で,核分裂のそれに比して格段に難しく,プラズマ状態にしての高温化が唯一の可能性をもつと考えられている. 研究の当初(1950年代~1960年代)には,プラズマ振舞の予測の困難から「煉獄の苦しみ」(核融合研究の先駆者アルチモビッチの言葉)と表現された時期を経て,最近10年余の大きな研究進展によりエネルギー臨界は短時間ながらすでに達成された. しかし,発生エネルギーを我々が産業および民生用に利用できる形にして取り出すには,まだ幾多の困難があるが,人類究極のエネルギー源開発を目指して,今後研究がますます活発化すると考えられる. 特に,核融合エネルギー源開発に際しては,強磁界発生のための大形超伝導マグネット,高い中性子束照射に耐える構造材料など,関連諸分野での先端技術開発への波及効果が大きい. すなわち核融合開発は,生命科学研究,宇宙開発とともに,人類の新しいフロンティアを切り開く可能性をもった総合技術・科学的開発プロジェクトとして,かつての新大陸発見とその開拓,錬金術に比すべき,人の血をわかせるテーマであるということができる. 以下には,核融合の原理,方式および現状と展望について略述する.

4.4.1 制御熱核融合の原理

(1) 原子核変換

---

* 最近,中間子(meson)を触媒とした核融合反応が関心を集めているが,まだ,核融合研究の主流的とは認識されていない.
** 1989年にフライシュマン・ポンズの実験が発表され,「**常温核融合**」として大フィーバーを起した. その当初の実験は,重水中にわずかの混合物を添加した液体中にパラジウムを電極として両電極間に電圧を印加すれば化学反応では説明できない発熱が生ずる,というものであった. その後,核融合反応によるとされる中性粒子の検出,気体式反応槽の開発,などが続いた. しかし,再現性の点で問題が多いようで,エネルギー源としての可能性はともかく,「常温核融合」という現象自体があるのかどうかも検討の必要がある.

まず，原子核変換について少し詳しく説明する．古代ギリシャ以来，万物は「これ以上分割できないもの」の意で「原子 (atom)」と呼ばれた基本単位により構成されると考えられてきた．すなわち，各種の原子のさまざまな組合せで物質の異なる性質がもたらされると考えるもので，この考えに基づいた近代の化学研究の精華として周期律表が完成された．しかし，現代の科学によって，原子も中心に電荷と大部分の質量をもつ寸法 10^{-14} m 程度の原子核 (atomic nucleus) と，その外側 10^{-10} m ぐらいの軌道上を周回し原子核と同じ量で逆符号の電荷をもつ**電子** (electron) から成っていることが明らかになった．原子の化学的性質は，電子の数とそれの占めるエネルギー状態で決まることは 2.1 節で概要を示したとおりである．さらにその原子核も，**陽子** (proton) と呼ばれ，1 個 1 個の電子と同量（異符号）の電荷をもつ粒子群と，**中性子** (neutron) と呼ばれる，質量は陽子と同じ*だが，電荷のない粒子群とから構成されていることが明らかにされた．それによって，周期律表の各原子の性質は原子核内にある陽子と中性子の数で決まることが明らかにされたのである**．それでは，そのようにして構成された原子核中の陽子や中性子の数を増減することによって異なる原子核を作ること［これを**原子核変換** (nuclean conversion) という］ができるかどうかが問題になる．原子核内の陽子や中性子は**核力** (nuclear force) と呼ばれる強い力で緊密に結合されているので，起り易い原子核変換は限られている．特に荷電粒子を用いた原子核変換は，**加速器** (accelerator) と呼ばれる粒子に高エネルギーを与える特別の装置を用いることによって初めて実現できる***．1930 年代までの量子論・相対論の理論的研究と原子核実験の結果，原子核変換に際して膨大なエネルギーを放出する反応過程があることが明らかになり，中性子を媒介にしての連鎖反応のアイデア

---
* 陽子と中性子の質量はわずかに異なるが，以下ではこの違いは無視する．
** 通常，原子核内の陽子と中性子の数は同数である．もし二つの原子が，陽子の数は同じで中性子の数のみ異なる場合，**同位元素** (isotope) と呼ぶ．原子の化学的性質は大部分原子核の電荷量で決まるので，アイソトープの化学的性質はよく似ている．原子核 X について，その陽子の数 α（これを**原子番号**という）を左下に，また陽子の数 α と中性子の数 β の和 $\alpha+\beta$（これを**質量数** A という）を右上に，$_{\alpha}X^{A}$ のように表す．例えば，ヘリウムを $_2\mathrm{He}^3$（ヘリウムは同位元素として $_2\mathrm{He}^4$ もある）と表す．水素原子核は H であるが，陽子のみであるから $_1\mathrm{p}^1$ とも書き，中性子単独にある場合は $_0\mathrm{n}^1$ と表す．
*** 中世の錬金術は鉛，鉄などの低品位金属から金を作ろうとするもので，当時の化学的手法によっては荒唐無稽であったが，現代の技術ではあながち的外れではなかったのである．それに何より錬金術というフィーバーによって近代化学の基礎が作られ，現代科学の展望が開かれたのであるから，「不可能」であると証明されていないものについて敢然と挑戦するファイトと，それを追求する熱意によって人類の新しい次元が開けてくると考えなければならない．

も出されて，1940年以降の原子力エネルギーの時代を迎えるのである．

原子核変換に際してのエネルギー放出量を計算するのに便利なのが図4.51である．同図の縦軸の値は，原子核の質量をその中に含まれる陽子および中性子［これらを，原子核を構成する粒子の意で**核子**（nucleus）と呼ぶ］の数で割ったものである．

[**例題 4.2**] 水素 $_1H^1$，重水素 $_1D^2$，三重水素 $_1T^3$，ヘリウム $_2He^4$ の陽子または中性子1個当りの質量を求めよ．

[**解**] $_1H^1$ の質量は 1.673×10^{-27} kg であるから

$$m/1 = 1.673\times10^{-27} \text{kg}$$

$_1D^2$ の質量は 3.345×10^{-27} kg であるから

$$m/2 = 1.672\times10^{-27} \text{kg}$$

$_1T^3$ の質量は 5.010×10^{-27} kg であるから

$$m/3 = 1.670\times10^{-27} \text{kg}$$

$_2He^4$ の質量は 6.647×10^{-27} kg であるから

$$m/4 = 1.662\times10^{-27} \text{kg}$$

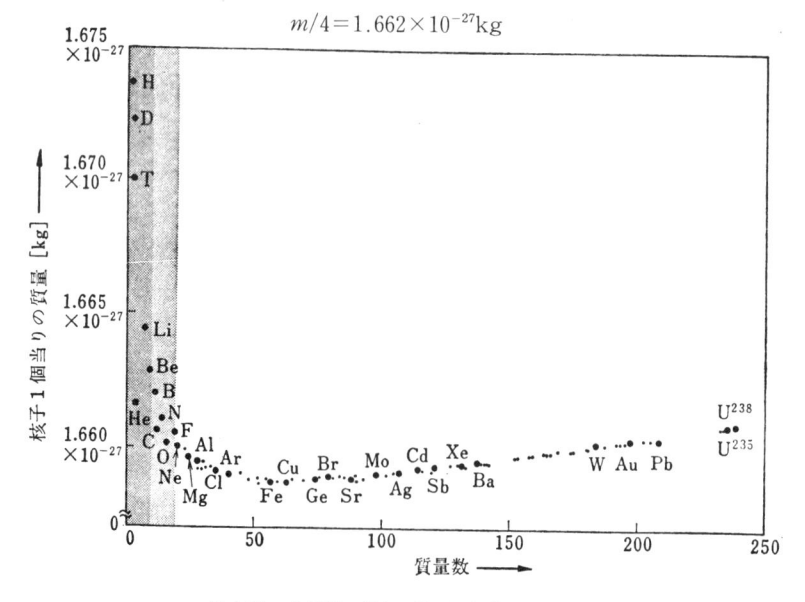

図4.51 各元素に対する核子1個当りの質量

となる．これらの結果を基に描いたものが図4.51である．

図4.51によれば，重い原子核を分裂させて$X \longrightarrow K_1 + K_2$とするか，軽い原子核をくっつけて$l_A + l_B \longrightarrow q$という原子核変換を起させれば，変換前と変換後とで核子1個当りの質量が減少したことになる．この質量減少分Δmは，相対論より$E = (\Delta m) c^2$（ここで，cは光速）の形でエネルギーとして放出される．$X \longrightarrow K_1 + K_2$の核変換でのエネルギー放出を**核分裂によるエネルギー放出**といい，$l_A + l_B \longrightarrow q$の核変換でのそれを**核融合によるエネルギー放出**という．

(2) エネルギー源としての核変換

原子核変換過程をエネルギー源として利用するには，(i)反応が起き易く，(ii)反応に関与する物質［これを石炭，石油などとの類推で**燃料**(fuel)と呼んでいる］が容易に入手できること，が必要である．(i)は核変換を起させるまでに必要な入力エネルギーより，発生エネルギーの方が大きい，というエネルギー源として成立するための基本的要請に基づくものであり，(ii)はエネルギー源として大量に利用するための必要条件である．現在の原子力発電は，大部分U^{235}，Pu^{239}を利用したものであるが，これは(i)の立場から**熱中性子**（常温の熱速度に相当する運動エネルギーをもつ中性子）との反応による核分裂断面積が大きく反応が起り易いからであるが，U^{235}は天然ウラン中に0.7%しか含まれておらず，(ii)の立場からすれば天然ウランに99%以上含まれるU^{238}を利用できることが望ましい．この観点から，U^{238}を燃料にできる**高速増殖炉**（fast breeder reactor, FBR）の開発が進められている．核融合についても，多くの原子核変換過程の中で，(i)，(ii)の立場から吟味することによりエネルギー源としての可能性を持つものが絞られてくる．

(3) 核融合反応断面積

図4.51で，網目部分の軽い原子核を融合させて重い原子核を作ることによるエネルギー放出反応は数十種類にも及ぶ．その中で(i)，(ii)の立場から検討の対象になりうるのは以下のものである．

(1) $_1D^2 + {}_1D^2 \longrightarrow \begin{cases} {}_1T^3(1.01) + {}_1p^1(3.02) & (4.97) \\ {}_2He^3(0.82) + {}_0n^1(2.45) & (4.98) \end{cases}$

(2) $_1D^2 + {}_1T^3 \longrightarrow {}_2He^4(3.52) + {}_0n^1(14.06)$ $\hfill (4.99)$

(3) $_1D^2 + {}_2He^3 \longrightarrow {}_2He^4(3.67) + {}_1p^1(14.67)$ $\hfill (4.100)$

(4) $_3\text{Li}^6 + {}_1\text{p}^1 \longrightarrow {}_2\text{He}^3 + {}_2\text{He}^4 + 4.0\text{MeV}$ (4.101)

カッコ内の数字は，反応後のそれぞれの粒子のもつ運動エネルギーをMeVの単位で示したものである．これらの反応において，反応前の原子核はいずれも正の電荷をもっており，近接した位置では大きなポテンシャルエネルギーによる反発力を及ぼし合うので，その反発力に打ち勝って核融合を起させるには，原子核に大きな運動エネルギーを与えなければならない．核融合反応の起り易さを表すには，**核融合反応断面積** (cross section for nuclear fusion) を用いる．核融合反応断面積は反応に関与する粒子の種類と，それらの衝突時の運動エネルギーによって決まる．式 (4.97)〜(4.101) に対応する核融合反応断面積を図4.52に示す．同図より，D-T反応が比較的低エネルギーで，しかもその核融合反応断面積も大きいので，前述の(i)の立場からは利用しやすいことが予想されるであろう．

(4) 核融合反応の臨界条件

(i)の内容を定量的に検討することにより核融合の臨界条件，すなわち核融合反応を起させるのに要したエネルギーと核融合により発生したエネルギーが等しくなる条件を導くことができる．まず最も単純に，加速器で高エネルギーにした粒子をターゲットに衝突させて式 (4.97)〜(4.101) に示す反応を起させる方法が考えられる．しかし，この方法では臨界条件に達することができないことを示すことができる．加速器

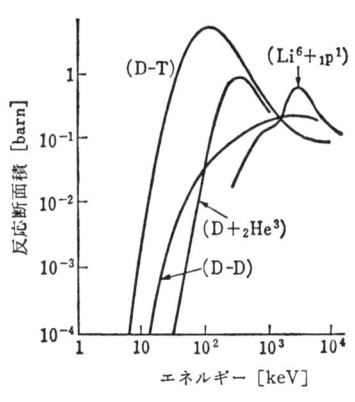

図4.52　D-T，D-D反応の断面積
　　　　（1barn = $10^{-24}\text{cm}^2 = 10^{-28}\text{m}^2$）

に必要な電力が核融合反応による出力より桁違いに大きいためである．そこで，高エネルギーに加速した原子核をある領域に閉じ込めて十分な反応を起させることが考えられる．その反応を十分起させるためには，原子核密度を上げて核融合出力密度を大きくしなければならない．しかし原子核はお互いの正の電荷による空間電荷効果で反発し合うので，原子核密度をそれほど上げることができない．そこで空間電荷効果を打ち消すため，原子核と同じ密度の電子を添加することが考えられる．それはとりもなおさずプラズマ状態を作ることである．その方法により，高エネルギーにした原子核と電子の密度を上げると核融合反応が十分起る

4.4 制御熱核融合

前に原子核同志，電子同志および原子核と電子の間の弾性衝突が起り，それらの間のエネルギーのやりとりが十分行われる結果，速度分布関数はマックスウェル分布に近づく*．すなわちプラズマを用いた**熱核融合**(thermonuclear fusion) と呼ばれる形式のみが臨界条件に達し得ると考えられるのである．

次に，プラズマによる熱核融合の臨界条件を求める．A 種の原子核密度 n_A と B 種の原子核密度 n_B 間の熱核融合反応密度は

$$P_r = n_A n_B \overline{\sigma_{AB} v_{AB}}\, w_{AB} \tag{4.102}$$

と書ける．ここで，$\overline{\sigma_{AB} v_{AB}}$ は A，B 間の核融合反応断面積の σ_{AB} と相対速度 v_{AB} との積をマックスウェル分布に関して平均した量**，w_{AB} は A，B 間の反応ごとに得られるエネルギーである．

これに対して，核融合反応を維持するには，反応中のプラズマからの放射 P_{rad} と熱伝導，粒子拡散によるエネルギー損失 P_L を核融合反応エネルギーで補わなければならない．1958年にローソン(J. Lawson)は，P_r と P_{rad} と P_L のうち η の回収効率で P_{rad} と P_L を補う，すなわち

$$\eta(P_r + P_{rad} + P_L) = P_{rad} + P_L \tag{4.103}$$

によって核融合の臨界条件が決まると考えた．これを**ローソンの条件**(Lawson criterion) という．以下では $T_e = T_i$ のプラズマを取り扱う．

P_{rad} として制動放射 P_B のみを考え，同じ元素または同位元素から成るプラズマを考えれば，式 (3.286) より

$$P_{rad} \simeq P_B = 5.35 \times 10^{-37} Z^2 n^2 T^{1/2} \,[\mathrm{W/m^3}] \tag{4.104}$$

である．ここで $n_e = Zn_i \equiv n$ とし，T は [keV] 単位である．また，P_L はプラズマの内部エネルギー $\varepsilon \equiv \dfrac{3}{2}(n_e \kappa T_e + n_i \kappa T_i) = \dfrac{3}{2} n \kappa T \left(1 + \dfrac{1}{Z}\right)$ を用いて

$$P_L = \frac{d\varepsilon}{dt} = \frac{d}{dt}\left\{\frac{3}{2} n \kappa T \left(1 + \frac{1}{Z}\right)\right\} \tag{4.105}$$

---

* 最初マックスウェル分布から外れた速度分布関数をしていた粒子群は，粒子1個当りに平均2〜3回の弾性衝突をすれば，ほとんどマックスウェル分布で近似できる分布になることが示されている（ただし，この計算では質量が近い粒子群を考えており，電子と原子核のように質量が大きく異なり，弾性衝突時のエネルギー移行が小さいものについてはもっと多数回の衝突を要する）．

** この式は，$n_A \sigma_{AB}$ なる核融合反応断面積を有する粒子群に，1秒間に単位体積当り $v_{AB} n_B$ 個の粒子群が入射したと考え，σ_{AB} が相対運動エネルギーに依存するので，マックスウェル分布について平均をとれば，1秒間の核融合反応生起数が求まることから得ることができる．

と表されるが，熱伝導，拡散によるプラズマの内部エネルギー減少時間を τ とすれば*

$$P_L = \frac{\frac{3}{2}n\kappa T\left(1+\frac{1}{Z}\right)}{\tau} \qquad (4.106)$$

と表される．τ をプラズマの**エネルギー閉じ込め時間**（energy confinement time）と呼ぶ．

式（4.104）～（4.106）を式（4.103）に代入し，$\eta=1/3$ とすれば**

$$n\tau = \frac{24\kappa T\left(1+\frac{1}{Z}\right)}{\overline{\sigma v w}+4.28\times 10^{-36}T^{1/2}Z^2}\ [\mathrm{m^{-3}s}] \qquad (4.108)$$

が得られる．すなわち，プラズマ密度 n とエネルギー閉じ込め時間 τ の積 $n\tau$（これを**ローソン数**という）と温度 T により核融合臨界条件が決まることがわかる．$Z=1$ とし，式（4.108）を式（4.97）～（4.99）について計算したのが図4.53である．

最も反応が起り易い（ローソン条件の達成の容易な）D-T反応の場合，$T=10\mathrm{keV}$（約1億度）とすれば，ローソン数は

$$n\tau = 10^{20}\mathrm{m^{-3}s} \qquad (4.109)$$

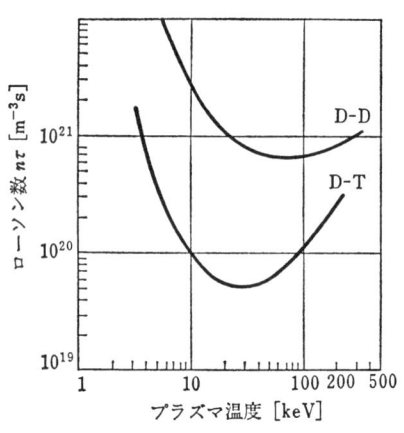

図4.53 核融合反応のための条件（ローソン条件）［式（4.108）の計算結果］

である．これが前述のローソン条件であり，プラズマ密度と閉じ込め時間との積が十分大きくないと核融合反応は維持できないことを示している．例えばプラズマ温度が1億度で，その粒子密度が1 m³当り10^{20}個であるとすれば，1秒以上の閉

---

* この定義によれば，熱伝導，拡散によるプラズマの内部エネルギー ε の減少は

$$\frac{d\varepsilon}{dt} = -\frac{\varepsilon-\varepsilon_\infty}{\tau} \qquad (4.107)$$

となる．ε_∞ はエネルギー減少後に最終的に落着くプラズマ状態である．$\varepsilon \gg \varepsilon_\infty$ であるから，ε_∞ を無視すれば式（4.103）は積分できて $\varepsilon(t)=\varepsilon_0\exp(-t/\tau)$ となる．ただし，ε_0 は $t=0$ での ε の値である．これから τ は熱伝導，拡散によるプラズマの内部エネルギー減少の**時定数**（time constant）であると考えることができる．

** 火力発電において，熱エネルギーから電気エネルギーへの変換効率が30～40%程度であることからの推定値である．

じ込め時間が必要である．

以上により(i)の臨界条件は示されたが，次に(ii)の燃料入手について考える．式(4.97)，(4.99)の$_1T^3$は半減期12年で崩壊するために，天然には存在しない．そこで，D-T反応を利用する核融合炉では，式(4.99)で生成された$_0n^1$をプラズマ外部に置いたリチウムと反応させ

$$\left.\begin{array}{l}_0n^1+{}_3Li^6 \longrightarrow {}_2He^4+{}_1T^3+4.8\mathrm{MeV}\\ _0n^1+{}_3Li^7 \longrightarrow {}_2He^4+{}_1T^3+{}_0n^1-2.5\mathrm{MeV}\end{array}\right\} \quad (4.110)$$

により，$_1T^3$を生産することが考えられている．

4.4.2 制御熱核融合の方式

以上，制御熱核融合によりエネルギーを得るためには，二つの条件が必要なことが明らかになった．すなわち，(イ)プラズマ温度を1億度程度以上にすること，(ロ)プラズマ密度と閉じ込め(反応)の時間の積が$10^{20}\mathrm{m}^{-3}\mathrm{s}$以上に達すること，である．これら二つの要請は，大まかには次のように考えて理解できる．すなわち，前者は原子核間の衝突の際に十分な核融合反応が起るだけのエネルギーを持たせるために必要であり，後者は反応を十分持続させて入力より出力を大きくするための条件である．

(イ)は核融合のための必要条件であるが，(ロ)を満たすプラズマを得る方法として，現在全く異なる二つの方式による臨界プラズマ実現への努力がなされている．一つの方式は，(Ⅰ)**慣性閉じ込め**と呼ばれているものである．温度1億度の水素(本章では，重水素，三重水素を含めて"水素"と呼ぶ)イオンは式(2.37)で求められるように，1×10^6m/s程度の熱速度をもつので，寸法$L[\mathrm{m}]$のプラズマが自分自身の熱速度で飛散してしまう時間は$\tau \simeq L/1\times 10^6$秒程度であると見なせる．そこで，プラズマ密度を$n[\mathrm{m}^{-3}]\simeq 10^{20}/\tau \simeq 10^{26}/L$にすることにより，上記(ロ)を満たさせようとする方式が考えられる．この方式では，プラズマの質量が有限であることにより飛散時間が有限であることを利用するところから，**慣性閉じ込め**(inertial confinement)と呼ばれる．

他方，(Ⅱ)1億度のプラズマを外力より押え込んで，十分な反応時間を得ようとする方式がある．地上でそのような高温プラズマを閉じ込め得るのは，磁気力のみであるから，**磁界閉じ込め**(magnetic confinement)と呼ばれる．

以下，これら（Ⅰ），（Ⅱ）二方式について略述する．

慣性閉じ込め　　上記（Ⅰ）方式は，大出力レーザー，およびイオンビーム，電子ビームなどが極めて短時間にエネルギーを収束させることができるようになったことにより実現性が出てきたものである．概念的には図4.54(a)に示すように，まず球状の燃料［**ペレット**（pellet）と呼ばれる］に，各方向から短時間にレーザーまたは粒子ビームを入射し，それによりプラズマ化された表面粒子はペレットから周囲へ飛散する［同図(b)］．その反作用としてペレット中心部へは圧縮力が働き，圧縮と熱伝導によりペレット内部を高温，高密度へ加熱・圧縮しようとするものである［同図(c)］．それ以降は同図(d)に示すように，上記 $\tau \simeq L/1\times 10^6$ 秒程度で飛散する．

L の値の上限は入射エネルギーにより決まる．すなわち，図4.54(c)においてプラズマのもつエネルギーは，

$$E_p = \frac{4}{3}\pi L^3(n\kappa T) \geq \frac{4}{3}\pi L^3\left(\frac{10^{26}}{L}\kappa T\right) = 5.9\times 10^{11}L^2 \quad [\text{J}] \quad (4.111)$$

と表される．ここで n には上記のローソン条件より得られる値（$n \geq 10^{26}/L$）を，また T には 10^8K を用いた．短時間に入力可能なレーザーまたは粒子ビームによる入力エネルギーは，せいぜい数MJ程度であること，さらに入射ビームエネルギーがすべてプラズマエネルギーに変化するものではないことを考えれば，$L<10^{-3}$m（1mm）程度が必要なことが明らかである．他方，L の下限は図4.54(a)における配置で，ビーム入射の技術的精度から決まり，数十 μm 以上は必要であると考えられている．結局，

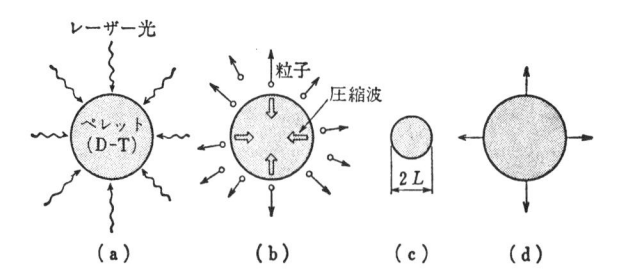

図4.54　レーザーによる慣性閉じ込めの概念図［レーザー光照射・吸収(a)，粒子飛散と反作用による圧縮波(b)，慣性力による高温・高密度プラズマ(c)，プラズマ散逸(d)］

$$\left.\begin{array}{l} L \simeq 1\mathrm{mm} \sim 100\mu\mathrm{m} \\ \tau \simeq 10^{-9} \sim 10^{-10}\mathrm{sec} \\ n \simeq 10^{29} \sim 10^{30}\mathrm{m}^{-3} \end{array}\right\} \quad (4.112)$$

が慣性閉じ込めで目標とするプラズマのパラメータである.これら τ, n の値の達成が極めて厳しい条件であることは,この時間 τ 内の電磁波の進行距離が数十 mmに過ぎないくらい短時間であること,および固体(ペレット)が $10^{27}\mathrm{m}^{-3}$ 程度の密度なので,それより二桁〜三桁も圧縮し,しかも同時に1億度の温度に加熱しなければならないこと,を考えれば明らかであろう.慣性核融合は**小型の爆発**(micro-explosion)といわれる所以である.

磁界閉じ込め　3.2節で示したように,荷電粒子は磁界を横切っての運動が制限される.または3.3節の流体力学の言葉で言い換えれば,式(3.167)に示したように,プラズマ圧力 p を磁気力 $B^2/2\mu_0$ で押え込むことができる.

[**例題 4.3**]　核融合条件を満たすプラズマを $\beta=0.1$ で閉じ込めるのに必要な磁界の強さを求めよ.

[**解**]　閉じ込め時間 $\tau \sim 1$ 秒とすれば,$n \simeq 10^{20}\mathrm{m}^{-3}$ となるので,$p = n_i \kappa T_i + n_e \kappa T_e = 2 \times 10^{20} \times 1.4 \times 10^{-23} \times 10^8 = 2.8 \times 10^5 \mathrm{N/m^2}$ (約2.8atm).式(3.168)より

$$B = \sqrt{2\mu_0 \frac{p}{\beta}} = \sqrt{2 \times 4\pi \times 10^{-7} \times \frac{2.8 \times 10^5}{0.1}} \simeq 2.7\mathrm{T} \quad (4.113)$$

上記の例題で示したように,核融合に必要なプラズマは,現在の銅ソレノイドによる方法で発生可能な磁界である.さらに超伝導技術の進展により,これより一桁以上も大きい磁界もほとんど消費電力なしで発生できるようになった.したがって,磁界によるプラズマ閉じ込めは原理的に可能である.

さて,荷電粒子は磁界と直角方向には運動を制限されるが,磁界方向への運動は自由なので,この方向の運動を制限しなければならない.磁界方向の荷電粒子の運動を制限する方法には,図4.55(a), (b)に示す二種類がある.

図(a)は,直線状磁界の両端を点状に絞る(ミラー形)または,開く(カスプ形)ことにより端方向への荷電粒子の運動を制限しようとするものである.3.2節で示したとおり,ミラー形磁界の端部での荷電粒子の反射が,ある条件を満たす粒子については可能である.カスプ形も軸方向の荷電子の運動を制限できるが,磁界

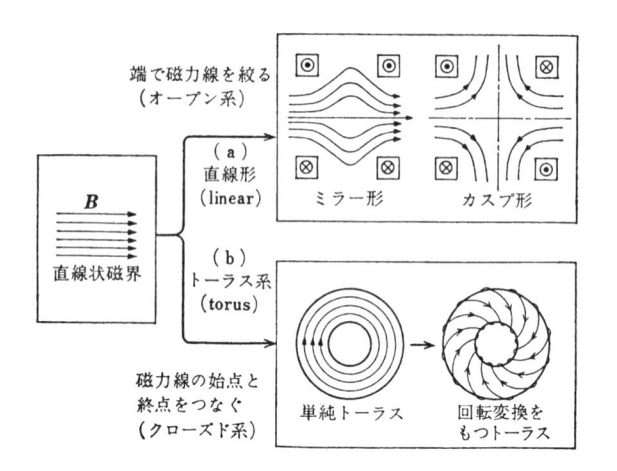

図4.55 磁界によるプラズマの閉じ込め方式

の輪状に開いた場所からの粒子損失が大きいことが欠点で，それを補う種々の工夫がなされている．図(a)に示したこれらの磁界配位は，直線状磁界の端部損失を，端部の形状の工夫により克服しようとするもので，**直線状閉じ込め**（linear confinement）と呼ばれる．

これに対して図(b)は，直線状磁力線の始点と終点をつなぐことによって端なし（endless, closed）またはドーナツ状（英語では torus と表現する）としたもので，**トーラス状閉じ込め**（toroidal confinement）と呼ばれ，荷電粒子は磁力線に沿って何回も回転することになる*．ただし，直線状磁力線を単純に始点と終点をつないだだけでは，3.2.1項に示したように磁界のこう配によるドリフトが生じ，プラズマを閉じ込めることができない．そこで，3.2.3節で述べた回転変換 φ をもつ配位としなければならないが，この φ を与える方法によって各種の形式が考えられる．そのうち二，三のものが現在まで研究が続けられて核融合臨界プラズマ達成への最短距離にあると考えられている．

---

* 核融合臨界条件のプラズマは $v_{\|e} \simeq 4 \times 10^7$ m/s, $v_{\|i} \simeq 1 \times 10^6$ m/s であるから，閉じ込め時間（1秒とする）に平均直径 5 m のトーラス内を回転する回数は，電子について $4 \times 10^7 / 3.14 \times 5 \simeq 2.5 \times 10^6$ 回，イオンについても $1 \times 10^6 / 3.14 \times 5 \simeq 6.4 \times 10^4$ 回にも達する．

4.4.3 核融合研究進展の歴史と展望

1950年代の制御核融合研究着手時の状況を現在から振り返ってみると，核融合によるエネルギー生成について極めて楽観的な見方が支配的であった．それは主として二つの理由によるものであった．すなわち，1）核融合について水素爆弾という，制御した形ではないがエネルギー放出に早い段階（1940年代後半）で成功したこと，および2）核分裂による原子核エネルギーの解放の原理が提唱されて実証がなされるまで比較的短時間（10年程度）しか要せず，1950年代以降技術開発の段階に進んだこと，である．そのため，1955年の第1回原子力平和利用国際会議（ジュネーブ）において，当時のインドの原子力委員長バーバ（H. J. Bhabha）博士は「核融合エネルギーを制御し利用する方法は20年以内に見い出されるであろう」という有名な予言を行った．ところが，まず始められた磁界閉じ込めの各方式の核融合研究において，現実には，プラズマの電磁界中の振舞の把握が困難なことが明らかになり*，1950年代～1960年代にかけて，既に述べた核融合にとって"煉獄の苦しみ"（agony in purgatory）が始まった．しかし，その間に蓄積されたプラズマ物理学の知識，およびアルチモビッチ（L. A. Artsimovich）のような先覚者の識見によって，1970年前後より高温プラズマ生成および保持に格段の進歩が見られるようになり，ローソン条件を満たすような核融合臨界プラズマが短時間ながら1998年には得られた．

他方，1960年に発明されたレーザーが急速に大出力化された結果，大出力レーザーを用いた慣性核融合のアイデアが1970年には提案され，すぐ実験に移された．レーザー技術の進歩，および各種粒子ビームの進歩により慣性核融合による臨界条件（ただし，ここではビームエネルギーと，核融合出力が等しくなることを臨界条件と呼び，ビームエネルギーへの変換効率までは考えていない）の達成も可能であると考えられる段階に達した．

このように核融合臨界条件を満たすプラズマ［**炉心プラズマ**（fusion reactor plasma）と呼ばれる］については見通しが得られたので，今後はそこで発生したエネルギーの取り出し，構造材料，磁界発生のための超伝導磁石の開発など，核

---

* 例えば当時，プラズマを加熱するためのエネルギーを，注入量を増やせば増やすほど早くプラズマが逸失するようなこともあり（これは，その後の研究により，3.3.4項で述べたプラズマ不安定，および3.3.3項で述べた異常拡散による粒子・エネルギー損失によることが明らかにされた）．プラズマを磁界で閉じ込めることを「ザルで水をすくう」ことにたとえる人もあった．

慣性閉じ込め　1960年にルビーレーザーが初めて発振してから，現在まで40年間でのレーザー技術発展は目覚ましいものがある．すなわち，大出力化（10^{15}W以上にも達する），極短パルス化（10^{-15}秒以下の発振時間），材料加工のための連続発振大出力レーザー・高繰り返しレーザーから，通信用の出力変調が可能な半導体レーザーまで，現在では壮大な**レーザー工学**（laser engineering）という学問体系を形作っている．レーザー工学技術の核融合分野への応用が1970年前後に提案された慣性核融合のアイデアである．その原理は図4.54に示したが，当初MHD方程式によりこの提案を実現するためのレーザーの出力やパルス形などについて検討が行われ，その理論からの要請を実現するような実験計画が立てられ，実施されてきた．その過程でプラズマによるレーザー光の各種非線形吸収過程が発見され，またプラズマ計測の時間・空間的分解能の高い要求も次々に新しいアイデアや最近発展した画像処理技術の駆使により目的が達せられつつあり，プラズマ技術として成熟したものになってきた．

研究の当初には，レーザー波形の制御および大出力化に適した固体レーザー，特にNd・YAGレーザーおよびNd・ガラスレーザー（波長1.06μm，周波数2.8×10^{14}Hz，カットオフ密度$9.96\times10^{26}\mathrm{m}^{-3}$）が用いられてきた．1980年代より，日・米両国で，Nd・ガラスレーザーの高調波を用いた大型実験が行われた．実験装置は，出力を10段階以上に及ぶ増幅段で増幅して所要の出力を得ようとするビーム伝搬長さが数十〜100mにも達するレーザー部と，それにより照射される直径100μm〜数mm程度のペレット部から成り，極めて特異な配置になる．

これらの成果などを生かして，米国で2003年実験開始を目指した**NIF**（National Ignition Facility）と呼ばれる慣性核融合における炉心プラズマの臨界，すなわち，入射レーザーパワーと核融合出力が等しくなるような大型研究計画がスタートした．NIFはレーザービーム数192本，総出力1.8MJであり，このビームを投射する燃料ペレットは直径2〜3mm，チャンバーは直径10mである．

他方，電気エネルギーからの変換効率の高い大出力気体レーザー，特に炭酸ガスレーザー（理論効率20%以上）を用いての実験も進められた．ここでの難点は，炭酸ガスレーザーの周波数（2.8×10^{13}Hz）が低く，対応するカットオフ密度

$(9.96\times 10^{24} \mathrm{m}^{-3})$ が式 (4.112) の値に比して低すぎて，レーザー光とペレットとのカップリングが悪いことである．そこで，高効率発振が可能な半導体レーザーで固体レーザーを励起する **DPSSL** (diode pumped solid state laser) と呼ばれる方式の大出力化の開発が進められている．

電子・イオンなどの粒子ビームが電気エネルギーからの変換効率が高い（数十％以上）点から，ペレットを圧縮・加熱するビーム源にしようとの試みも進められている．レーザー，粒子ビームを最近ではペレットを圧縮・加熱する駆動(drive)源ということで，**ドライバー** (driver) と総称することもある．粒子ビームをドライバーとする場合，レーザービームと違ってペレット部への電子およびイオン粒子の集中が空間電荷効果によって妨げられるので，絞れる程度が限られる．現在，短パルスの大出力ビーム発生，ビームのターゲットへの移送に関する種々の試みがなされている．

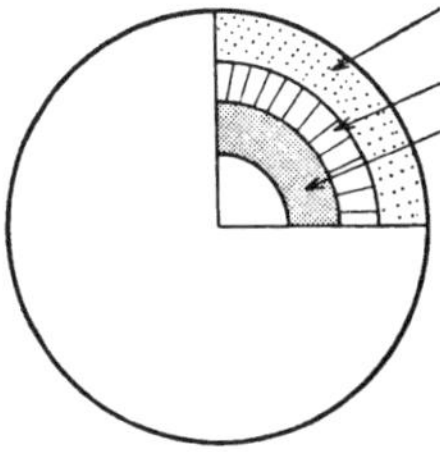

また，レーザーや電子・イオンビームが照射されるペレットも図4.54に示した単一構造から，図4.56に示すような多層構造とし，周囲からのドライバー入力をできるだけ有効にD，T部の加熱・圧縮に利用する工夫がなされつつある．これは**ペレット技術**（pellet fabrication）

図4.56　ペレットの構造（多層形）

と呼ばれ，レーザーや粒子ビーム照射法の種々の工夫と併せて圧縮過程のMHD方程式による理論と組み合わせられて開発が進められており，慣性核融合開発においてドライバー開発，ビーム移送・集中と並んで最も重要な技術開発課題となっている．

磁界閉じ込め

(1) 直線状閉じ込め

3.2.2項で示したように，直線状磁界の両端部を絞った磁界配位では，荷電粒子の磁気モーメントの不変性により端部での反射 (mirroring) が起り，ミラー形閉じ込めが可能である．しかしこの形の閉じ込めには，二点で問題があることは研究の当初（1950年代）から論議されてきた．すなわち，ⅰ）3.2.2項で述べたように，速度空間のロスコーンに相当する部分は閉じ込められないので，閉じ込め部に残ったプラズマはロスコーンの部分が欠けた，マックスウェル分布から大きく

歪んだ形になっている。歪んだ速度分布関数をもつ荷電粒子群は，マックスウェル分布へ緩和 (relax) しようとする時，プラズマ不安定を駆動するものがある。ミラー閉じ込めでは速度分布関数の歪みがロスコーンによって起るものであるから，特に**ロスコーン不安定** (loss-cone instability) と呼ばれる。この不安定により誘起されたプラズマ乱れが，3.3.3項で述べた異常拡散を引き起し，磁界によるプラズマ閉じ込めを劣化させるために，プラズマの高温，高密度化が困難になる。
ⅱ) ミラー中央部では磁力線強度が外に向かって凸の形をしているが，一般にこのような磁界に閉じ込められたプラズマは，磁力線方向の溝状の変形に対して不安定であり，縦溝形不安定（フルート不安定）または交換形不安定と呼ぶことを，3.3.4項で示した。このフルート不安定により，閉じ込めたプラズマも急速に失われて高温・高密度プラズマの生成を困難にする。

　直線形閉じ込めの1950年代よりの研究は，上記二つの困難を克服する方法を探る研究であったということができる。そのうち，ⅰ) については，ミラー両端から低温のプラズマを補給して速度分布関数の歪み部分を埋めることが有効なことが示された。さらには一様磁界の両端に2個のミラー形磁界を形成し，そこに作った高密度プラズマと一様磁界部の比較的低密度プラズマとの間に磁力線軸方向のポテンシャルを形成し，プラズマを閉じ込めることも考えられた。また，ⅱ) については，単純ミラー配位に，磁力線と同方向に4本並べた外部導線（図4.57参照）に互い違いの方向に電流を流して，磁力線が常に外向きに凹になるようにする工夫が有効なことがヨッフェ (Ioffe) により示され，以後のミラー形閉じ込めはこの形式によっている。そこで，図4.57の4本の導線を**ヨッフェバー** (Ioffe bar) と呼んでいる。

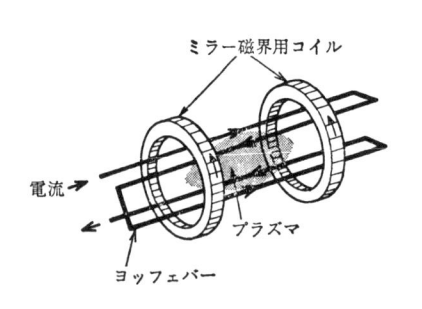

図4.57　ヨッフェバーによる磁界

　現在，ミラー閉じ込め方式は，上記ⅰ)，ⅱ) の対策を施した**複合ミラー** (tandem mirror, 日本語でもタンデムミラーともいわれる) での実験研究が進んでいる。

　(2) トーラス状閉じ込め

　単純トーラス状磁界に回転変換角を与えるとは，ドーナツ状磁界の断面内で方

位角方向［図4.58参照，ドーナツ円周方向を**トロイダル**（toroidal）**方向**というのに対して，方位角方向を**ポロイダル**（poloidal）**方向**と呼ぶ］の磁力線成分B_pを与えることである．ポロイダル方向磁界成分を与える方法には大別して二種類あり，ⅰ）外部に巻く励磁コイルに，そのような成分が生ずるようにする方法（**外部巻線形**と呼ぶ）と，

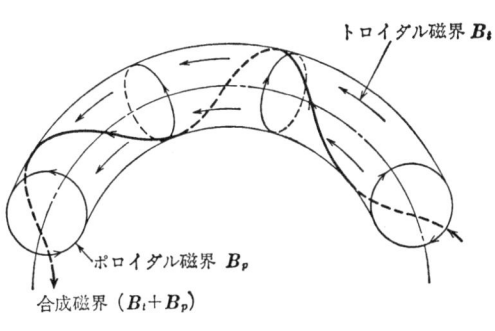

図 4.58 回転変換によるトーラス磁界

ⅱ）単純トーラス内のプラズマ中に，トロイダル方向に電流を流してポロイダル方向磁界成分を生じさせる方法（**プラズマ電流形**と呼ぶ），である．前者は，巻線の形，配置によって幾種類かに別れるが，その中で代表的なものがアメリカで開発された**ステラレータ**（Stellarator）と，日本で開発が進められてきた**ヘリオトロン**（Heliotron）である．また，プラズマ電流形にはトロイダル磁界強度と電流の作る磁界との強さの比によって，ソ連で開発された**トカマク**（Tokamak）形とイギリスで開発された**ゼータ**（Zeta）形に分けて考えられる．

ⅰ）　外部巻線形

アメリカ・プリンストン大学のシュピッツァー（L. Spitzer, Jr.）により考案され，「宇宙（stellar）のエネルギーを地上で」の意を込めて，ステラレータと名付けられたものが最も有名である．磁界配位は図4.59に示すように，二対または三対の巻線をトロイダル方向

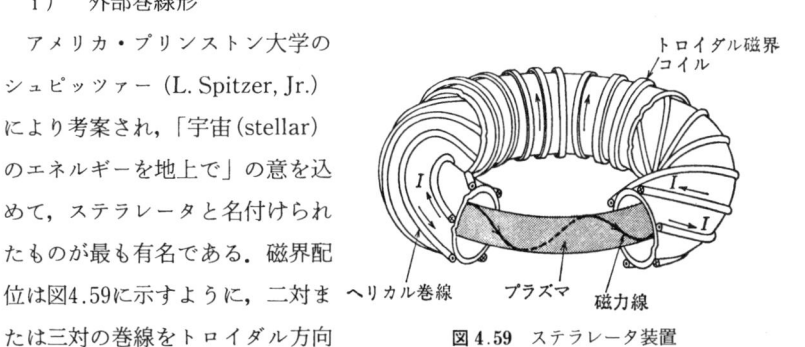

図 4.59 ステラレータ装置

へねじりを与えながら巻き付け（ヘリカル巻線），あい対する導線に逆方向電流を与えることによる磁界と，単純トーラス磁界を組み合せて，回転変換をもつトーラス状磁界としている．また，京都大学・宇尾らのグループで発展させられてきたヘリオトロンは，種々の変遷を経ながら，一対の導線をトロイダル方向へねじ

りを与えながら巻き付ける(ヘリカル巻線)ことにより得られる磁界で,回転変換をもつトーラス状磁界を得ている.

ステラレータは1950〜1970年の間,アメリカの核融合研究の主力機であったが,長年予想より数桁も早いプラズマ損失に悩んでいた.そのため1968年にソ連のトカマクが好成績を収めたことが報告されると,この研究は打ち切られた.現在では,1960年代からステラレータ研究に着手したドイツのマックス・プランク研究所で本格的な研究が行われている.他方,ヘリオトロンは一貫して京都大学で開発が進められてきた.

ステラレータ,ヘリオトロンとも現在までの中規模実験(トーラス主半径2m,プラズマ断面平均半径0.2m,トーラス磁界2T)でトカマクと同程度のパラメータのプラズマを得ている(電子温度2千万度,イオン温度1千万度,プラズマ閉じ込め時間10^{-2}秒).当初のプリンストン大学での実験の困難は,当時の磁界形成のためのコイル製作精度が悪かったことに起因すると考えられている.これら成果により,外部巻線型プラズマ閉じ込め研究は次の段階の研究に進展した.

まず,ヘリオトロン型装置は日本の大学関係の核融合研究の次期主計画となり,**大型ヘリカル装置**(large helical device, LHD)が製作され,1998年から実験に入った.またその研究の推進組織も,大学共同利用機関である核融合科学研究所として岐阜県土岐市に整備がなされた.図4.60にLHDの外観を示す.超伝導巻線を用いているため定常実験も行われる予定であり,また最高性能では,最終的には臨界プラズマ条件に近いパラメータ(イオン温度4keV,電子密度$10^{20}\mathrm{m}^{-3}$,閉じ込めの時間0.3秒)のプラズマを形成することを目指している.

他方,ステラレータについては,その後独立したねじったコイルを工夫して配置しても,結果的に図4.59での巻線によるものと同じ磁場を形成できることが示された.これをモジュール型コイル(modular coil)と呼び,コイル巻線および組立ての容易さから,現在ではこの方式が採用されている.図4.61は2004年にドイツ・マックスプランク研究所で実験開始が予定されている**ベンデルシュタイン7-X**計画の装置であり,LHDと同程度のプラズマパラメータを目指している.またその設置場所も旧東ドイツのグライスワルド(Greifswald)と定め,日本の土岐市と同様に新天地での大きな飛躍を狙っているようである.

外部巻線形トーラスは,後述のプラズマ電流形と違って原理的に定常運転の機

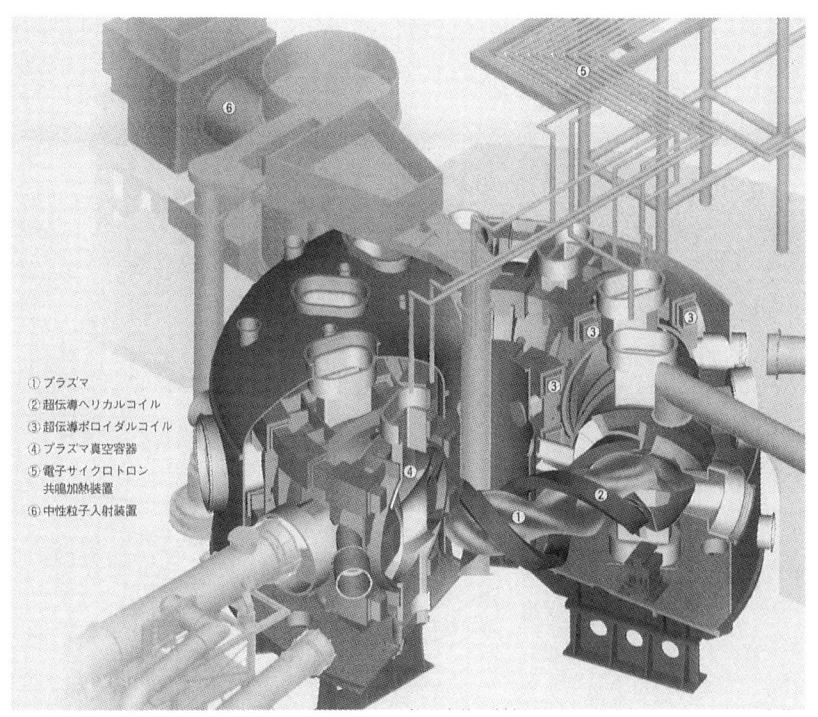

① プラズマ
② 超伝導ヘリカルコイル
③ 超伝導ポロイダルコイル
④ プラズマ真空容器
⑤ 電子サイクロトロン
　共鳴加熱装置
⑥ 中性粒子入射装置

図4.60 LHDの外観．装置本体の外径13.5m，プラズマ主半径3.75m，平均プラズマ半径0.6m，磁界強度3T，装置本体の重量1500tである．超伝導を用いているので，プラズマの連続的形成も可能である．[核融合科学研究所提供]

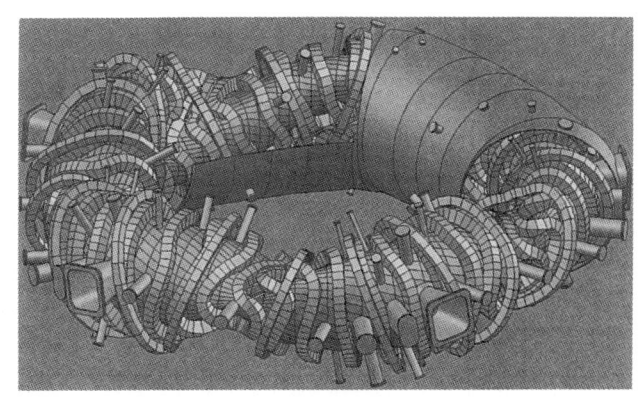

図4.61 モジュール型巻線によるステラレータ型装置ベンデルシュタイン7-X型機．主半径5.5m，プラズマ平均半径0.53m，主半径上での磁界強度3Tで，2004年の実験開始を目指している．[核融合科学研究所 山崎耕造教授提供]

械であり，しかもプラズマ形状は磁力線の形で決定される，などの利点があるので，今後の大型装置での臨界プラズマ生成の結果によっては，核融合の主力装置になることも期待される．

ii） プラズマ電流形

ソ連のクルチャトフ原子力研究所・アルチモビッチらのグループにより，1950年代より開発が進められてきたトカマクは，ロシア語で「強い磁場容器」の意の頭文字をとったものである．また，英国のハーウェル原子力研究所では，やはり1950年半ばよりトーネマン（Thonemann）のグループにより，ゼータ計画（Zero Energy Thermonuclear Assembly の頭文字をとったもので，「核融合臨界を狙う」装置の意味を込めたものである）が進められた．

トカマク，ゼータ両装置とも図4.62に示すように，単純トーラス磁界を形成した真空容器に所定の気体を入れ，変圧器の誘導作用でプラズマ電流を形成し，回転変換角をもつトーラス状磁界を得る．その際トロダイル磁界強度B_tと，電流により決まるポロイダル磁界強度B_p（の最大値）

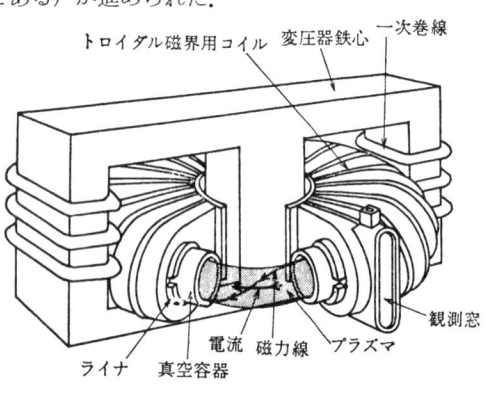

図4.62 プラズマ電流装置

の関係が$B_t \gg B_p$なるものを**トカマク**，$B_t \simeq B_p$なるものを**ゼータ**と呼んでいる．

プラズマ電流形のプラズマ閉じ込め装置で最も早く一般の脚光を浴びたのはゼータであり，1958年に大々的に「熱核融合反応による中性子を検出」と新聞発表をし，当時エリザベス女王がハーウェル研究所を視察に訪れたほどであった．その後，この中性子は熱核融合反応によるものではなく，プラズマ乱れによる強い電界が発生し，それにより加速された一部のビーム状イオンが起した核融合の結果生じたものであることが明らかになり，その後の10年間はステラレータと同様，苦難の道のりを経て1968年に研究が中止された．

他方，トカマクは1960年半ばには好成績を得ていたのであるが，ソ連でなされていた測定が，プラズマ電流，印加電圧などであり，それらを用いてプラズマ温

度を推定する方法をとっていたので，欧米の研究者の同意を得ていなかった．しかし，1967年にイギリスのチームがクルチャトフ研究所へ赴き，レーザーのトムソン散乱によりプラズマの電子温度を求め（図5.26, 5.27参照），上記の間接的方法で得られていたデータを裏づけた．その結果，ステラレータ（米），ゼータ（英）などの困難に苦しみ，また核融合研究の方向を決めかねていた日，独，仏などが一せいにトカマク研究に踏み切った．それは1970年前後1年以内でのSTトカマク（米・プリンストン研究所，ステラレータCを改造），CLEO（英・原子力研究所，当時建設中のステラレータを急拠トカマクに改造），JFT-II（日・原子力研究所），Pulsator（独・マックスブランク研究所），TFR（仏・フォンテネ原子力研究所）と種々の名前のついた各国のトカマク建設状況を見れば明らかであろう．これら実験はすべて順調に初期の目標を達成し，**PLT**（Princeton Large Torus）**装置**などを経て，1970年後半には臨界プラズマを得る装置の検討が進められた．その結果，1980年代前半には，日（原子力研究所，JT-60*），米（プリンストン大学，TFTR**），欧（Euratom, JET***）の3基が，トーラス主半径2〜3m，プラズマ断面半径1m，トロイダル磁界4〜5T程度で製作された．1999年現在ですでにイオン温度4億度，プラズマ密度$10^{20}m^{-3}$，閉じ込め時間1秒の臨界条件を満たすプラズマが得られている．今後は，これら条件のプラズマを長時間維持して自己点火プラズマ形成を行う必要がある．

　1980年代後半にはこれら3基による臨界プラズマ達成が確実視されたところから，次期装置としての核融合実験炉の検討がなされ始めた．これは最終的な商用炉の前段階である実証炉（DEMO）が経済性をも視野に入れるのに対して，経済性以外のすべての熱核融合炉の技術的要素を検討できるものであることを目指している．装置建設費が1兆円前後と予想されることから，一国での負担が過重になるとして日米欧露の4極による国際協力での検討が進められてきた．これを**ITER**（international thermonuclear experimental reactor）**計画**と呼び，1989〜1991年の概念設計活動（conceptual design activities, CDA）により大略の目標が得られたので，1992〜1998年にわたって工学設計活動（engineering

---
　　* Japan Torus のプラズマ容積60m³の意．1990年に大改造が施され（Upgrade），それ以来，JT-60Uと称されている．
　 ** Tokamak Fusion Test Reactor
　*** Joint European Torus

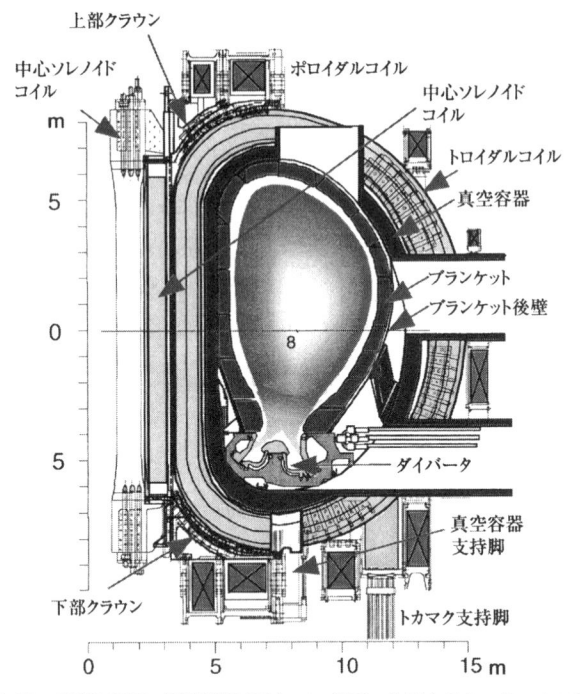

図 4.63 ITER FDR（最終設計報告）での断面の片側を示す．ドーナツ型のプラズマをブランケット，真空容器が囲み，その外側に閉じ込め磁場発生のためのトロイダルコイル，電流および位置制御のためのポロイダルコイルが配置されている．［日本原子力研究所提供］

design activities, EDA) が進められた．この間に1000億円近くの経費と，600人・年の人員を擁する活動がなされ，1998年からは3年計画で日欧を中心にして更にコストダウンを目指した検討がなされている．図4.63にEDAで検討が進められたITER装置の断面形状と寸法を示す．ドーナツ形状の断面の片半分だけを示しているが，この装置全体が超伝導コイルのための高さ約30m，直径約40mのクライオスタットに収納され，全重量5万トンという壮大なスケールになっている．設計が順調に進み，それを建設する合意が得られるならば，装置建設場所の選定，および装置最終設計と製作を経て，2010年頃には実験が開始される予定である．日本からも何ヶ所かからの装置建設場所としての立候補があり，フランスやカナダなどからの候補地と争うことになっており，「人類究極のエネルギー源開発」を

目指して，一般の関心も高まろうとしている．

トカマクはプラズマ中に強い電流を流すことによって生じるソーセージ形不安定，キンク不安定（3.3.4項参照）を強い磁界で抑え込むことに成功したが，ゼータはそれらの不安定に悩まされたものであった．しかし，プラズマ閉じ込めの経済性の立場からはできるだけベータ値の高いプラズマを安定に閉じ込めることが望まれる．その点でゼータ方式でもプラズマ中に**逆転磁界配位**（reversed field configuration）という特別な磁界分布が形成されれば，安定なプラズマ閉じ込めが可能なことが，1968年までの研究で示された．その流れを受け継いで，現在でも日本（電子技術総合研究所）およびイタリア（パドア大学）での中型装置による高ベータ実験が進められている．

(3) プラズマ加熱と不純物制御

以上，磁界によるプラズマ閉じ込めの方式の進展を示したが，プラズマを目標の1億度まで加熱するための技術開発も大きな発展を遂げた．すなわち，現在の臨界プラズマを狙う研究は，各磁界閉じ込め方式と加熱方式の適当な組み合わせにより初めて可能になったものである．

プラズマ研究の当初には，プラズマ加熱は主としてプラズマ中に電流を流すことによるジュール加熱によっていた．この方法で1千万度程度のプラズマが得られたが，それ以上の高温ではジュール入力より放射損失，粒子損失によるエネルギー損失の方が大きくなる（3.5節，3.6節参照）．そのため，それ以上の高温化にはジュール加熱以外の加熱［これを**追加熱**（additional heating）と呼ぶ］が必要である．その方法として，まず成功を収めたのが高エネルギーの**中性粒子入射**（neutral beam injection, NBI）である．これは，まず高エネルギーのイオンビームを発生させ，そのままでは閉じ込め磁界を横切って入射できないので，荷電交換（2.1.4項参照）により高エネルギーの中性粒子ビームとして入射するものである．前述のJT-60，TFTR，JETなどの加熱のために，入射エネルギー100keV，入射パワー10～20MW程度の大型システムが開発されてきた．他方，NBIは大型で複雑になるので，プラズマの電磁波または電magnetic界との共鳴現象を利用して，**高周波**（radio frequency，RF）**加熱**を行う方法が検討されてきた．その結果，まず**イオンサイクロトロン共鳴加熱**（ion cyclotron resonance heating，ICRH）で好成績が得られ，現在ではNBIと同程度の性能（温度上昇／入射パワーで評価）

が得られ，臨界プラズマでの本格的加熱手段として用いられる予定である．また ICRH より低周波なので，発振器開発が容易な**低域混成波加熱**（lower hybrid resonance heating, LHRH）も大きな進展をみた．これは特にトカマクのような変圧器方式を用いたことにより本質的にパルス放電しかできないプラズマ電流を外部から直流的に駆動（current drive）する方法としても用いられている．このほか，**電子サイクロトロン加熱**（electron cyclotron resonance heating, ECRH）など各種の共鳴加熱法が開発されており，臨界プラズマ達成後の本格的核融合開発に実用され，優劣を判定されることになるであろう．

磁界閉じ込め式熱核融合のためのプラズマ制御にとって他の当面の大きな課題は，不純物制御である．臨界プラズマ条件の式（4.108）において，イオンの電荷量 Z によって必要な $n\tau$ の値が大きく増加することがわかる．これは，式（4.104）で表される制動放射量が Z^2 で増加することによる．そのため Z をなるべく 1 に近づける努力がなされてきたが，その一つがプラズマに面する材料を鉄などのイオン化後の Z の大きくなる材料から，炭素やさらにはベリリウムなどで覆うことで対処して，前述のような臨界条件を満たすプラズマ形成が可能になってきた．しかし，これらの高性能プラズマ形成は不純物蓄積によって中断され，10 秒程度の放電時間しか維持されない．これを長時間維持するための不純物除去，さらには D-T 反応により生成した He 原子（これを燃焼のときになぞらえて"He 灰"と呼ぶ）を排気するために，周辺プラズマの磁力線を外部に導く［ダイバート（divert）する］ための**ダイバータ**（divertor）を設け，そこを排気する方法［**ポンプダイバータ**（pumped divertor）と呼ぶ］の有効性が験されている．ダイバータを用いることによって，プラズマ加熱時にプラズマ閉じ込めが劣化する現象［閉じ込めが低い（low）意味で **L モード閉じ込め**と呼ぶ］を回復させる［高い（high）閉じ込めの意味で **H モード閉じ込め**と呼ぶ］効果も発見された．ITER のダイバータが図 4.63 のプラズマ下部に示されている．トカマクまたはステラレータ／ヘリオトロンのいずれの方式にせよ，ダイバータは核融合プラズマの閉じ込めに必須であるとして，当面の中心研究課題の一つになっている．

核融合炉工学　以上のように，磁界閉じ込め方式では，トカマク方式により臨界プラズマが得られた．そこで，次の段階の核融合研究の中心課題は，得られた核融合出力（中性子および α 粒子の運動エネルギー）を産業・民生用エネルギ

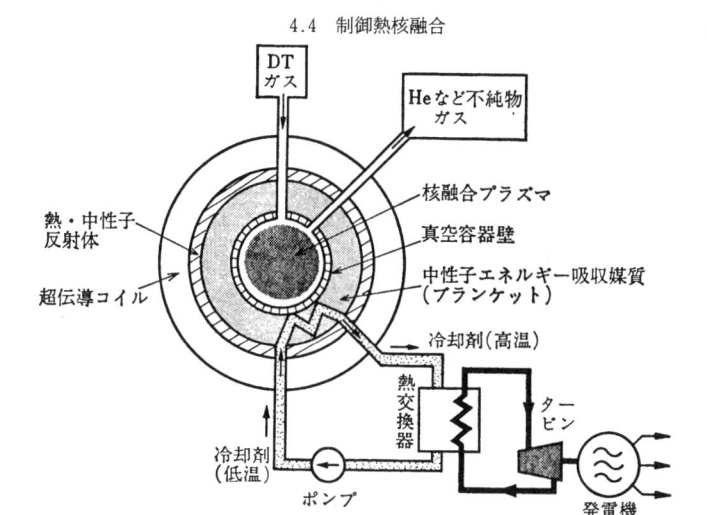

図 4.64　核融合発電所予想図

ーとして利用できる形にして取り出すことである．前述の ITER はそれを中心に据えているが，そこでは図4.64に示すように，これら粒子のもつ運動エネルギーを熱エネルギーに変換し，それによる蒸気発生によってタービン駆動の発電を行おうとしている．火力，核分裂原子発電の熱源部を核融合出力に置き換えるものである．概念的には大変簡単であるが，発生する中性子のエネルギーがD-T反応では，14.1MeV，また壁面にかかる中性子束も10^{15}neutrons/m^2·sと核分裂時のものよりそれぞれ一桁〜二桁も大きくなり，材料工学的に極めて厳しい環境での使用になるので，新たな耐照射材料の開発が必要である．またD-T核融合炉においては，燃料のDは海水から抽出して得られるが，Tは自然界にはなく，リチウム（Li）と中性子との反応により作らなければならない［**トリチウムブリーディング** (tritium breeding) という］ので，核融合炉心の周囲を**ブランケット** (blanket) と呼ばれるLi層でおおい，T生産と中性子エネルギーの熱エネルギーへの変換を行うことが考えられている．

　これら核融合炉に共通の問題のほか，磁界閉じ込め核融合においては，強磁界発生のための超伝導マグネットの開発，慣性核融合においては小型爆発といわれる短時間(10^{-9}秒程度)の衝撃的な核融合出力に耐える構造，材料などの開発が要求される．

さらに，個々の炉心プラズマ発生部に立ち入ると，臨界プラズマ形成に成功したトカマクのような電流駆動をしなくても定常運転の可能な外部巻線形トーラス（ステラレータ、ヘリオトロンなど）またはミラーなどが核融合炉としては有利になる可能性があるので，これら閉じ込め形式も現在熱心な研究が進められている［トカマク研究が核融合研究の主流（main line）と見られるのに対し，それ以外の方式によるものを**代替方式**（alternatives）と呼んでいる］．また，トカマクの複雑な磁界，ブランケット構造を簡単化するため，図4.62に示した鉄心を除きドーナツの中心部を抜いた形とした**コンパクトトーラス**（compact torus）の研究が進められるなど，いわば**改良トカマク**（advanced Tokamak）とでも呼ぶべき一連の研究が進められつつある．

これらの研究を基に，今後20～30年後に完成することが期待されている核融合発電所の予想図が図4.64である．

D-T核融合炉が実現したあと，プラズマ閉じ込め，加熱技術のより一層の改良によって，より高温・高密度プラズマの長時間閉じ込めが可能になれば，放射性のあるTの大量取扱いを避け，また発生中性子のエネルギーの割合が小さなD-D反応やD-He^{3}反応*を利用する核融合炉や，さらにはH-B反応など，核融合出力がすべて荷電粒子として発生する反応を利用する核融合炉の開発が進められよう．これらでは荷電粒子による直接発電も考えられ，理想的な核融合エネルギー源となることが期待される．これらD-T以外の核融合炉形式**は**アドバンス燃料核融合炉**（advanced-fuel fusion reactor）と呼ばれ，100年後ぐらいを目指した次世代の核融合炉である．

これら核融合炉開発研究は，**生命科学**（life science），**情報科学**（information science），**宇宙科学**（space science）と並んで民生，関連分野への波及効果の大きな先端科学技術として，国家的事業として研究が進められつつある．

---

* He^{3}は地上に存在量が少ないので，4.4.1項の(2)で述べた(ii)燃料入手の点で対象にならなかった．ところが月面探査の結果，月表面には1トンあたり100mgの割合でHe^{3}が存在することがわかり，燃料になり得ることが示された．将来必要ならばスペースシャトルでのHe^{3}輸送も構想されている．宇宙開発とエネルギー開発が結びつく可能性を示す壮大な計画で，人類活動の次元を拡げるものとして興味深い．

** 反応式（4.77），（4.78），（4.100），（4.101）および
$$B^{11} + {}_1p^1 \longrightarrow {}_3He^4 + 8.7 MeV \qquad (4.114)$$
の反応式を用いるもの．

演習問題

1. MHD発電器において，$u=800$m/s，$B=2$T，$\eta=0.1\Omega$m，$h_e=0.5$とした時の最大出力密度を求めよ．
2. 放電を利用した照明器具で発光効率や光色の改善のために，どのような工夫がされているかについて述べよ．
3. 温度T[K]の黒体から放射される波長λ[m]の分光放射束強度J_λは

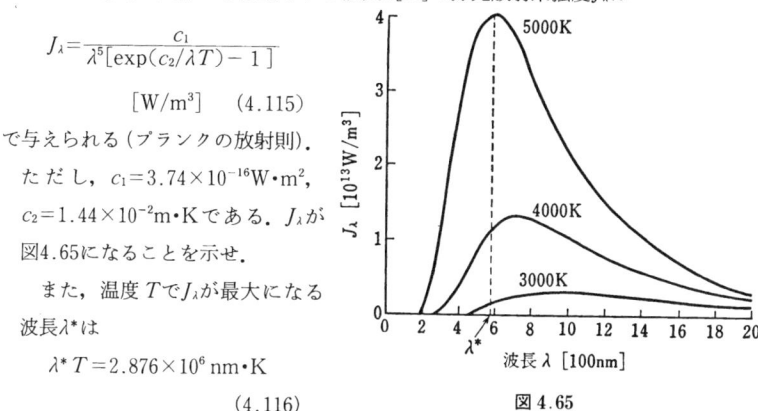

$$J_\lambda = \frac{c_1}{\lambda^5[\exp(c_2/\lambda T) - 1]}$$

[W/m³]　(4.115)

で与えられる（プランクの放射則）．ただし，$c_1=3.74\times 10^{-16}$W・m²，$c_2=1.44\times 10^{-2}$m・Kである．J_λが図4.65になることを示せ．

また，温度TでJ_λが最大になる波長λ^*は

$$\lambda^* T = 2.876\times 10^6 \text{ nm・K}$$

(4.116)

になること（ウィーンの変位則という）を示せ．

図4.65

4. $D=200$mm，$p=0.02$TorrのHe-Neレーザー放電管がある．最適動作条件における電子温度の概略値を求めよ．ただしNeの混合量は微量で，Heプラズマとして取り扱えるとする．
5. 核融合反応 $_1\text{D}^2+_1\text{T}^3 \longrightarrow _2\text{He}^4+_0\text{n}^1$ における反応生成熱が17.6MeVになることを示せ．ただし原子量は，$M(_1\text{D}^2)=2.014718$，$M(_1\text{T}^3)=3.01705$，$M(_2\text{He}^4)=4.003890$，$M(_0\text{n}^1)=1.008945$である．
6. D-D，D-T核融合反応炉内において，反応生成パワー（P_r）と損失（P_L+P_{rad}）が釣り合っている状態における$n\tau$の表式を求め，図4.53に示せ．
7. 次の事項を説明せよ．
   (1) プラズマエッチング
   (2) プラズマCVD
   (3) アモルファスシリコン
   (4) 集積回路の分類と作製プロセス

(5) MHD発電の原理
(6) プラズマディスプレイ
(7) レーザー光の特長とレーザーアブレーション法
(8) ローソン条件
(9) ミラー磁界
(10) ステラレータ
(11) ヘリオトロン
(12) トカマク

5. プラズマ計測

　工業の各分野において，物理量または状態量の計測は最も基本的なものである．例えば，火力発電所の出力制御のためにボイラ室内温度，蒸気流量・温度などの測定がまず必要なことは容易に想像されるであろう．そのほか航空機の高度・速度，精密工作での部品寸法，化学プラントでの反応速度制御のための温度・流量，金属工業における金属組成制御のための温度，混合物濃度などの例を見れば，それぞれの量の計測精度が性能を左右することが明らかである．最近では原子力工業など大規模システムでの信頼性の飛躍的向上の要請や公害抑制のための大気監視，さらにはこれら物理量の測定以外に，システム工学・ロボット工学におけるパターン認識，社会科学における人の意識など計測対象も広範化し，それらを総合した**計測診断学**（measurements and diagnostics）という独立の学問分野が形成されつつある．

　そのような中で，プラズマ計測の特徴は1.4節にも述べたように，計測対象が固体・液体・気体の状態よりエネルギー状態の高いプラズマ状態であるから，通常のセンサの挿入による方法，ないしは従来より用いられてきた放射測定法は有効でないことが多いことである．そこでは，3章で述べたプラズマの性質をよく把握した上で目的に適う方法を採用し，また新たに開発しなければならない．その中で最近特に大きな発展をし関心を集めているものは，電磁波，特にレーザーを用いた測定である．これについては5.3節で詳しく述べるが，そのほか従来から用いられてきた方法についても，以下に順次概説する．

5.1 電気的計測

2.3節で述べたように,プラズマ生成維持の方法として,電気的方法によるものが最も容易であり,また一般的に行われている.その際,この方法によるプラズマの生成・維持の状態を電気回路で示せば図5.1のような等価回路で表され,プラズマ部分は抵抗 R_p,インダクタンス L_p,静電容量 C_p の回路要素と見なすことができる.こ

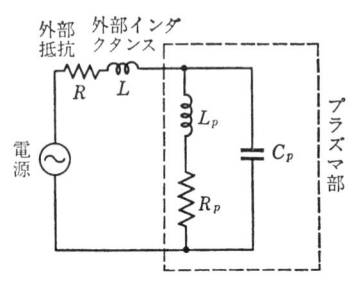

図 5.1 プラズマの等価回路

れらの R_p, L_p, C_p はプラズマの温度・密度・形状寸法・組成などに関係するので,R_p, L_p, C_p の測定値からプラズマのパラメータの概略を知ることができる.また,それらの測定値を用いて,電源からプラズマ部への入力エネルギーが求められる.したがって,R_p, L_p, C_p の測定がプラズマ生成時にはまず行われ,そのためにはプラズマ部に印加される電圧 V_p と,そこに流れる電流 I_p を測定しなければならない.

5.1.1 電圧計測

直流放電電圧 工業的に各分野で用いられる直流放電の電圧は通常数V~数十V,高くとも数百Vであるから,テスターなど通常の巻線形直流電圧計を,図2.17に示した形で結線することにより容易に測定できる.表面的には直流放電に見えても,電源リップルおよびプラズマのゆらぎによる時間的電圧変動があり,その測定が必要な時はプラズマにかかる電圧をオッシロスコープで観測する.V_p が計測器の測定可能な最大電圧より大きい時は,図5.2に示すように V_p を R_0, R_m により分圧し,測定器での

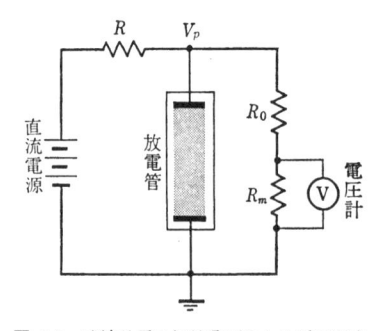

図 5.2 直流放電の抵抗分圧による電圧測定

計測量を $(R_0+R_m)/R_m$ 倍すればよい．

[**例題 5.1**] 手持ちの電圧計の最大測定可能電圧が10Vである．放電電圧は数十Vと予想される場合の電圧測定法を示せ．

[**解**] 放電電圧は数十Vと予想されているので，最大100Vの電圧測定が行えればよい．そこで，図5.2の R_0, R_m は $R_m/(R_0+R_m)=0.1$ とすればよい．プラズマへの影響がないためには，$R_0+R_m \gg R_p$ が必要である．通常，$R_p \ll$ 数 Ω なので，例えば，$R_0=90\text{k}\Omega$ と $R_m=10\text{k}\Omega$ を用いれば十分である．

交流およびパルス放電電圧 商用周波数程度の交流電圧の実効値の測定は，上記の直流電圧測定と同様の測定を交流電圧計を用いて行えばよい．プラズマ両端の電圧の瞬時値を求めるのに，オッシロスコープを用いるのは，上記の直流放電の際の変動電圧測定時と同様である．その際，交流またはパルスの周波数が高くなると，被測定回路のもつ容量・

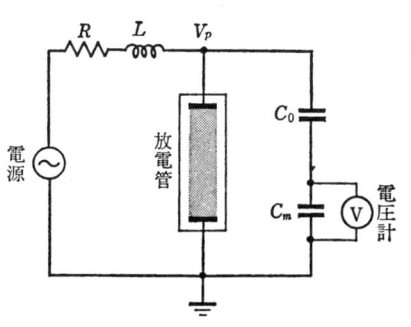

図 5.3 交流およびパルス放電回路における静電容量分圧法

インダクタンスの影響が大きくなるので，プラズマにかかる電圧 $V_p(t)$ を正確に計測するためには注意が必要である．

計測器の測定可能上限が V_p より小さい時は，図5.2に示した直流の場合の抵抗分圧または図5.3に示す静電容量分圧法を用いることができる．この場合，V_p は電圧計の読みを $(C_0+C_m)/C_0$ 倍することにより得られる．

5.1.2 電流計測

直流放電電流 工業的に利用される直流放電の電流は数Aから数百Aであるから，通常の巻線形直流電流計を図2.17に示した形で回路に挿入して測定される．プラズマ中を流れる電流のリップルなどによる変動を知る時は，R_p よりずっと小さな抵抗を図2.17のAの位置に挿入し，その両端の電圧を観測す

る．
　電流計の測定範囲より大きな電流 I_p の測定には，図5.4に示す**シャント**（shunt）と呼ばれる分流器を用いる．I_p は A での測定電流値を $(R_0+R_m)/R_0$ 倍して得られる．

　交流およびパルス放電電流　商用周波数程度の交流電流の実効値の測定は，直流電流と同様の測定を交流電流計を用いて行えばよい．交流およびパルス放電電流の測定には，一つには回路に挿入した抵抗の端子電圧をオッシロスコープで観測する方法がある．この方法では，周波数が高くなると抵抗のもつ浮遊容量・インダクタンスにより，観測波形が真の電流波形から歪むことがあるので注意を要する．

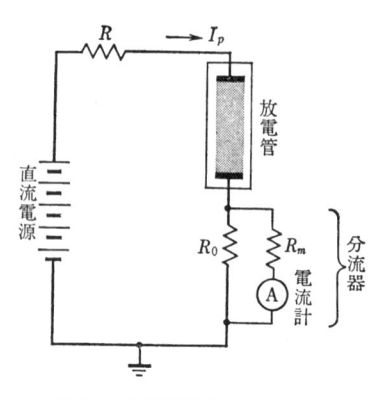

図 5.4　放電電流測定のためのシャント（分流器）

　交流およびパルスの電流測定法として，電磁誘導の法則による**ロゴウスキーコイル**（Rogowski coil）法がある．これは電流 $I(t)$ の流れる電線(あるいはプラズマ)のまわりに数回巻のコイルを取り付けたものである(図5.5参照)．図5.5(a) に示すように，外部磁界に対して，ループが1回巻のコイルとして働くのを防ぐために，巻き戻しがされている．小コイルの断面積をAとすると，全巻数Nのコイルに鎖交する磁束 Φ は，Bが小コイル断面と直交している時

$$\Phi = NAB \tag{5.1}$$

であるから，誘起電圧 V_i は

$$V_i = -\frac{d\Phi}{dt} = -NA\frac{dB}{dt} \tag{5.2}$$

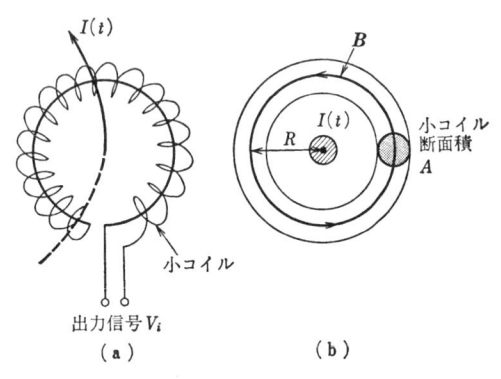

図 5.5　ロゴウスキーコイル

5.1 電気的計測

となる．電流 $I(t)$ がロゴウスキーコイルの中心に流れているとすると，アンペアの周回積分の法則より

$$B = \frac{\mu_0}{2\pi R} I(t) \tag{5.3}$$

になるから，式 (5.2) は

$$V_i = -\frac{\mu_0 NA}{2\pi R} \frac{dI(t)}{dt} \tag{5.4}$$

となる．したがって，出力電圧信号を時間積分すれば，電流 $I(t)$ を直接計測することができる．

電流がロゴウスキーコイルの中心を流れず偏心している場合にも，巻き戻しが完全であれば，上述の考え方がそのまま適用できる．

5.1.3 電気計測技術

電力用遮断器や，核融合を目指したパルス放電においては，衝撃大電流放電時の電流・電圧および 5.2 節以下で述べる諸量の測定が必要になる．その際，放電ノイズにより被測定量がマスクされて，測定が困難になることが多い．これを克服するために取られる対策は，1)信号線路で放電による誘導電磁界を拾わぬようにすること，2)ノイズが電源回路を介してオッシロスコープ測定器に入り込むのを防ぐこと，の二種に分けて考えられる．

誘導ノイズ対策 放電を行う場所のすぐ近くにオッシロスコープを設置すると大きなノイズを拾うことになり，かなりの距離を離さなければならない．その間に信号を伝送するためのケーブルによる誘導ノイズを低減するためにとられる回路の一例が，図 5.6 に示す**対称測定回路**である．

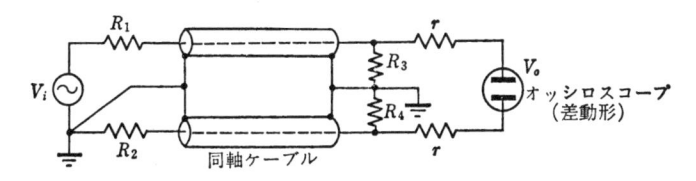

図 5.6 対称測定回路

すなわち，同軸ケーブルで被測定点からの信号を送り，また各部で生じた反射波を防止するためにケーブルのサージインピーダンス $Z_0(R_0)$ に等しい抵抗

R_1, R_2, R_3, R_4 が使用されている．図 5.6 の場合は，$V_0=(1/2)V_i$ である．同軸ケーブルの信号線路部を編組遮へい線または銅管に入れて，誘導ノイズを防ぐことも普通行われている．

電源回路対策 衝撃大電流により接地（アース）電位が大きく変動する．また大電流回路が商用電源（ライン）と結合している場合には，そこへ大きな放電ノイズを送り込む．その際，オッシロスコープなどの測定器の電源および接地を大電流回路と共通にすると，極めて大きなノイズを拾うことになる．そこで，図 5.7 に一例を示す**シールドルーム**（shield room）を用いてノイズを低減している．すなわち，

(1) 測定器の電源を絶縁トランスとラインフィルタによりアース点から浮かせ，また商用周波数の電力成分のみを計測器に供給する．

(2) 信号ケーブルを銅管で遮へいし，シールドルームへ導く．

(3) 銅管およびシールドルームは地面から電気的に絶縁し，ある程度の距離を離して地面との浮遊静電容量を小さくし，衝撃大電流放電時のアース電位の変動が浮遊容量を介してシールドルーム内の計測器などへ影響することを避ける．

ことを行っている．

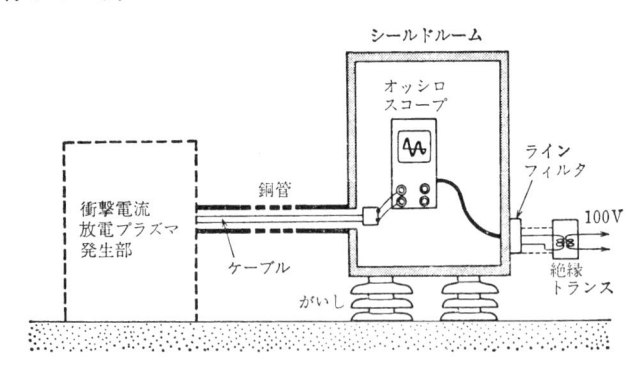

図 5.7 シールドルーム

通常，静電遮へいおよび電磁遮へいに用いられるシールドルーム全体を接地する方法を衝撃大電流放電時に使用すると，有限接地抵抗に伴うアース電位の変動が測定器に及ぼす影響を避けることが難しい．

5.2 探針測定

探針(プローブ,probe)**測定**とは,被測定プラズマに針状のセンサーを挿入して,プラズマのパラメータを求める(探る)方法である.1.2節および本章のはじめにも述べたように,プラズマは高温であるから探針の挿入により探針材料が損壊したり,プラズマが乱されるため使用できないことが多いが,限られた条件下では用いられることもある.すなわち,1)低圧放電で得られるプラズマのような電子温度は10000Kを越すが,イオン温度および中性気体の温度は常温に近くしかも密度も低いため,探針がプラズマに接しても,それを溶解する熱量をもたない場合,2)プラズマ発生が短時間のパルス放電のため,プラズマと探針との接触時間が短く,探針が蒸発する前にプラズマが消滅する場合,3)高温高密度プラズマにあっても,プラズマ容器の近傍とか,物体の陰にあたる部分で,上記1)と同様,プラズマが固体を溶解するほどの熱量をもたない場合,4)宇宙空間プラズマのように密度が極めて低く,探針溶解の熱容量より少ない場合,などである.探針法は複雑な計測装置を要しないので,最も簡単なプラズマの局所値の測定法として特に実験室プラズマ,宇宙プラズマの計測法として用いられている.

探針にはプラズマの温度,密度などを求めるための**ラングミュア探針**(Langmuir probe,**静電探針**ともいう),磁界を求める**磁気探針**(magnetic probe),流入熱量を求める**熱流束探針**(heat flux probe)など各種のものが使われているが,以下ではプラズマ実験で最も広く用いられ,また,その動作原理がプラズマの振舞を理解するのに有用な前二者について説明する.

5.2.1 静電探針(ラングミュア探針)

図5.8に示すように,プラズマ中に導体を挿入すると,電子とイオンが飛び込んできて導体に接続した外部回路に電流が流れる.プラズマに対して導体の電位を変化させると,これに飛び込もうとする電子とイオンの運動が影響を受けるため,導体に流れ込む電流が変化する.したがって,この導体の電流-電圧特性を利用すれば,電子とイオンの密度や温度などの情報を得ることができ

る．このように，導体に加えた定常な電位に対するプラズマの応答を調べる探針を**静電探針**（electrostatic probe）またはこの方法を考案した人の名に因んで**ラングミュア探針**（Langmuir probe）と呼ぶ．

通常使われる静電探針の形には，図5.9に示すように，平板，円筒，球状の三種類があるが，ここでは動作原理の説明に重点を置いて，端効果を無視した平板探針について考える．

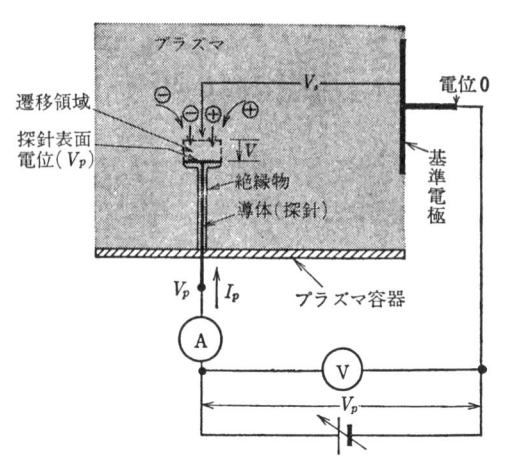

図 5.8 ラングミュア探針とその基本回路

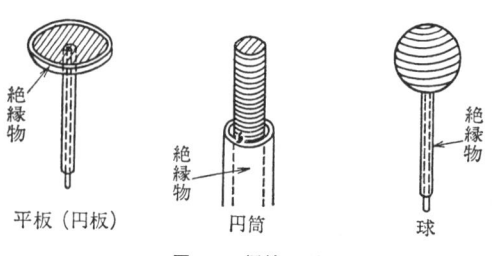

図 5.9 探針の形状

プラズマに対して探針に電位差を与えるためには，プラズマに接していて，いつもプラズマに対して一定電位を保っている基準導体が必要である．例えば，直流放電管では陽極または陰極を基準導体とすればよい．図5.8において，基準導体と探針が同じ材料でできているとする．探針を挿入する位置のプラズマの電位，すなわち**プラズマ電位**［plasma potential，これはまた**空間電位**（space potential）と呼ばれることもある］を基準状態に対して V_s とし，探針と基準電位間に V_p の電位差を与えると，探針とプラズマ間には電位差

$$V = V_p - V_s \tag{5.5}$$

なる遷移領域が生じる．3.1.1項のデバイ遮へいの項で述べたように，この遷移領域はデバイ長 λ_D の程度であり，その値は例題3.1に示したように極めて小さな値となる．すなわち，探針とプラズマ間に式（5.5）で与えた V だけの電位差を与えても，その影響は探針近傍に限られる．以下では，探針の寸法が

プラズマの平均自由行程より小さくて，探針での荷電粒子捕集過程が粒子衝突により影響を受けないとして考察する．

式 (5.5) の V_p を変化することによって V の値を変え，探針に流入する電流 I_p を求め，得られた $V-I_p$ の解析からプラズマの性質を求めるのが静電探針であるが，その動作を解析するには，V の値によって以下の 4 領域に分けて考えるのが便利である．

(i) $V=0$ の場合

この場合には，電子とイオンは自由に探針表面に到達できる．式 (2.49) で示したように，単位面積を単位時間に通過する粒子数は $n<v>/4$ であるから，プラズマから探針へ流れる電流 I_p は電子電流とイオン電流の差で与えられることに注意すると

$$I_p = \frac{e}{4} n_0 (<v_e> - <v_i>) S \tag{5.6}$$

で表される．ここに S は探針の表面積，n_0 はプラズマの密度である．ただし，ここで探針電流は探針からプラズマへ電流が流れる方向を正にとっている．式 (5.6) において $m_i \gg m_e$ のために T_i が T_e に比べてはるかに大きくない限り，$<v_e> \gg <v_i>$ が成立するから，探針の電流は電子電流にほぼ等しく，これを I_{es} と書けば

$$I_p = I_{es} \equiv \frac{e}{4} n_0 <v_e> S \tag{5.7}$$

となる．

(ii) $V>0$ の場合

この領域では，探針付近に生じた電界により電子は探針方向に加速されるのに対し，イオンは減速され探針に集められにくくなる．したがって，イオンの探針の電流 I_p への寄与は(i)におけるよりも小さく，I_p は

$$I_p = I_{es} \tag{5.8}$$

となる．この時，探針表面付近では図5.10に示すように，電子が加速され，イオンが減速されるために，探針に近づくにつれて電子が占める割合が大きくなる．この探針を覆う電子が支配的な領域を**電子**

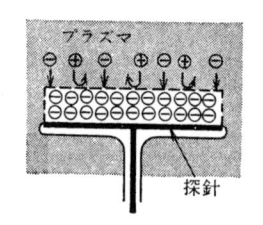

図 5.10 電子シース（$V>0$ の場合）

シース (electron sheath, シースとは"さや"の意)と呼ぶ．電子シースにかかる電圧がプラズマ中の原子の電離電圧程度にまで上昇すると，電子シース内での電離がはじまり，探針電流は急激に増加する．また $V>0$ で電子電流により探針の電流が一定に保たれる領域を**電子電流飽和領域** (region of electron-current saturation) と呼ぶ．

(iii) $0>V>\dfrac{-\kappa T_e}{2e}$ の場合

探針の電位がプラズマに対して負になると，電子に対して減速電界となり，探針の表面での電子密度は近似的にボルツマン分布 $n_e=n_0\exp(eV/\kappa T_e)$ で表される．この領域では，探針に流入する荷電粒子流としてはまだ電子の方が多いから，探針電流は

$$I_p \simeq I_e = I_{es}\exp\left(\frac{eV}{\kappa T_e}\right) \tag{5.9}$$

で与えられる．

(iv) $V<\dfrac{-\kappa T_e}{2e}$ の場合

探針電流は，探針を負にしていくにつれて電子電流の寄与が急激に減少して，電子電流はイオン電流と同程度の大きさとなり，さらには，イオン電流に比べて無視できる程度になる．この時，探針表面付近にはイオンの数が電子のそれに比べて圧倒的に多い**イオンシース** (ion sheath) 領域が成長する．

この領域でのイオン電流を求めるために，イオンがプラズマから探針の電界が浸透した領域に飛び込み，探針方向に加速されていく過程を考える．イオンは電界が浸透した領域で探針方向に加速されながら進み，ついにはほとんど電界方向にのみ速度成分をもつようになる．一方，電子はプラズマ中において平均して一方向に

$$\frac{1}{2}m_e\langle v_{ex}^2\rangle = \frac{1}{2}\kappa T_e \tag{5.10}$$

なる運動エネルギーをもつから，プラズマの電位に対して

$$V_t = -\frac{\kappa T_e}{2e} \tag{5.11}$$

程度の電位差をもつ領域までは多くの電子が到達することができる．したがっ

て，図5.11に示すように探針の電界が浸透した領域の中でプラズマから V_t のところ付近までは，わずかの電界しか浸透できずに，ほぼプラズマに近い状態にある．すなわち，プラズマからシースの間をつなぐ遷移プラズマ領域と考えることができる．V_t よりもさらに負の電位領域では，電子群は急激にその数を減らし，イオンが占める割合が増加し，イオンシース領域となる．

図5.11において，$V=V_t$ になる場所 x_t 付近の遷移プラズマ領域での電界は小さいが，イオンはこの電界により加速されて，

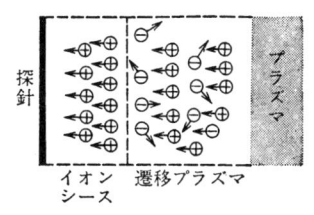

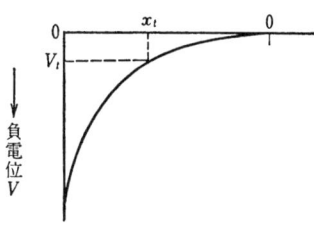

図 5.11 探針が大きい負電位にある時の探針表面遷移領域と電位分布

熱速度に比して大きな電界方向の速度成分が与えられるので，x_t 点でのイオンの速度 u_{it} とイオン密度 n_{it} は，それぞれ

$$u_{it}=\sqrt{\frac{-2eV_t}{m_i}} \tag{5.12}$$

および

$$n_{it}\simeq n_{et}=n_0\exp(eV_t/\kappa T_e) \tag{5.13}$$

で与えられる．x_t 点を通過するイオンは，すべて探針表面に達するから，イオン電流 I_i は式 (5.11)～(5.13) を用いて

$$I_i=en_{it}u_{it}S$$
$$=0.61en_0\sqrt{\frac{\kappa T_e}{m_i}}\,S \tag{5.14}$$

で表すことができる．式 (5.14) は，イオン電流は電子温度によって支配されることを意味している．この電位領域での探針電流は，式 (5.9) と式 (5.14) とを用いて

$$I_p=I_e-I_i$$
$$=I_{es}\exp\left(\frac{eV}{\kappa T_e}\right)-I_i \tag{5.15}$$

で与えられる．式 (5.5) で与えた電位差が $V\ll-\frac{\kappa T_e}{e}\ln(I_{es}/I_i)$ なる大きい

負電位になると，探針電流はイオン電流のみとなり，電位に対する変化はなくなる．したがって，この領域を**イオン電流飽和領域** (region of ion-current saturation) と呼ぶ．

以上，(i)～(iv)までの考察をまとめると，図5.12に示すような探針の電流-電圧特性が予想される．V_s は図5.12の急激な折曲りを生ずる点 $V=V_p-V_s=0$ から求めることができる．

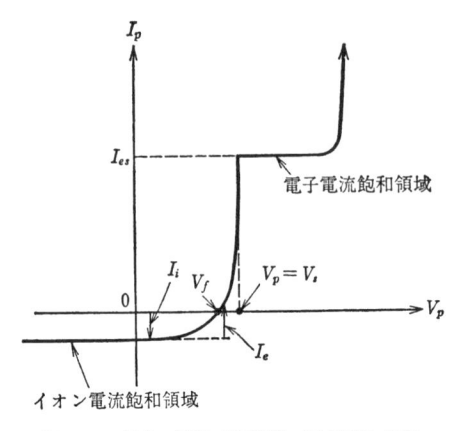

図 5.12 探針の電流-電圧特性（予想特性曲線）

また，I_p が 0 となる電位 V_f では，探針は外部回路と切り離されたと同じ状態になり，3.6.2項で述べた浮動電位状態となる．したがって V_f は式 (3.346) で与えられる V_w と同じものとなり

$$V_s - V_f = \frac{\kappa T_e}{e} \ln\left(\frac{I_{es}}{I_i}\right) \tag{5.16}$$

で表される．この $|V_s-V_f|$ を式 (5.7), (5.14) を用いて計算すると

$$|V_s - V_f| > \frac{\kappa T_e}{2e}$$

となる条件を満たしており，探針電位 V_f はイオンシースが存在する(iv)の電位領域に入っている．したがって，この浮動電位となる付近でもイオン電流は式 (5.14) で与えられる．

電子温度 T_e は，$V<0$ の領域，すなわち図5.12において V_s より左の領域において，電子電流 I_e が V に対して $\exp(eV/\kappa T_e)$ で変化するのを利用して求める．ある電位での I_e は，図のようにその電位での I_p と I_i との差であり，浮動電位付近の I_i は探針電位によってあまり変化しないから，図の破線のようにイオン電流飽和領域の延長として近似される．各探針電位について求めた電子電流を半対数グラフに描くと図5.13のようになる．$V<0$ の領域での $\ln I_e$ -V_p 特性は直線となるから，この領域内で I_e がある値 I_1 と $\exp(1)\cdot I_1$ になる時の電位差を ΔV とすれば，この ΔV は $\kappa T_e/e$ を与える．T_e が決まると，

I_{es}［式（5.9）］またはイオン飽和電流 I_i［式（5.14）］を用いてプラズマ密度 n_0 が求められる．

以上は平板探針を理想化して考え，図5.12の V-I_p 特性を予想したが，実際に得られる特性は図5.14に示すようなものである．イオンおよび電子飽和電流の傾きは，今まで無視してきた端効果のために $|V_p|$ が大きくなるとシースが厚くなり，式（5.7）または式（5.14）の S が見掛け上大きくなるためである．また $V=V_p-V_s=0$ 付近では，図5.14に示すように電子飽和領域から電子が減速される領域へ緩やかにつながる．この原因は明らかでないが，V_s は電子電流飽和領域と電子が減速される領域での特性の交点 d の電位により近似している．

ここでは電子やイオンの平均自由行程が，シースの厚さよりも十分大きいことを条件として，探針の電界が浸透している領域での衝突を無視したが，ガス圧力が高くなるにつれて，これらの衝突を考える必要が生じる．また，磁界が印加されると電子やイオンは磁力線のまわりを旋回運動するから，磁界方向と磁界に直角な方向で探針電流の集められ方が異なってくる．このような高ガス圧力や磁界中での探針特性については，それぞれのプラズマの特徴を考慮した議論が要求される．

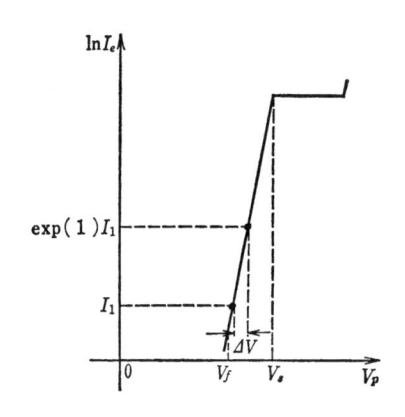

図 5.13 ln I_e-V_p 特性

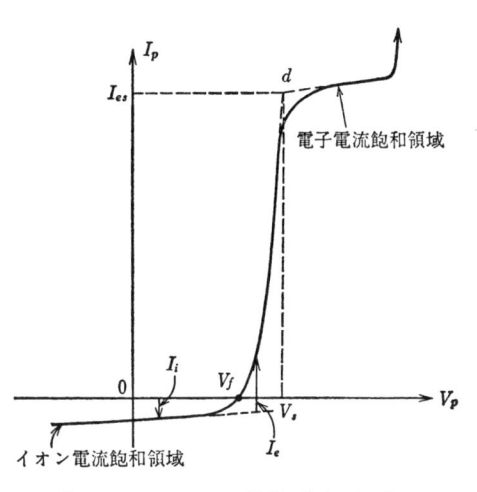

図 5.14 ラングミュア探針の電流-電圧特性

5.2.2 磁気探針

ピンチプラズマなどのプラズマ内部の磁界測定や，トカマクプラズマのMHD不安定に伴う放電位置の変化などの計測に磁気探針* が使用される．磁気探針は図5.15のような数回巻のコイルにより，探針挿入位置での磁界（の時間変化）を検出するものである．コイルを通過する磁束をϕとすれば，コイル両端の誘起電圧V_iは

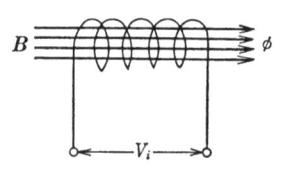

図 5.15 磁 気 探 針

$$V_i = -N\frac{d\phi}{dt} \quad (5.17)$$

である．コイルの断面積をA，巻数をNとし，Bが探針内で一様と考えられる程度に探針を小さく作れば，$\phi = AB$ となるから，式 (5.17) は

$$V_i = -NA\frac{dB}{dt} \quad (5.18)$$

となる．したがって磁界信号を求めるには，探針信号電圧V_iを時間積分すればよい．そのために図5.16のような回路が用いられる．磁気探針（コイルインダクタンスL_C，コイル抵抗R_C）の誘起電圧V_iが同軸ケーブル（インピーダンスZ_0）で送られ，整合抵抗$R_0 = Z_0$ の両端の電圧V_s を RC 積分器を通してオシロスコープ上で観測する．

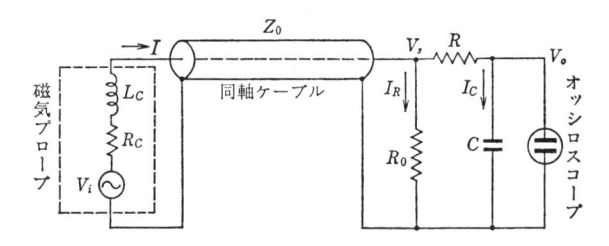

図 5.16 磁気探針計測回路

$R \gg R_0$ では，I_R（R_0 に流れる電流）$\gg I_C$（コンデンサに流れる電流）になるから，全電流 $I \sim I_R$ とみなせ

---

* ソレノイドコイルによる磁界（の時間変化）検出装置を総称して**磁気プローブ** (magnetic probe) といい，微小ピックアップコイルと反磁性ループがある．本項では前者について述べており，静電探針との対応により磁気探針の用語を用いる．

$$V_i = L_c \frac{dI}{dt} + I(R_0 + R_c) \tag{5.19}$$

となる. $V_s = R_0 I$ であるから, 式 (5.19) は

$$V_i = \frac{L_c}{R_0} \frac{dV_s}{dt} + \frac{R_0 + R_c}{R_0} V_s \tag{5.20}$$

と表される. 式 (5.20) の右辺第一項が第二項に比して無視できる程度に小さくとれば, V_i は V_s に比例する. すなわち, 回路のパラメータを

$$\frac{L_c}{R_0 + R_c} \left| \frac{1}{V_s} \right| \cdot \left| \frac{dV_s}{dt} \right| \simeq \frac{\omega L_c}{R_0 + R_c} \ll 1 \tag{5.21}$$

とすればよい. ここで, $V_s \sim e^{i\omega t}$ で変化するとした. 時間的に早く変化する磁界 (すなわち ω が大きい場合) を磁気探針で検出する際に, 式 (5.21) を満足させるには磁気探針のインピーダンス ωL_c を小さくすること, すなわち $L_c \propto N^2 A$ であるから, コイル巻数を少なく, コイル半径を小さくすることが必要である.

条件 [式 (5.21)] を満たす磁気探針信号 V_s は, 図5.16のように RC 積分器によって V_0 に変換される. R を十分に大きくすると, $I_c \approx V_s/R$ になるから, 式 (5.20), (5.18) より

$$\begin{aligned} V_0 &= \frac{1}{RC} \int_0^t V_s \, dt \\ &= \frac{1}{RC} \frac{R_0}{(R_0 + R_c)} \int_0^t V_i \, dt \\ &= -\frac{NA \cdot R_0}{RC(R_0 + R_c)} B(t) \end{aligned} \tag{5.22}$$

となり, $B(t)$ に比例する信号 V_0 が得られる.

[例題 5.2] 周波数 1MHz で変化する磁界を, コイル巻数100, コイル半径 $r = 0.5$mm, コイル軸長 $l = 5$mm の磁気探針で測定しようとする時, 図5.16の回路を用いたとして, B と V_0 の関係式を示せ.

[解] $N = 100$, $A = \pi(0.5\text{mm})^2 = 1.96 \times 10^{-6} \text{m}^2$, $R_0 = 50\Omega$ の同軸ケーブルを用いるとして, この磁気探針の R_c は 15Ω 程度であるから, 式 (5.22) から

$$V_o = -\frac{1.51 \times 10^{-4}}{RC} B \tag{5.23}$$

が得られる. 積分条件を満たすために RC を大きくすれば信号 V_0 が小さくな

り，逆に RC を小さくすれば式 (5.21) が成立しなくなる．RC の値を現象の時間変化 (10^{-6}sec) の10倍以上に選ぶのが普通である．そこで，$R=10^3\Omega(\gg R_0=50\Omega)$, $C=10$nF を選び $RC=10^{-5}$sec とすると，式 (5.23) より

$$B(t) = -0.066 V_0 \quad [\text{T}] \qquad (5.24)$$

となる．

この磁気探針の L_C は電磁気学の公式より

$$L_C = 0.92^* \cdot \mu_0 \pi r^2 \frac{N^2}{l} \quad [\text{H}]$$

$$= 0.92 \times 4\pi \times 10^{-7} \times \pi (0.5 \times 10^{-3})^2 \frac{100^2}{5 \times 10^{-3}}$$

$$= 1.82 \times 10^{-8} \text{H} = 18.2 \text{nH}$$

したがって，コイルのインピーダンス $\omega L_C = 2\pi \times 16^6 \times 18.2 \times 10^{-9} = 0.114\Omega$ となる．$R_0 + R_C = 65\Omega$ であるから，式 (5.21) の条件は満たされている．

上記の例題でもわかるように，RC を大きくすると信号 V_0 が小さくなるので，プラズマ生成時の放電に伴う各種雑音を除去した精密計測が必要になる．

5.3 電磁波計測

プラズマ中では，3.6節に示したような多彩な電磁波現象が観測される．プラズマからの放射電磁波，ないしは外部からプラズマ中へ入射した電磁波の反射・透過・屈折・散乱波の諸特性，すなわち強度，位相，スペクトル分布，さらには偏波特性はプラズマ状態を反映している．そこで，それら電磁波の諸特性を測定し，それを通してプラズマのパラメータを知る方法が電磁波によるプラズマ計測である．

その内容は多岐にわたっているので，ここですべてを網羅することはできないが，基本的な考え方を二つに分け，プラズマからの放射の測定について5.3.1項で，入射電磁波のプラズマによる応答の計測について 5.3.2項で述べる．

---

* 係数 0.92 は，コイルの有限長効果 $2r/l=0.2$ に対して与えられる補正値である．

5.3.1 プラズマからの放射の測定

プラズマから放射される電磁波の強度,スペクトル分布,線スペクトルプロファイルなどからプラズマ温度,密度などを求める方法である.可視部およびその近傍の電磁波を用いる方法は,今世紀初頭から放電プラズマの研究の有力な手段となってきて,数万度以下のプラズマ計測法としては現在ではほぼ確立され,適用できるプラズマ条件も明確になっている.他方,核融合プラズマ研究の進展に伴い,数十万度から1000万度以上にも達する高温プラズマが実現されるようになった.そこでは原子は多価にイオン化され,それからの放射電磁波および電子の制動放射は真空紫外(波長200nm以下)からX線領域になる.この波長域では,測定器は可視部近傍のものほどには確立されておらず,まだ開発途上である.また,強磁界に閉じ込められたプラズマからの放射には以上に加えて,ミリ波領域にサイクロトロン放射があり,それを用いて高温プラズマの温度を求めることが行われる.以下に,順次これらについて略述する.

線スペクトル強度法　　励起原子やイオンから放射される電磁波の線スペクトル強度 I_{nk} は,式(3.280)で述べたように

$$I_{nk} = \frac{A_{nk}\,g_n}{U} \cdot h\nu_{nk} \cdot n \cdot \exp\left(-\frac{E_n}{\kappa T}\right) \quad (5.25)$$

で与えられる.放電プラズマによく使われる気体(水素,窒素,アルゴンなど)については,遷移確率 A_{nk}, 統計的重み g_n は表にして示されており,状態和 U を温度の関数 (p.69) として求めることができるので,他の方法によって温度と密度の関係がわかっていれば*,周波数 ν_{nk} の線スペクトル強度 I_{nk} を測定することにより,式(5.25) から温度を知ることができる.

再結合放射についての単位波長当りの放射強度は式(3.281)により,また制動放射については式(3.283)により与えられるので,ある周波数 ν のところの単位波長当りの放射光強度 $dI_r/d\lambda$ または $dI_b/d\lambda$ を求めることにより温度を求めることができる.これらの方法を**スペクトルの絶対強度法** (absolute spectral intensity method) という.

絶対強度法では,プラズマからの放射電磁波強度を W/m^2 または $W/m^2/m$ 単位で求めるため,検知器の感度,測定器への受光立体角,測定装置(例えば

---

* 例えば熱平衡下での粒子組成は,温度,圧力を指定すれば空気について図3.17のように求められる.

レンズなど）での電磁波の透過率を較正しなければならず面倒である．他方，式 (5.25)，(3.281)，(3.283) では周波数 ν_1, ν_2 に対する強度 I_1, I_2 の比 I_1/I_2 を求めれば検知器感度，受光立体角，透過率は同一であり較正の必要がなく*，温度を得ることができる．これを**相対強度法**(relative intensity method) と呼び，簡便な方法としてよく用いられる．

スペクトルの絶対強度法，相対強度法ともプラズマ中で放射された電磁波がプラズマ中で再吸収されないことを仮定しているので，その適用に当っては測ろうとする波長の電磁波に対して吸収長がプラズマ寸法に比べて十分長いことが必要である．この条件を**光学的に薄い** (optically thin) といい，この方法が適応できる密度上限を決める．他方，温度，圧力から放射粒子の密度が決まるためには熱平衡の仮定**が必要であるから，粒子間衝突が十分頻繁に起っていなければならない．この条件が，これらの方法が適応できる密度の下限を与える．大気圧近傍での高圧アークプラズマは，この二つの条件を同時に満たすことから，これらの方法は高圧アークの温度測定法としてよく用いられる．

測定結果の一例を図5.17に示す．同図で横軸は式 (5.25) における観測波長 λ_{nk} の放射をする上準位 n のエネルギー準位 E_n をとり，縦軸はそれぞれの測定放射強度を式 (5.25) の右辺の (n, k) 間の遷移に関する量で割ったものを示した．同図のように対数表示で測定値が直線上に乗ることから，励起準位間のエネルギー分布が式 (3.279) で示したボルツマン分布でよく表されることを確認できると同時に，そのこう配から温度が求まるのである．図5.17の方法は，相対強度法を多数の波長に適用して測定精度を上げたものと考えることができる．

線スペクトル形状　式 (5.25) に示した線スペクトル I_{nk} は，幅のない幾何学的な線になっているのではなくて，いろいろな原因による有限なスペクトル形状を示す．その形状からプラズマ状態に関する情報を求めることができ

---

* 検知器の感度，測定器の透過率は，例えば図2.10に示すように周波数（または波長）により緩やかに変化するから，ν_1, ν_2 が余り大きく異なる時はそのことを考慮する必要がでてくる．
** 各粒子の運動エネルギー分布および励起レベル間のエネルギー分布がすべて同一温度で表される時は，式 (5.25), (3.281), (3.283) は満足される．他方，低圧になっても励起レベル間のエネルギー分布は式 (5.25) で表されることが多い．その時の温度を**励起温度** (excitation temperature) と呼び，励起過程に直接関与する電子の運動エネルギー分布を表す温度（電子温度）に等しい．

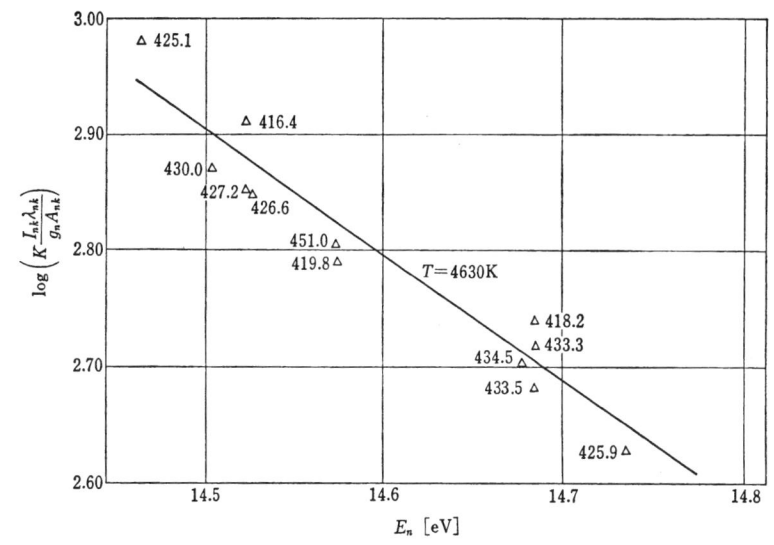

図 5.17　相対強度法による1気圧アルゴンアークプラズマの温度測定 [△は各アルゴン中性原子線(ArI)スペクトル波長(nm)の放射強度 I_{nk} に対する値，K は定数．図中の直線の傾きから $T=4630\mathrm{K}$ となる(Adcock などの実験)]

る．線スペクトル形状は以下に述べるいろいろな機構の結果の合成であるから，観測した線スペクトル形状がどの機構によって支配されているかを抽出するのがまず必要になる．

電磁界のない真空中にある1個の静止した原子が励起準位から式(5.25)で示す放射をする時には，励起準位の寿命 $\varDelta\tau$ に応じて*，準位のエネルギーには不確定さ $\varDelta E$ が

$$\varDelta E \cdot \varDelta\tau \sim h \tag{5.26}$$

であることが，量子力学の基本である**不確定性原理** (uncertainty principle) として知られている．式(5.26)で示されるエネルギー準位の不確定さ $\varDelta E$ によって，式(5.25)の線スペクトルは $\nu_{nk}=(E_n-E_k)/h$ の"線"ではなくて，$\varDelta E$ に基づく $\varDelta\nu_{nk}$ だけの拡がりをもつことになる．この $\varDelta E$ に基づく線スペクトルの拡がりは，いかなる方法によっても避けられないもので，線スペクトルの**自然幅** (natural width of line spectrum) と呼ばれる．

---

* $\varDelta\tau$ が有限であるから，電磁放射して下位準位へ遷移する．

[例題 5.3] 可視部に放射する線スペクトルの寿命は $\varDelta\tau=10^{-8}\mathrm{sec}$ 程度のものが多い．この放射線スペクトルの自然幅を求めよ．

[解] $\varDelta\nu_{nk}=\varDelta(E_n-E_k)/h\sim 1/\varDelta\tau$, $\varDelta\tau\sim 10^{-8}\mathrm{s}$ であるから，$\lambda=c/\nu$ を用いて $|\varDelta\lambda_{nk}|=\dfrac{c}{\nu_{nk}{}^2}|\varDelta\nu_{nk}|=\dfrac{\lambda_{nk}{}^2}{c}|\varDelta\nu_{nk}|\sim 10^{-13}\mathrm{m}$，すなわち自然幅は 0.1pm 程度の極めて小さなものになる．

次に，このような自然幅をもった電磁波を放射する粒子が静止していなくて観測方向に対して v の速度で運動すると，**ドップラー効果** (Doppler effect) により，放射波長が $\lambda_{nk}=c/\nu_{nk}$ から

$$\varDelta\lambda=\frac{v}{c}\lambda_{nk} \tag{5.27}$$

だけずれる．プラズマ中の原子のように，多数の粒子が温度 T で決まる熱運動をしている場合，観測者方向へ v と $v+dv$ の速度をもつ粒子の数密度は式(2.43)で示したように

$$dn=n\frac{1}{\sqrt{\pi}}\exp\left[-\left(\frac{v}{v_m}\right)^2\right]\frac{dv}{v_m} \tag{5.28}$$

となる．ここで，v_m は最確速度 [式 (2.45)]，n は電磁波を放射している原子あるいはイオンの全数密度である．式 (5.27) を上式に代入すると

$$dn=n\frac{1}{\sqrt{\pi}\,\varDelta\lambda_D}\exp\left[-\left(\frac{\varDelta\lambda}{\varDelta\lambda_D}\right)^2\right]d(\varDelta\lambda) \tag{5.29}$$

となる．ただし，$\varDelta\lambda_D$ は最確速度に対するドップラー効果による波長のずれであり

$$\varDelta\lambda_D=\left(\frac{v_m}{c}\right)\lambda_{nk} \tag{5.30}$$

で表される．

λ_{nk} から $\varDelta\lambda$ だけずれた単位波長当りの放射強度を $I(\varDelta\lambda)$ とすると，波長幅 $d(\varDelta\lambda)$ についての電磁波強度 $I(\varDelta\lambda)d(\varDelta\lambda)$ は dn に比例するから，K を比例定数として

$$\begin{aligned}I(\varDelta\lambda)d(\varDelta\lambda)&=K\,dn\\&=\frac{Kn}{\sqrt{\pi}\,\varDelta\lambda_D}\exp\left[-\left(\frac{\varDelta\lambda}{\varDelta\lambda_D}\right)^2\right]d(\varDelta\lambda)\end{aligned} \tag{5.31}$$

となり，
$$I(\Delta\lambda)=I_0\exp\left[-\left(\frac{\Delta\lambda}{\Delta\lambda_D}\right)^2\right] \quad (5.32)$$
が得られる．ここで，$I_0=Kn/\sqrt{\pi}\,\Delta\lambda_D$ である．式（5.32）は図5.18のようなガウス分布になる．$I(\Delta\lambda)=\frac{1}{2}I_0$ になる $\Delta\lambda$ の2倍を**全半値幅**（full width at half maximum, FWHM）と呼ぶ．式（5.32）から全半値幅 $\Delta\lambda_{1/2}$ は
$$\Delta\lambda_{1/2}=2\sqrt{\ln 2}\,\Delta\lambda_D$$

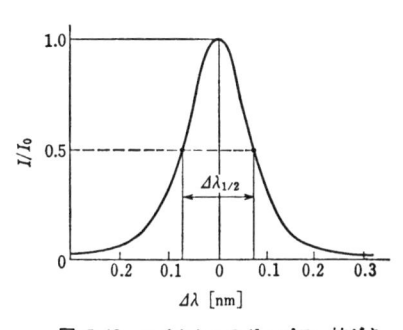

図 5.18 スペクトルのドップラー拡がり
（ヘリウムプラズマからの放射光 $\lambda=$ He II 468.6nm）

$$=7.16\times 10^{-7}\lambda_{nk}\sqrt{\frac{T[\text{K}]}{A}} \quad [\text{nm}] \quad (5.33)$$

で表される．$\Delta\lambda_{1/2}$ の測定によって原子やイオンの温度を知ることができる．

[**例題 5.4**] 高温ヘリウムプラズマの分光測定で図5.18のようなドップラー拡がりが得られ，$\Delta\lambda_{1/2}=0.16$nm であった．プラズマの温度を求めよ．

[**解**] ヘリウムでは $A=4$ であるから，式（5.33）より
$$T=1.968\times 10^{12}\times 4\times\left(\frac{0.16}{468.6}\right)^2=9.18\times 10^5\,\text{K}$$

また，原子，イオンが電界の中に置かれると，その原子・イオン内の束縛電子のエネルギー準位に変化が起る．この効果は**シュタルク効果**（Stark effect）として知られている．プラズマ中では個々の粒子の熱運動により，各点の密度揺動が起っているが，その密度揺動により変動電界 $\tilde{E}$ が誘起される．この $\tilde{E}$ をプラズマによるミクロ電界というが，$\tilde{E}$ により λ_{nk} の線スペクトルを放射している粒子のエネルギー準位が変化するので，λ_{nk} は $\Delta\lambda_{nk}$ だけの幅をもつことになる．シュタルク効果による線スペクトルの拡がりを**シュタルク拡がり**（Stark broadening）といい，その大きさは電界印加による原子内電子のエネルギー準位の変化の受けやすさと $\tilde{E}$ の大きさで違ってくる．$\tilde{E}$ は密度が高

いほど大きいので，$10^{22}/m^3$ 以上の電子密度のプラズマでは大きな値となるものが多い．シュタルク効果の程度を評価するには，**シュタルク係数**（Stark coefficient）が計算および実験されて表になっており利用できる．

同様に，磁界中の原子・イオンでも磁界の大きさに応じたエネルギー準位の変化が起る．これを**ゼーマン効果**（Zeeman effect）という．プラズマ密度揺動によるミクロ磁界 $\tilde{B}$ は小さい．プラズマ中のゼーマン効果は線スペクトルの拡がりとしては現れず，線スペクトルを放射している原子・イオンの存在する位置での外部印加磁界 B_0 とプラズマ中を流れる電流が作る磁界 B_I の合成磁界による，放射スペクトルの移動［**ゼーマンシフト**（Zeeman shift)］として観測される*．このことを利用して，プラズマ中の局所磁界 B_0+B_I を求めること，さらにはその分布と既知の B_0 の分布から B_I の分布を求め，これを用いてプラズマ中の電流密度 j の分布が求められる．ゼーマン効果の程度は，各原子・イオン中の束縛電子のエネルギー準位の磁界に対する影響を受けやすさによって異なるので，各原子の放射線スペクトルに対するゼーマン効果の程度が数表にして示されている**．

以上，線スペクトルに拡がりを生じさせる種々の機構について述べたが，厄介なことは，各機構のうちどれが支配的かは，プラズマの温度，密度，磁界強度はもちろん，観測している線スペクトルを放射している原子，イオンの種類によっても異なるので，線スペクトルの拡がりを利用してこれらプラズマのパラメータを求めるには多年にわたる経験が要求されることが多い．ただ大まかな見当としては，$10^{23}/m^3$ 以上の高密度ではシュタルク幅が支配的になる線スペクトルが多くなり，1T 以上の磁界によるゼーマンシフトは数十 eV 以上の温度のプラズマ内原子・イオンからのドップラー幅と同程度と見なせる場合が多い．ただし，多価に電離したイオンから放射される線スペクトルは電磁界から受ける影響の程度が小さくなり，数十 eV 程度でもドップラー幅が支配的に

---

* ただし，磁界のない場合はエネルギー準位の微細構造が縮退していて1本の線スペクトルになっていたものが，磁界によって各微細構造への影響の程度が異なるため縮退がとけて異なる波長の線スペクトルとして観測されることがある．その場合，各微細構造線スペクトルがドップラー拡がりをしていると微細構造の線が重なって，見掛け上，幅の広い1本の線のように見えることがあるので注意を要する．

** 例えば，H.R.Griem, Plasma Spectroscopy(McGraw-Hill Company, 1964)

なる場合が多い*.

サイクロトロン放射　放射損失に関与する電子サイクロトロン放射の周波数は，例題3.3の核融合のプラズマの例で示したように140GHz程度，すなわち波長2mm程度のマイクロ波領域になる．このような長波長の電磁波はプラズマによる再吸収係数が大きい，すなわち**光学的に厚い**（optically thick）電磁波放射になるため黒体放射と見なせる．黒体放射の強度は放射媒質の温度のみで決まるので［p.185の脚注およびp.234の演習問題(3)参照］，放射強度の絶体測定から電子温度を求めることができる．ところで，トーラス状閉じ込めプラズマの磁界は，式（3.82）に示すように，トーラス中心軸 LL' から離れるに従って $1/r$ に比例して低下するので**，サイクロトロン周波数も $1/r$ に比例して小さくなる．

したがって，図3.13のトーラス半径中心を通る水平軸上の方向から各周波数でのサイクロトロン放射強度を求めれば，それぞれの周波数は空間の各点の磁界強度と対応しているので，結局，電子温度の空間分布を求めることができる．黒体放射強度の絶対値（W/m^3 で表されるもの）は，測定装置内の透過率，測定の立体角を精密に求めないと決まらないので求めにくい．そこで，空間内の一点の電子温度を次項で述べるレーザーのトムソン散乱法で求め，それを用いてサイクロトロン放射から求めた同位置で電子温度を比較する方法がとられる．一点での較正ができれば，以後，各周波数でのサイクロトロン放射強度の時間推移を測るだけで，電子温度の空間分布の時間的推移が求まる．レーザーのトムソン散乱ではプラズマの一瞬間のみの電子温度しか与えないのに対して，サイクロトロン放射による方法は電子温度の時間・空間推移を知る上で極めて有用な方法として最近数年間で発展させられた方法であり，1T 以上のトーラス状磁界に閉じ込められた 100eV 以上のプラズマの電子温度分布測定法として広く用いられている．

＊　これら線スペクトルの形状を求める場合に注意を要するのは，測定に用いる分光器の分解能 $(\varDelta\lambda)_r$ である．$(\varDelta\lambda)_r$ が求めようとする線スペクトル幅より十分小さい場合は問題ない．しかし，十分な信号強度を確保するため，両者を同程度に近づけることもあるが，その場合は観測スペクトルから，真の線スペクトル幅を求めるには**合成積**（convolution）という積分方程式を解かなければならない．

＊＊　プラズマ電流の作る磁界 B_p は外部印加磁界 B_t よりかなり小さい，いわゆる低ベータ閉じ込めの場合を考えている（図4.58参照）．

5.3.2 入射電磁波のプラズマによる応答の計測

プラズマに電磁波を入射した時に，入射電磁波は，反射，透過，屈折，散乱されることを3.5節および3.5.2項で述べた．ここでは，これらの現象を利用したプラズマ計測法について考える*．

電磁波の反射による方法 図3.36に示したように，プラズマにその電子プラズマ振動数 ω_{pe} より小さな（角）周波数 ω の電磁波を入射しても伝搬できず反射される．したがって，プラズマに周波数 ω の電磁波を入射して，反射されればプラズマの電子密度は $\varepsilon_0 m_e \omega^2/e^2$ 以上であり**，透過すればそれ以下であることがわかる．4.2.4項で述べた電離層プラズマでの各周波数のラジオ波の反射高度（ラジオ波放射後，反射波の地上への到達までの時間で反射された高度が求まる）から，プラズマの電子密度の高度方向の分布が求まったのはロケット，人工衛星による宇宙探査が本格化するよりずっと以前であった．実験室プラズマで，この原理を用いて電子密度分布を求めるのは今まで余り行われてこなかったが，それはプラズマ寸法が小さいため反射波の遅れ時間の差の検出がほとんど不可能であったからである．しかし，最近の核融合を目指した高温プラズマは寸法も大きくなり，そこでの反射波の位相変化計測から電子密度分布を求める試みが実用化した(reflectometer)．その他の工学的分野で応用されているものに，しゃ断器のアークの消弧後，ある特定の電子密度 $n_e{}^*$ を通過した時刻を，角周波数 $\sqrt{e^2 n_e{}^*/m_e\varepsilon_0}$ の電磁波をアーク部分に入射しておき，透過光が最初ゼロであったのが透過し始める時刻で求めることなど，簡易推定に用

---

* 5.3.1項で述べたようなプラズマから放射される電磁波を用いるプラズマ計測法を通常，**プラズマ分光法**（plasma spectroscopy）というのに対して，本項で述べるように外部から電磁波をプラズマに入射し，プラズマによる応答の結果を利用してプラズマの状態を知る方法を**能動プラズマ分光法**（active plasma spectroscopy）と呼ぶ．通常のプラズマ分光法では，放射電磁波に含まれるプラズマ情報に限りがあるのに対して，能動分光法では知りたいプラズマの情報を得るため入射電磁波の波長，強度，スペクトル形状，さらには偏波特性を任意に選んで実験を行えるので，計測の自由度が大幅に増える．最近の放電プラズマおよび核融合に関連した超高温プラズマの状態の把握が的確に行えるようになったのも，能動分光法の発展によるところが大きい．それは特にレーザー技術の進歩により，種々の要請を満たす電磁波が作れるようになったことにより拍車をかけられ，今後も大きな発展の可能性を秘めた分野であり，特に**レーザー応用プラズマ計測**（laser-aided plasma diagnostics）の分野と呼ばれ始めた．

** $\omega^2 < \omega_{pe}{}^2 = e^2 n_e/m_e$ から求まる．$\omega_c{}^2 = \omega_{pe}{}^2 = e^2 n_e/m_e\varepsilon_0$ を**カットオフ**（または**しゃ断**）**周波数**といい，カットオフ密度 n_c は波長 λ を用いて

$$n_c = \frac{0.112 \times 10^{34}}{\lambda^2 [\text{nm}]} \quad [1/\text{m}^3] \tag{5.34}$$

で表される．

いられているものがある．表5.1に，代表的レーザーに対するカットオフ周波数を示す．

表 5.1 レーザーのカットオフ密度

	波長 λ	$n_c[1/m^3]$
ルビーレーザー	694.3nm	2.32×10^{27}
ガラスレーザー	$1.06\mu m$	9.96×10^{26}
CO_2 レーザー	$10.6\mu m$	9.96×10^{24}
HCN レーザー	$337\mu m$	9.69×10^{21}

電磁波の透過による方法 透過電磁波は，通過途中にプラズマがない場合に比べて，その強度 I あるいは位相 ϕ が変化する．電磁波伝搬通路上にプラズマがある場合と，プラズマの代りに真空とした場合の差 $\varDelta I$, $\varDelta \phi$ はプラズマのパラメータで決まるので，逆に $\varDelta I$, $\varDelta \phi$ からプラズマのパラメータを求めることができる．

(1) $\varDelta I$ の測定によるもの

式 (3.294), (3.295) に示したように，電磁波強度 $I_x = I_0 \exp(-n\sigma_{ab}x)$ で与えられるので，図5.19に示すようにプラズマ寸法 l を通過した後の強度は

$$I_l = I_0 \exp(-n\sigma_{ab}l) \quad (5.35)$$

で与えられ

$$\varDelta I = I_0 - I_l = I_0\{1 - \exp(-n\sigma_{ab}l)\} \quad (5.36)$$

が得られる．したがって，$n\sigma_{ab}l \ll 1$ の場合には

$$\varDelta I = I_0(n\sigma_{ab}l) \quad (5.37)$$

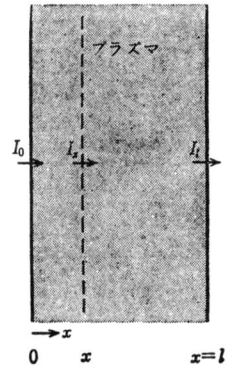

図 5.19 電磁波のプラズマ透過後の強度変化

となるから，プラズマ寸法 l と入射電磁波の吸収断面積 σ_{ab} がわかっていれば，吸収に関与する粒子の密度 n を求めることができる．プラズマ計測で最近よく用いられるのは，プラズマ中の原子，イオンに束縛された電子のエネルギーレベルの差と一致した共鳴線またはそれに近い波長の電磁波を入射して，吸収量からそれら特定原子，イオンの密度を求める方法である．これは可変波長レーザーが進歩して，測りたい原子，イオンの共鳴線に一致した波長のレーザー光が容易に発生できるようになったことによる．

(2) $\varDelta \phi$ の測定によるもの

プラズマ中の電磁波の伝搬の分散関係式は，式 (3.243) で与えたように

$$\omega^2 = \omega_{pe}^2 + k^2 c^2 \quad (5.38)$$

で与えられる．すなわち，図5.20に示すように，ω_0 の電磁波は真空中では k_0 の波数をもつのに対して，プラズマ中では波数が $k=k_0-\varDelta k$ に小さく（波長が長く）なっている．ここで式(5.38)を用いて

$$\varDelta k = \frac{\omega_0}{c} - \frac{\omega_0}{c}\sqrt{1-\frac{\omega_{pe}^2}{\omega_0^2}} \qquad (5.39)$$

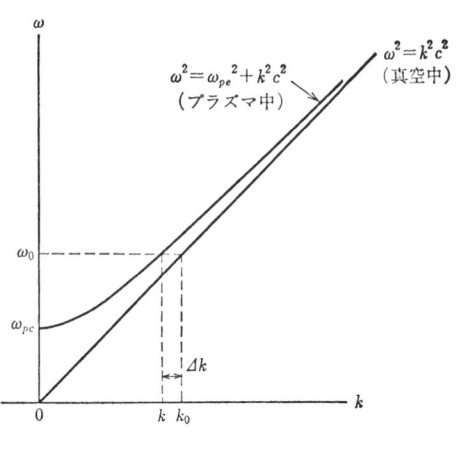

と表せる．そこで，図5.19に

図 5.20 真空中とプラズマ中の電磁波伝搬の分散関係式

示したように，プラズマに角周波数 ω_0 の電磁波を入射すれば，プラズマ長さ x を伝搬した時点で電磁波電界は

$$E = E_0 \exp i\{k_0 x - \omega_0 t + \phi_0 + (\varDelta k)x\} \qquad (5.40)$$

になる．ただし，E_0，ϕ_0 はプラズマ入射点での電界および電磁波位相である．式(5.40)は，プラズマの長さ x を伝搬後の電磁波の位相は，同じ長さの真空中を伝搬した場合に比して $(\varDelta k)x$ だけの差を生ずることを示している．$\varDelta k$ に式(5.39)を用い，プラズマの電磁波伝搬通路に沿う長さ l を通過後の位相差を $\varDelta\phi$ とすれば

$$\varDelta\phi = (\varDelta k)l = \frac{\omega_0 l}{c}\left(1-\sqrt{1-\frac{\omega_{pe}^2}{\omega_0^2}}\right) \qquad (5.41)$$

となる．$\omega_0 \gg \omega_{pe}$ として

$$\sqrt{1-\frac{\omega_{pe}^2}{\omega_0^2}} \approx 1-\frac{1}{2}\frac{\omega_{pe}^2}{\omega_0^2}$$

の近似を用いれば

$$\varDelta\phi = \frac{l}{2c\omega_0}\omega_{pe}^2 = \frac{\lambda_0 \omega_{pe}^2 l}{4\pi c^2} \qquad (5.42)$$

が得られる．

$\varDelta\phi$ を測るには，通常，図5.21に示すように，同じ強さ，位相の電磁波をプラズマを透過させたものと，プラズマ寸法と同じ長さの真空中を伝搬させたも

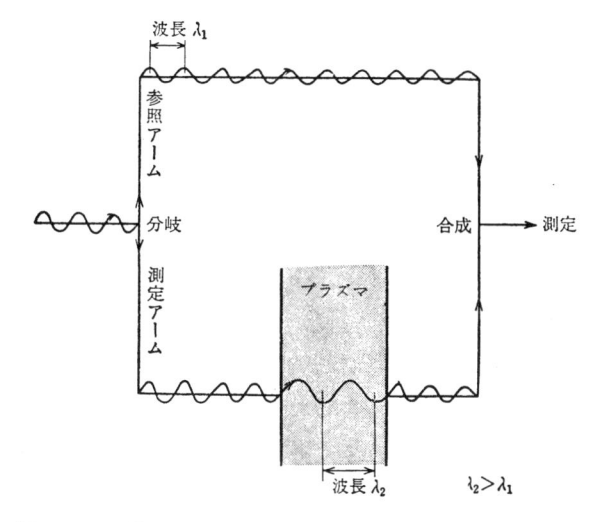

図 5.21 干渉計の原理図 [電磁波の波形は，ある一瞬の電界を示しており，プラズマ中の波長 λ_2 ＞ 真空（空気）中の波長 λ_1 である．それにより，参照アームと測定アームに位相差が生ずる]

のを合成し，$\Delta\phi$ が π，3π，… なら

$$E = E_0 \exp i(k_0 l - \omega_0 t + \phi_0) + E_0 \exp i\{k_0 l - \omega_0 t + \phi_0 + (2n+1)\phi\} = 0 \quad (5.43)$$

（ただし，n は正の整数）となって強度がゼロとなり，2π の整数倍の位相差では

$$E = E_0 \exp i(k_0 l - \omega_0 t + \phi_0) + E_0 \exp i(k_0 l - \omega_0 t + \phi_0 + 2n\pi)$$
$$= 2E_0 \exp i(k_0 l - \omega_0 t + \phi_0) \quad (5.44)$$

となって強度が最大になることを用いる．この効果は電磁波の**干渉**（interference）というので，$\Delta\phi$ を用いてのプラズマ測定を**干渉法**（interference method）という．$\Delta\phi = 2\pi$ ごとに電磁波強度が最大になるので，それを**縞**（fringe）といい，1フリンジは式（5.42）より $\Delta\phi = 2\pi$ と置いて

$$\frac{\lambda_0 \omega_{pe}^2 l}{8\pi^2 c^2} = \frac{\lambda_0 l e^2 n_e}{8\pi^2 c^2 m_e \varepsilon_0} = 1 \quad (5.45)$$

と書ける．

干渉法を実行するには，図5.22に示す**マッハ・ツェンダー**（Mach-Zehnder）**形干渉計**と，図5.23に示す**マイケルソン**（Michelson）**形干渉計**が広く用いられている．いずれも，電磁波源で発生した電磁波を反射率が50%，したがって

透過率が50％の半透明の鏡により半分ずつの強度の電磁波に分け，一方はプラズマ中（測定アームという）を，他方は真空中（参照アームという）を通過させた後，両者を半透明鏡により合成し，写真観測または光電測光でフリンジ移動量を求めるものである．干渉法では，干渉前後のフリンジの移動量を測ればよいので，測定アームと参照アームの位相が同一である必要はない．したがって両アームの長さを全く等しくする必要はなく，また参照アームは真空でなくて空気中を通過させてもよい．

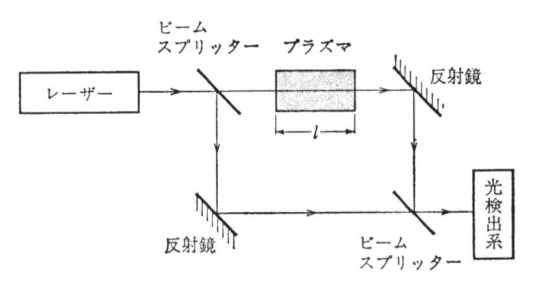

図 5.22 マッハ・ツェンダー形干渉計

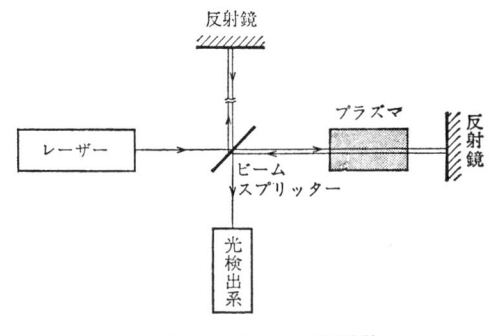

図 5.23 マイケルソン形干渉計

干渉法に用いる電磁波源には，以前は白色光が用いられ，フィルタにより λ_0 のみの電磁波を取り出して用いられていたが，レーザーの出現により，強度，コヒーレント性などに優れ，マイクロ波から紫外にわたる広い範囲での発振も可能なので，現在，多くの干渉計はレーザーを用いた**レーザー干渉計** (laser interferometer) として用いられている．表5.2に代表的なレーザー波長と，式 (5.45) から求めた1フリンジシフトを起すのに要する電子密度 n_e と l の積 ($n_e l$) を示す．

表 5.2 各種レーザー干渉の1フリンジ移動に対する $n_e l$ の値

	波長 λ_0	$n_e l$ [m^{-2}]
ルビーレーザー	694.3nm	3.2×10^{21}
ガラスレーザー	1.06μm	2.1×10^{21}
CO$_2$ レーザー	10.6μm	2.1×10^{20}
HCN レーザー	337μm	6.6×10^{18}

図5.24に，大気中に置いた一対の電極間にインパルス放電を起させた時のある一瞬の干渉縞写真を示す．同写真では，中心部での式(5.45)で表した電子に

よる干渉縞移動とその外側に，空気が圧縮されたことによる干渉縞が現れている．

(3) 透過法によるプラズマ測定の問題点

電磁波の透過形プラズマ計測法の最大の制約は，ΔI, $\Delta\phi$ が電磁波の伝搬通路に沿って加え合された結果によるものであることである．実験室プラズマでは空間的に大きな密度こう配があるのが普通であるから，透過法によっては，密度の空間分布の情報は直接には得られないことになる．そこで，透過形測定によって局所値を求める工夫がなされている*．

電磁波の屈折による方法

電磁波が大気中からレンズ，プリズムなど屈折率の異なる媒質に入射した場合，屈折されるのと同様に，プラズマ中に屈折率

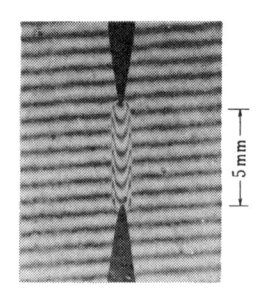

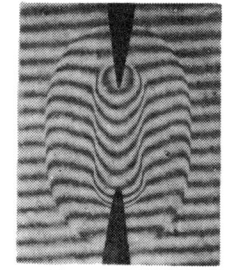

図 5.24 干渉縞写真の例 [(a)はルビーレーザー（波長694nm），(b)は窒素レーザー（波長337nm）を用いて同一現象を撮影したもの．t はインパルス放電開始からの時刻を示し，$t=7.0\mu s$ では中心部の放電柱の外側に衝撃波が現れている．露光時間（レーザー発振時間）は 20ns (2×10^{-8} 秒) 以下]

こう配 $\nabla\mu$ があると電磁波伝搬通路は曲げられる．屈折率のこう配 $\nabla\mu$ は式 (3.298) で示したが，しかしこの原理を用いて電子密度こう配を求めることは現実のプラズマ測定には余り用いられない．むしろ干渉測定および次項で述べる散乱測定を行う場合，入射電磁波がプラズマによって屈折される程度をある値以下に抑えるための ω の選択の際に考慮される現象である．

電磁波の散乱による方法 プラズマによる電磁波の散乱計測の中で最も広

---

* これは前項で述べたプラズマ放射によるプラズマ計測の場合も同様で，アーベル変換法がよく用いられる．

く用いられているのが，**トムソン散乱**（Thomson scattering）である．その原理および大要は，3.5.2項で述べたとおりであるが，ここではその結果を用いてプラズマ計測を行う際の具体的問題の指摘を行う．

まず，図3.50に示したように，散乱計測は電磁波伝搬通路とは異なる方向 θ への散乱光を観測するので，電磁波の透過光を利用するのと異なり，プラズマの**局所値**（local value）が直接求まることが大きな特徴である．

次に散乱実験を行うに際して，非協同トムソン散乱［式（3.309）で示した $|k|\lambda_D \gg 1$ の場合］を用いて散乱光スペクトルから電子温度，強度から電子密度を求めるか，あるいは協同的散乱（$|k|\lambda_D < 1$ の場合）を利用してイオン温度または乱れの情報を求めるのかが問題になる．この二領域は

$$|k|\lambda_D = k\left(\frac{\varepsilon_0 \kappa T_e}{n_e e^2}\right)^{1/2} \tag{5.46}$$

から明らかなように，プラズマの電子温度 T_e と電子密度 n_e および電磁波波長と散乱角で決まる．図5.25に T_e, n_e を縦，横軸にとり，$|k|\lambda_D = 1$ を与える散乱角 θ を，代表的なレーザーの波長に対して示す．熱的ゆらぎによる散乱を観測するには，例題3.10に示したように大きな出力のレーザーを要する．現在，MW以上の大出力レーザー発

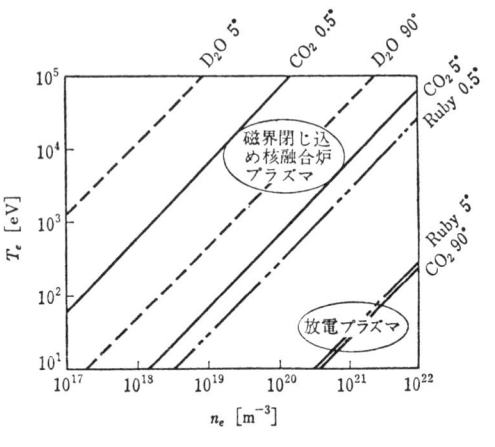

図 5.25 $|k|\lambda_D = 1$ を与える散乱角（線より右下の領域が協同的散乱を与えるプラズマ条件になる）

振を安定に行えるのは，各種エキシマレーザー(300-400nm)，ルビーレーザー(694nm)，YAGレーザー($1.06\mu m$)，CO_2レーザー($10.6\mu m$)などに限られており，しかもその波長が紫外から可視部，および近赤外に限られている．散乱角 θ が小さくなると空間分解能も悪くなる上に，入射電磁波と散乱電磁波を区別することも難しくなる．現実的には $\theta > 10°$ が望ましく，$\theta = 90°$ に近づく

ほど実験はやさしくなる．図5.25から明らかなように，これら波長に対して，大部分のパラメータのプラズマは $|k|\lambda_D \gg 1$，すなわち非協同的散乱領域に入る．他方，これらの波長においても，大気中放電プラズマのように低温（$T_e \sim$ 数 eV）で比較的高密度（$n_e > 10^{23} \mathrm{m}^{-3}$）プラズマや，フォーカスプラズマと呼ばれる高温（$T_e \sim 1\mathrm{keV}$）・高密度（$n_e > 10^{25} \mathrm{m}^{-3}$）プラズマでは協同散乱領域に入ることがわかる．

(1) 非協同散乱での実験例

表5.1に示したレーザーの中で非協同散乱実験には市販レーザーとして容易

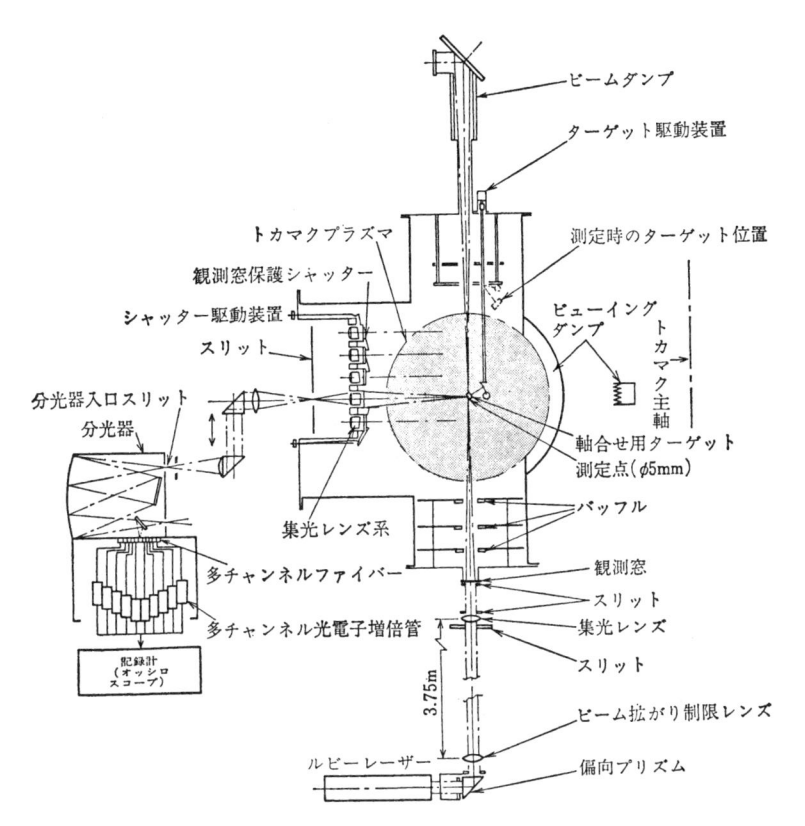

図 5.26 トカマク T-3 でのレーザー散乱装置配置図 ［バッフル，ビューイングダンプ，ビームダンプなどはルビーレーザー波長（694.3nm）での器壁散乱迷光が受光系に入るのを減らすためのもの］［M. J. Forrest ほか：CLM-R107(1970)］

に入手でき,散乱光の分光,検出も容易な点から,ルビーレーザーを用いる場合が多い.図5.26は,トカマク装置でのルビーレーザー散乱として初めて行われ,その閉じ込め特性の良さを示したことで有名になった,ソ連のトカマクT-3でイギリスチームが行った計測装置配置である[4章(p.228)参照].入射レーザー光がレンズ,壁面などで散乱されて,散乱光受光系に入るのを防ぐため,種々のスリットや光ダンプを設けている.また散乱光のスペクトルを一度に求めるため,分光器出口部での散乱信号を多チャンネルで測定するようになっている.得られた結果の一例を図5.27に示す.$T_e=100$,560,1000eV,$n_e=3\times10^{19}$m^{-3}が得られている.この実験以降,高温プラズマのT_e,n_eを非協同

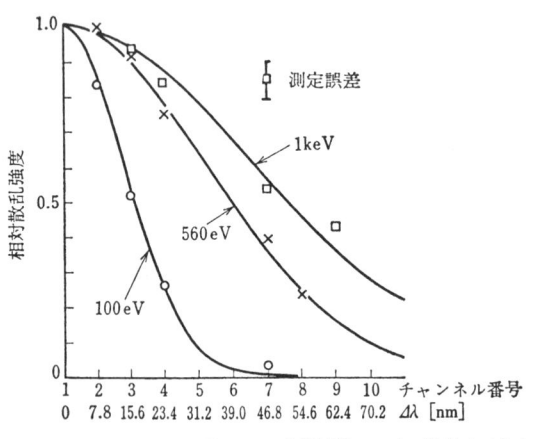

図 5.27 トカマク T-3 での非協同的トムソン散乱スペクトル測定結果(□:トカマク放電電流 $I=85$kA,×:60kA,○:40kA の場合) [M.J.Forrest ほか:CLM-R107(1970)]

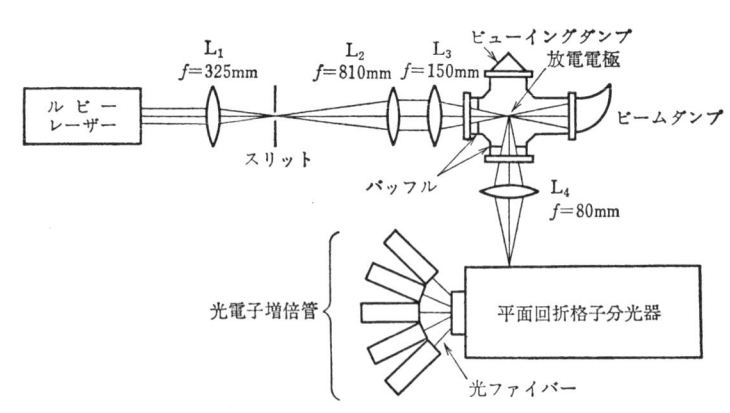

図 5.28 大気中直流放電プラズマでのルビーレーザー散乱スペクトル測定装置配置図(放電電極は紙面に垂直に対向して置かれている.測定点でのレーザースポットサイズは0.3mm程度である.$L_1,L_2,\cdots$はレンズを示し,fはそれぞれの焦点距離である)

5.3 電磁波計測

散乱で求めることが日常化した．現在では，数 keV 以上の温度のプラズマの空間，時間変化を追跡できるシステムが開発され，実用に供されている．

最近は，このレーザー散乱技術を用いて放電プラズマの詳しい研究も行われるようになってきた．図5.28は大気中直流放電プラズマについての実験装置配置で，図5.29に結果の一例を示す．5％以内の精度で温度が決定できており，従来のプラズマからの放射を利用する方法に比して測定精度の大きな改善が得られている．

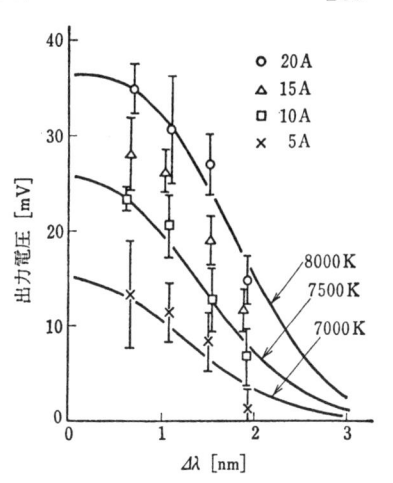

図 5.29 大気中直流放電プラズマからのルビーレーザー散乱スペクトル計測結果の一例［実線が各温度に対する理論値を示し，実験値と比較して，例えば放電電流10Aでは温度（7500±300）Kと決定する］

(2) 協同的散乱領域での実験例

この領域では，測定した散乱光が3.4.2項に述べたような熱的ゆらぎによるものか，あるいはプラズマ波動または乱れ

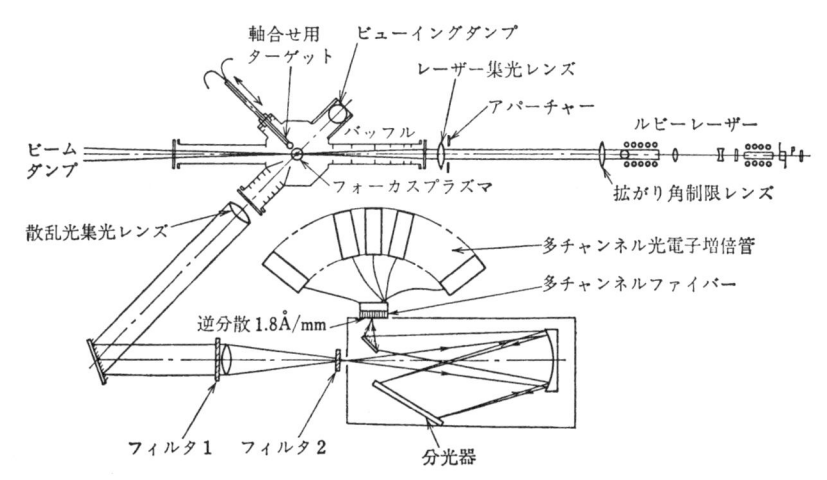

図 5.30 フォーカスプラズマでのレーザー協同散乱実験装置配置図（プラズマは同軸状ガンから紙面に直角方向に放出され，数十ns の短時間，直径，長さとも数 mm の小さな高密度プラズマが形成される．そのプラズマを狙ってレーザー散乱測定光学系が配置されている）
［M. J. Forrest ほか：CLM-P349(1973)］

によるものかを判定することがまず必要になる．熱的ゆらぎによるイオン温度測定例として，図5.30にルビーレーザーを用い，フォーカスプラズマで行われた散乱測定配置を示す．得られたスペクトル測定結果を図5.31に示す．式（3.293）の σ_i に対して計算した結果も同図に示してあり，$T_i = 0.6 \sim 1 \text{keV}$ が得られている．

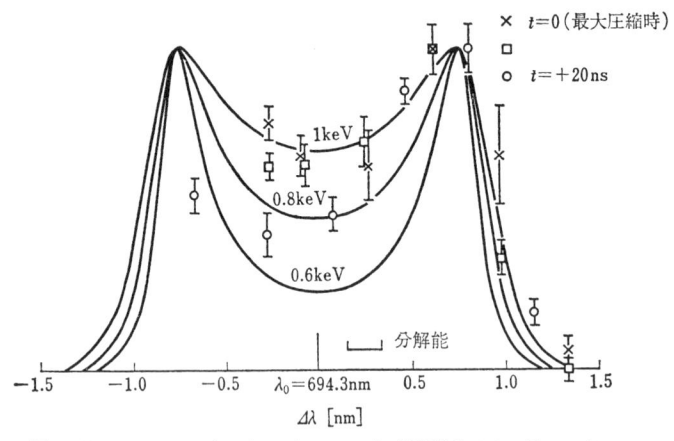

図 5.31 フォーカスプラズマからのレーザー協同散乱イオン項のスペクトル
[M. J. Forrest ほか：CLM-P349(1973)]

他方，磁界閉じ込め核融合プラズマ（$T_i \sim 10\text{keV}$, $n_e \sim 10^{20}\text{m}^{-3}$）のイオン温度を協同的散乱で求めようとすれば，図5.25からわかるように，波長0.1〜1mm の範囲の遠赤外域での大出力レーザーが必要になる．その目的に適う出力，スペクトルの大出力レーザーはまだ十分でなく，現在各国で開発研究が行われている．

　プラズマ波動，乱れによる散乱強度は熱的ゆらぎによるものより数桁も大きいので，入射電磁波としては大出力のものが必要でなく，場合によっては連続発振の赤外，遠赤外レーザーを用いることもできる．図5.32は，HCNレーザー（波長0.34mm，出力100mW）を用いてトカマク装置で行われた散乱光学系配置である．種々の散乱角 θ の下での測定で式（3.308）で与えた $|k|$ を変え，波長スペクトルを求めた結果を図5.33に示す．同図を用いてトカマクの中の閉じ込め特性の解析が行われた．大型プラズマ発生装置の中で θ を変えて図5.32と同様な測定を行うのは困難なことが多いので，最近フラウンホーファ回折法

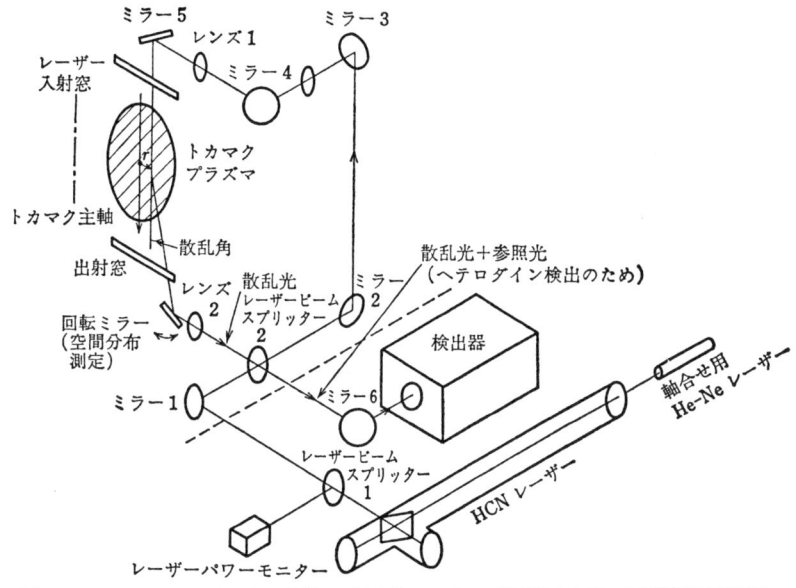

図 5.32 トカマクプラズマ中の波動の，遠赤外レーザーの協同散乱を用いた計測装置配置図
[T. Tetsuka ほか：IPPJ-619(1982)]

という新しい波動計測法が開発された．

以上，トムソン散乱による方法以外に，3.5.3項で述べた共鳴吸収を利用して，特定原子のみ入射電磁波を吸収させ，それが再度下位準位へ放射する螢光を観測する電磁波螢光法［レーザーを用いることが多いので，普通，**レーザー螢光法**(laser fluorescence) という］と呼ばれる一種の電磁波散乱法が最近大きく発展した．これは，磁界閉じ込め核融合プラズマ中の燃料（4.4節に述べたようにD，T）や混入不純物の時間，空間推移を区別して測定したいという要求によるものであり，可変波長レーザーの発展で任意の原子・イオンの共鳴線に同調

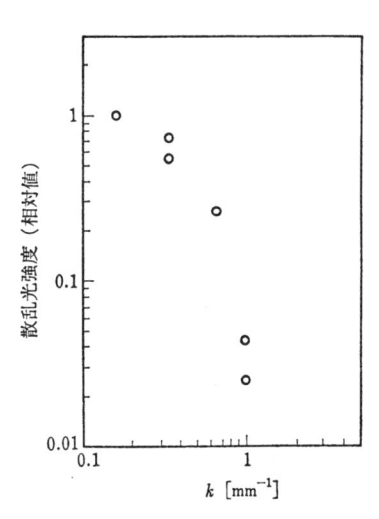

図 5.33 トカマクプラズマ中のプラズマ波動の，遠赤外レーザー散乱の協同散乱による測定結果の一例
[T. Tetsuka ほか：IPPJ-619(1982)]

できるレーザー光が発生できるようになったことで大きな分野に成長したのである.

5.4 粒子計測

プラズマから逸失する粒子,またはプラズマに打ち込んだ各種粒子へのプラズマの影響を検出することによるプラズマ計測法は,電磁波による方法と並んで特に高温・高密度プラズマにおいて有力な方法である.被計測量は粒子の種類,荷電状態,エネルギー分布および放出空間分布などであるが,さらに入射粒子へ照射したレーザー光の螢光を検出することも検討されている.本節では,これらについて略述する.

5.4.1 プラズマから放出される粒子の測定

プラズマから放出される中性粒子をプラズマの外部で検出するためには,まず中性粒子の平均自由行程 λ がプラズマの寸法 L より大きいことが必要である.逆に $\lambda < L$ では,中心部の中性粒子は途中での衝突により散乱されて,中心部での放出方向,エネルギーなどの情報を失う.

[例題 5.5] プラズマ半径 2m の磁界閉じ込め核融合プラズマにおいて,中心部から放出された中性粒子はプラズマ外部で観測されるか.
[解] 核融合プラズマの密度を $10^{20} m^{-3}$,中性粒子とプラズマの衝突断面積を $10^{-20} m^2$ とし,中性粒子とプラズマの熱運動速度が等しいとすれば,平均自由行程は式(2.53)より, $\lambda \simeq 1/\sqrt{2} n\sigma \simeq 0.7m$ である.したがって中心部から放出された中性粒子は,プラズマ中で再衝突してプラズマ外部へ到達しない.

他方,3.2節で示したように荷電粒子は磁界と直角方向の運動を拘束される.通常,磁界中の荷電粒子のラーマー半径は例題3.3に示したように,プラズマ寸法に比して小さいので,磁界と直角方向への荷電粒子の放出は一般には検出されない.これに対して,開放端系の磁界配位では,磁力線方向から逸失する粒子があるので,その測定から中心部でのプラズマ状態を推測することが

5.4.2 入射粒子のプラズマによる応答の計測

この方法は，主として磁界で閉じ込められたプラズマに対して適用される．このため，入射粒子は磁界の影響を受けない中性粒子ビームが用いられる．すなわちビームの減衰量からプラズマ密度が，また粒子ビームがプラズマにより励起された後に自然放射される光の分析により磁界強度（ゼーマン効果による），電界強度（シュタルク効果による）などが求められる．

他方，重イオンの高エネルギービームは，式 (3.22) に示したように大きなラーマー半径をもつ．そこで図5.34に示す配置で，高エネルギー重イオンビームを入射し，イオンが1価(X^+)から2価(X^{2+})へ電離されることによるラーマー半径の変化を検出して局所的な磁界，プラズマ電位などを求める方法が提案されている．

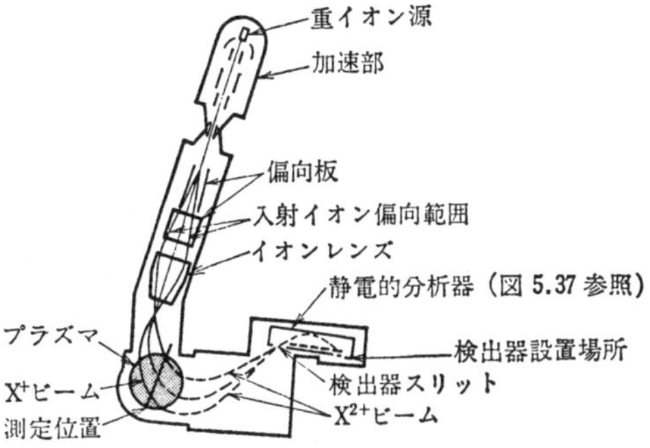

図 5.34 重イオンによるプラズマ中の磁界分布，電位分布測定装置の配置 [プラズマは，例えばトカマクの小断面を示しており，イオンビームを偏向板でスイープして，測定位置上の諸量を求める．重イオン X としては，タリウム Tl（原子番号81），金 Au（原子番号79）などが用いられ，加速電圧数 100kV でプラズマ中に入射される]

入射粒子ビームのプラズマによる応答を測定する方法は最近盛んになったものであり，今後種々の物理量の測定に新しい方法が次々に開発されていくと考えられる．

5.4.3 粒子計測法

粒子計測の際の被計測量は，粒子の種類，荷電状態，エネルギー分布，放出空間分布などである．以下には，これら諸量の計測法について略述する．

飛行時間法（time of flight，TOF と略記することがある） 図5.35に示すように，粒子がA，Bの二点（距離L）を通過した時間 t_1, t_2 を測定し，$L/(t_2-t_1)$ から通過粒子の速度を測り，それからエネルギーを求める．中性粒

子を測定する場合，A部にシャッターを置き，それを開口後，Bに到達するまでの時間を測る方法によるが，荷電粒子の場合，A，Bの通過時間を電気信号として検出することもできる．

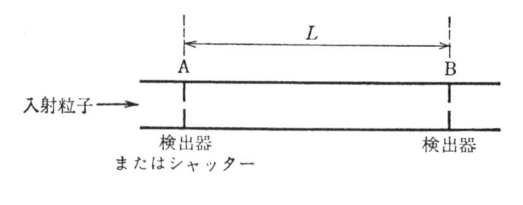

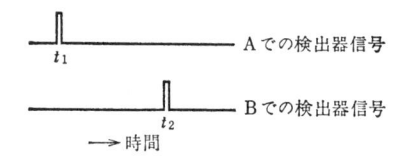

図 5.35 飛行時間法による粒子の速度測定原理図

TOF 法は，粒子測定の中で，中性粒子も直接そのままの形で測定できる．これに対して以下に述べる方法では，中性粒子は荷電交換（2.1.4 項）により一度イオンにして，その粒子選別，エネルギー選別をする．

磁界による偏向法（deflection by magnetic field）　磁石を図 5.36 に示すように配置し，磁界に直角方向から荷電粒子を入射させる．ラーマー半径は式（3.20）に示したように，粒子の質量 m，荷電量 q，磁界 B および直角方向のエネルギー $E_\perp$ により決まるので，図5.36の検出器の各位置での入射量と到達時間を測れば，$\sqrt{2mE_\perp}/qB$ とその時間変化が求まる．普通，m, q, B は

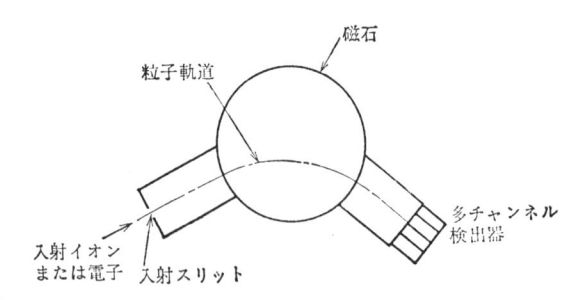

図 5.36 磁界による偏向での荷電粒子のエネルギー測定装置配置（磁界は紙面に対して垂直方向．イオンと電子では，同じエネルギーでも磁界の向きと大きさが異なることに注意）

5.4 粒子計測

既知のことが多いので，$E_\perp$ を求める方法として用いられる．

電界による偏向法（deflection by electrostatic field） 入射荷電粒子は電界でも偏向を受けるので，適当な配置により荷電粒子の質量とエネルギーの分析を行うことができる．図5.37はその一例で，2枚の平行板に電位差を与え，斜めに入射したイオンの質量，エネルギー分析を行うものである．

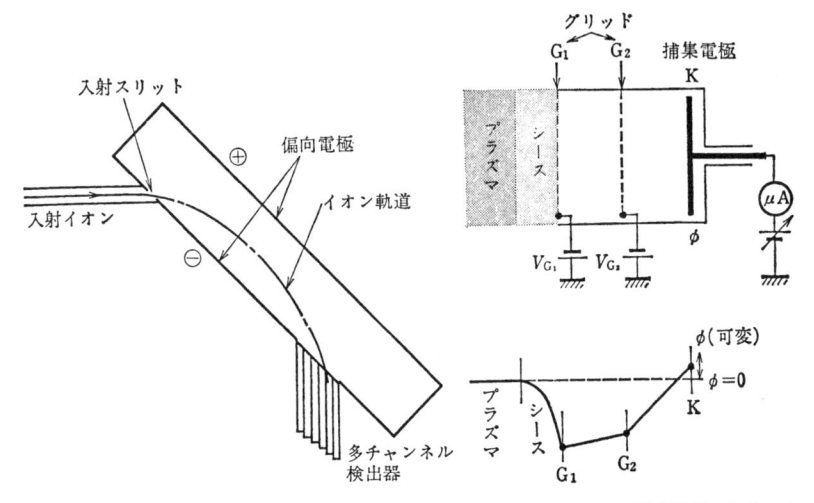

図 5.37 電界による偏向での荷電粒子のエネルギー測定装置（主として，イオンに用いられる）

図 5.38 正イオン粒子検出のためのファラデーカップの原理図と電位分布

ファラデーカップ（Faraday cup） 図5.38に示すように，捕集電極Kの前に電子が捕集電極に到達することを阻止するためのグリッドG_1（浮動電位程度の大きい負電位を与える）とイオンが G_1 に衝突することによって発生する二次電子を捕集または追い返すためのグリッド G_2 を置き，Kに電位ϕを与えて通過イオンのエネルギーを選別する．ϕをファラデーカップ前面のプラズマ電位に対して正にすると，ϕより大きい運動エネルギーを有するイオンがKに到達することができるから，ϕを変化されることにより，エネルギースペクトルを求めることができる．簡易なので実験室実験に広く用いられているが，低温・低圧放電では小さなファラデーカップを直接プラズマ中に挿入し，5.2節で示した探針と同じような使い方をして，局所的な粒子エネルギー分布を求めるのに用いられることもある．

四極子質量分析器（quadrupole mass analyzer）　図5.39に示すような4本の電極にそれぞれ位相の異なる高周波電位を与え，軸方向から入射した荷電粒子の質量の位相の合ったものだけを通過させ，そうでないものは電極外に散逸して，捕集電極に集まらないようにしたものである．極めて精度のよい質量の分析ができるので，プラズマ計測以外に，例えば真空装置の**リーク検出器**（leak detector）において，リーク粒子の種類を検知し，それによってリークの原因を探るのに利用されている．

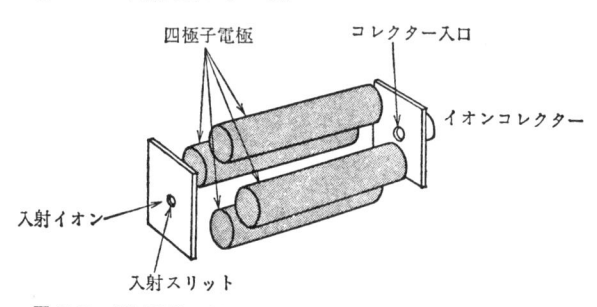

図 5.39　円極子質量分析器の原理図（電極に与えた高周波電位による高周波電界と共鳴したイオンのみが4本棒構造の対称軸に沿って進み，コレクターで検出される）

5.4.4　入射粒子の電磁波応答分析

必要なプラズマの情報が増えるにつれて，5.3節で述べたプラズマからの放射や，入射電磁波のプラズマによる応答という，プラズマ粒子のみが関与した電磁波計測では十分でない場合が増えてきた．他方，本節で述べてきた粒子計測は電磁波計測ほどには多くの情報を容易に与えない欠点がある．そこで両者の長所を組み合わせた入射粒子の電磁波応答分析が最近開発されてきた．入射ビームを電磁波，特に可変波長レーザーで照射して，その結果の

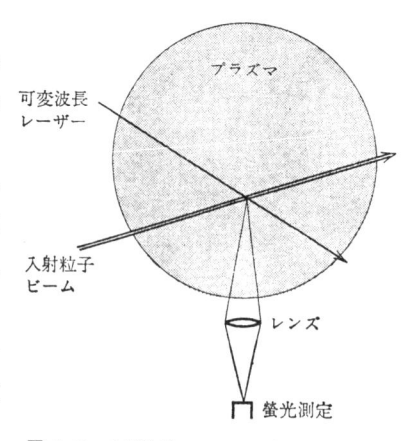

図 5.40　入射粒子ビームを（粒子の共鳴波長に合せた波長を放射する）レーザー光で照射し，その蛍光を測定することによりプラズマ内の諸量を求める実験装置配置

散乱光を測定するものである．応用の一例として，図5.40にプラズマ内の電界 E を測るための配置例を示す．図5.41のLiのエネルギー準位間で，$E=0$ では遷移できない準位 4^2p, 2^2s 間の遷移が有限の E によって遷移可能となり，しかもその強さが E に比例することを利用している．このように，プラズマ中に含まれていない Li を入射して，可変波長レーザーにより，準位 4^2p, 2^2s 間の遷移を起させ，その結果の準位 4^2p, 2^2p 間の遷移を測定するものである．

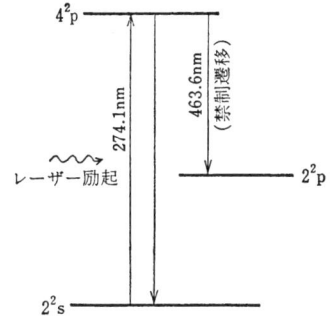

図 5.41 Li のエネルギー準位図

電界，磁界のみでなく，電子温度，密度，およびそれらの揺動などに敏感な入射粒子を選び，また入射電磁波を適当に選択すれば，広い範囲のプラズマ情報が得られるようになることが期待されている．

演習問題

1. 高電圧を計測する方法について説明せよ．
2. プラズマから放射される線スペクトルに拡がりが生ずる理由を説明せよ．
3. 静電探針を用いて電子密度を計測する方法について述べよ．
4. 以下に示すプラズマの諸量を計測する方法について述べよ．
   (1) 1気圧熱平衡プラズマの温度と密度
   (2) 低気圧グロー定常放電の電子温度と密度
   (3) トカマク核融合プラズマの温度と密度
   (4) プラズマ中の磁界分布
5. 次の事項について説明せよ．
   (1) ロゴウスキーコイル
   (2) 電子シース，イオンシース
   (3) 励起温度
   (4) トムソン散乱
   (5) プラズマのカットオフ周波数
   (6) マッハツェンダー形干渉計
   (7) レーザー蛍光法

付　　録

1.　参　考　書

本書の内容をさらに深く勉強したい人のために，主な参考書をあげておく．

[2章]
(1) 八田吉典：気体放電，近代科学社 (1968)
(2) A. von Engel : Ionized Gases (2nd edition), Clarendon Press (1965)
　　山本賢三・奥田孝美訳：電離気体，コロナ社 (1968)
(3) 電気学会編：放電ハンドブック，オーム社 (1999)
※(1)は入門者のための名著．

[3章]
(4) L. Spitzer, Jr. : Physics of Fully Ionized Gases, Interscience (1962)
　　山本・大和・荻原・塩田訳：完全電離気体の物理，コロナ社 (1963)
(5) F. F. Chen : Introduction to Plasma Physics and Controlled Fusion Vol. 1, Plenum Press (1984)
　　内田岱二郎訳：プラズマ物理入門，丸善 (1977)（旧版の訳）
※(4)は古典的名著，(5)はカリフォルニア大学ロサンゼルス校における講義をもとにしたもので，プラズマ現象をわかりやすく解説した良書．

[4章]
(6) M. A. Lieberman and A. J. Lichtenberg : Principle of plasma discharges and materials processing, Wiley (1994)
(7) D. B. Chrisey and G. K. Hubler : Pulsed laser deposition of thin films, Wiley (1994)

(8) 麻蒔立男:薄膜作製の基礎,日刊工業新聞社 (1996)
(9) 内田岱二郎・井上信幸:核融合とプラズマの制御 (上・下),東京大学出版会 (1980)

[5章]

(10) R. H. Huddlestone and S. L. Leonard: Plasma Diagnostic Techniques, Academic Press (1965)
(11) W. Lochte-Holtgreven: Plasma Diagnostics, North-Holland (1968)
(12) H. R. Griem: Plasma Spectroscopy, McGraw-Hill (1964)
(13) G. Bekefi: Radiation Processes in Plasmas, Wiley (1966)
(14) 村岡克紀・前田三男:プラズマと気体のレーザー応用計測,産業図書 (1995)
※プラズマ計測法の実際は(10),(11)に詳しい.(12)はプラズマ分光計測のためには不可欠の名著.

2. 物 理 定 数

- 電子(陽子)の電荷量 e ……… 1.602×10^{-19}C
- 電子の質量 m_e ……… 9.109×10^{-31}kg
- 陽子の質量 m_p ……… 1.673×10^{-27}kg
- ボルツマンの定数 k ……… 1.380×10^{-23}J/K, 1.602×10^{-19}J/eV
- 光の速さ c ……… 2.998×10^{8}m/s
- プランクの定数 h ……… 6.626×10^{-34}J・s
- 真空の誘電率 ε_0 ……… 8.854×10^{-12}F/m
- 真空の透磁率 μ_0 ……… $4\pi\times10^{-7}$H/m
- 1Torr,273Kでの単位体積当りの粒子数 ……… 3.54×10^{22}/m^3

3. 単 位 換 算

- $1T=1Wb/m^2=10^4$Gauss
- $1eV=1.602\times10^{-19}$J
- $1atm=101.3kPa=760Torr=1.013\times10^5$Newtons/m^2 $=1.013\times10^5$Pa

- $1\mu\mathrm{m} = 10^3 \mathrm{nm} = 10^4 \mathrm{Å}$

4. プラズマの基本諸量

以下，$n[\mathrm{m}^{-3}]$，$T[\mathrm{eV}]$，$B[\mathrm{T}]$，$v[\mathrm{m/s}]$で与え，Aは質量数を表す．また，イオンは1価の場合のみを考える（式番号は本文中でのものを示す）．

(1) プラズマ振動角周波数

$$\omega_p = \sqrt{\frac{ne^2}{m\varepsilon_0}} \tag{3.230}$$

$$\omega_{pe} = 56.3\sqrt{n_e} \ [\mathrm{rad/s}] \tag{3.233}$$

$$\omega_{pi} = 1.31\sqrt{\frac{n_i}{A}} \ [\mathrm{rad/s}] \tag{3.234}$$

(2) サイクロトロン角周波数

$$\omega_c = \frac{eB}{m} \tag{3.16}$$

$$\omega_{ce} = 1.76 \times 10^{11} B \ [\mathrm{rad/s}] \tag{3.21}$$

$$\omega_{ci} = 0.96 \times 10^8 \frac{B}{A} \ [\mathrm{rad/s}] \tag{3.21}$$

(3) ラーマ半径

$$r_L = \frac{v}{\omega_c} \tag{3.20}$$

$$r_{Le} = 3.37 \times 10^{-6} \frac{\sqrt{T_e}}{B} \ [\mathrm{m}] \tag{3.22}$$

$$r_{Li} = 1.45 \times 10^{-4} \frac{\sqrt{AT_i}}{B} \ [\mathrm{m}] \tag{3.22}$$

(4) デバイの長さ

$$\lambda_D = \sqrt{\frac{\varepsilon_0 \kappa T_e}{e^2 n_e}} = 7.43 \times 10^3 \sqrt{\frac{T_e}{n_e}} \ [\mathrm{m}] \tag{3.9}$$

(5) **アルベーン速度**

$$V_A = \frac{B}{\sqrt{\mu_0 m_i n}} = 2.2 \times 10^{16} \frac{B}{\sqrt{A \cdot n}} \quad [\text{m/s}] \qquad (3.276)$$

(ただし, $\omega_{pi} \gg \omega_{ci}$ のとき)

(6) **熱速度**

$$v_{th} = \sqrt{\frac{3\kappa T}{m}}, \quad v_\perp = \sqrt{\frac{2\kappa T}{m}}, \quad v_\parallel = \sqrt{\frac{\kappa T}{m}}$$

$$v_{the} = 7.26 \times 10^5 \sqrt{T_e} \quad [\text{m/s}]$$

$$v_{thi} = 1.695 \times 10^4 \sqrt{\frac{T_i}{A}} \quad [\text{m/s}]$$

$$v_{\perp e} = 5.93 \times 10^5 \sqrt{T_e} \quad [\text{m/s}]$$

$$v_{\perp i} = 1.38 \times 10^4 \sqrt{\frac{T_i}{A}} \quad [\text{m/s}]$$

$$v_{\parallel e} = 4.19 \times 10^5 \sqrt{T_e} \quad [\text{m/s}]$$

$$v_{\parallel i} = 0.98 \times 10^4 \sqrt{\frac{T_i}{A}} \quad [\text{m/s}]$$

(7) **衝突頻度数** (2.56), (3.154), (3.155)

$$\nu_{ei} = 4.2 \times 10^{-12} \frac{n_e \ln \Lambda}{T_e^{3/2}} \quad (\text{s}^{-1}), \quad \Lambda = 1.55 \times 10^{13} \sqrt{\frac{T_e^3}{n_e}}$$

$$\nu_{ie} = \frac{m_e}{m_i} \nu_{ei}, \quad (T_e = T_i)$$

$$\nu_{ee} = 3.02 \times 10^{-12} \frac{n_e \ln \Lambda}{T_e^{3/2}} \quad (\text{s}^{-1})$$

$$\nu_{ii} = \sqrt{\frac{m_e}{m_i}} \nu_{ee}, \quad (T_e = T_i)$$

(8) **磁気圧力**

$$p_m = \frac{B^2}{2\mu_0} = 3.98 \times 10^5 B^2 \quad [\text{Newtons/m}^2] \qquad (3.169)$$
$$= 3.93 B^2 \quad [\text{atm}]$$

付　　録　　　　　　　　　　　　　*283*

(9)　ベータ値

$$\beta = \frac{n_i \kappa T_i + n_e \kappa T_e}{p_m} = 4.03 \times 10^{-25} \frac{n(T_e + T_i)}{B^2} \qquad (3.168)$$

(10)　電気抵抗率

完全電離プラズマ

$$\eta = 7.85 \times 10^{-4} (T_e)^{-3/2} \; [\Omega \text{m}] \qquad (3.156)$$

5.　演習問題解答

[2 章]

1.　2.1節参照
2.　2.1.3項参照
3.　2.2.2項参照
4.　$n = 3.2 \times 10^{22} \text{m}^{-3}$, $\lambda = 0.21\text{mm}$, $v_{th} = 305\text{m/s}$, $\nu = 1.44 \times 10^6 \text{s}^{-1}$, $\tau = 6.9 \times 10^{-7}\text{s}$
5.　略

[3 章]

1.　3.2.1項参照
2.　3.2.2項参照
3.　3.2.3項参照
4.　3.5節参照
5.　(i) 8.98MHz, (ii) 248MHz, (iii) 89.8GHz
6.　式(3.240)より $c_s = 9.79 \times 10^3 \sqrt{T_e(\text{eV})/A}$ [m/s]（A：質量数）であり，また $k\lambda_D = 1$ となる波長は $\lambda = 2\pi/k = 2\pi\lambda_D$ であるから，(i) $c_s = 414\text{m/s}$, $\lambda = 10.4\text{mm}$, (ii) $c_s = 2189\text{m/s}$, $\lambda = 2.1\text{mm}$, (iii) $c_s = 9.79 \times 10^5 \text{m/s}$, $\lambda = 0.47\text{mm}$
7.　略

[4 章]

1.　$5.12 \times 10^6 \text{W/m}^3$
2.　4.2.1項参照

3. $dJ_\lambda/d\lambda = 0$ から式 (4.116) は導出できる
4. $T_e \sim 10\text{eV}$
5. 4.4.1項参照
6. $n\tau = \dfrac{9.612 \times 10^{-16} \kappa T \left(1 + \dfrac{1}{Z}\right)}{\overline{\sigma v} W - 2.14 \times 10^{-36} Z^2 (\kappa T)^{1/2}}$
7. 略

[5章]

1. 5.1.1項参照
2. 5.3.1項参照
3. 5.2.1項参照
4. 略
5. 略

索　引

あ

ITER 計画　229
アインシュタインの式　84
アーク蒸発法　180
アーク溶接　178
アーク炉　179
圧力こう配電流　82
アドバンス燃料核融合炉　234
アフターグロープラズマ　137
アモルファスシリコン薄膜　165
アルゴンアーク溶接　179
アルベーン速度　113
アルベーン波　111
安全係数　68
安定　89

い

イオン音波　105
イオンシース　246
イオンシースの厚さ　141
イオンシース領域　141
イオン電流飽和領域　248
イオンサイクロトロン周波数　52
イオンビームアシスト堆積　168
イオンプラズマ（角）周波数　103
イオンプラズマ振動　103
イオンプレーティング法　168
異常拡散　87
異常輸送　127
位相速度　98

一次元流れ　72
一般化したオームの法則　82
移動度　84

う

宇宙推進機　206
運動量保存の式　73

え

HID ランプ　186
エッチング　173
NIF　222
エネルギー準位　13
エネルギー閉じ込め時間　216
エネルギー保存の式　75
MHD 発電　200
エレンバース・ヘラーの方程式　144
演色性　187
円筒アーク装置　142

お

大型ヘリカル装置　226
オゾン　180
オゾン層　181
オゾンホール　182
オープンサイクルMHD発電方式　205
音波　99

か

回転変換　67
解離　15

解離エネルギー　15
ガウス関数　27
拡散係数　84
核融合　210
核融合反応断面積　214
干渉法　263
カスプ形　219
カットオフ周波数　260
荷電変換　21
カーボンナノチューブ　173, 180
ガラスレーザー　195
環境浄化プラズマプロセス　180
干渉法　122
慣性閉じ込め　218
完全流体　73

き

気体レーザー　191
基底準位　13
基底状態　13
軌道運動理論　51
基板　164
逆制動放射　121
逆転磁界配位　231
吸収係数　121
吸収長　121
強電界放出　24
強電離プラズマ　83
協同トムソン散乱　126
共鳴吸収　121, 128
共鳴散乱　123
強誘電体 PZT 薄膜　172
局所値　266
局所熱平衡　50
極超短波　200
巨視量　33
キンク不安定　96

く

空間再結合　25
空間電位　244
クラスカル・シュワルツシルド不安定
　　93
クルックス暗部　131
クローズドサイクル MHD 発電方式
　　206
クーロン対数　86
群速度　99

け

蛍光水銀ランプ　188
蛍光ランプ　187
結晶化シリコン　166
原子核変換　211

こ

交換型不安定　94
高周波放電プラズマ　41
高周波誘導プラズマ　146
合成積　259
高速増殖炉　213
光電子増倍管　23
光電子放出　23
光電離　19
交流放電プラズマ　41
黒体　186
固体レーザー　194
古典的拡散係数　87
コヒーレント　190
コンパクトトーラス　234

さ

最確速度　31
サイクロトロン周波数　52
サイクロトロン放射　115, 119, 259
再結合　25

索引

再結合係数 25
再結合断面積 25
再結合放射 115, 117
サハの式 71
酸化物高温超伝導薄膜 170
三次元流れ 72
散乱 122, 123
散乱角 124

し

紫外 19
磁界閉じ込め 219, 223
磁界方向に伝搬する電磁波 107
磁気圧 89
しきい値 191
磁気音波 111
磁気鏡 63, 65
磁気探針 243, 250
磁気モーメント 54
磁気流体波 111
試験粒子 34
仕事関数 22
自己バイアス 157
自然幅 255
自然放射 129
自続放電確立の条件 38
質量保存の式 72
ジャイロ半径 52
弱電離プラズマ 83
しゃ断周波数 260
シャント 240
周回積分の法則 62
集積回路 173
集団運動 7
シュタルク係数 258
シュタルク効果 257, 273
シュタルク拡がり 257
シューマンの式 38
準安定状態 16

準位 16
準中性 48
準中性プラズマ領域 141
常温核融合 210
衝撃波生成プラズマ 43
状態方程式 32, 77
状態量 77
衝突断面積 17
衝突電離係数 36
初期電子 37
ジョセフソン効果 171
シールドルーム 242
真空紫外 19
シンクロトロン放射 115

す

垂下特性 145
水銀ランプ 187
ステラレータ 68, 225
ストリーマ 185
スパッタリング 167

せ

制御熱核融合 8, 209
静電探針 243
静電波 101
制動放射 115, 117
ゼータ 225, 228
絶縁電位 140
絶縁破壊 36
接触電離生成プラズマ 42
絶対強度法 253
ゼーマン効果 258, 273
ゼーマンシフト 258
線スペクトル 115
線スペクトル強度法 253
線スペクトル形状 254
全半値幅 257

そ

相似則　*38*
相対強度法　*254*
速度分布関数　*27*
ソーセージ不安定　*94*

た

大規模集積回路　*173*
対称測定回路　*241*
ダイバータ　*232*
第四状態　*6*
ターゲット　*167*
多体問題　*7*
単純トーラス　*66*
探針　*243*
弾性衝突　*15*
短波　*200*
短波通信　*199*

ち

チェレンコフ放射　*115*
チャイルド則　*142*
中間電極　*23*
超大規模集積回路　*173*
超短波　*200*
超々大規模集積回路　*173*
直線状閉じ込め　*220*
直流アークプラズマ　*142*
直流放電プラズマ　*41*

つ

通信途絶　*43*
追加熱　*139*, *231*

て

抵抗率　*83*
D-T 反応　*214*
DPSSL　*223*

デバイの長さ　*46*
電界放出　*24*
電子サイクロトロン共鳴プラズマ　*109*, *164*, *167*, *177*
電子サイクロトロン周波数　*52*
電子シース　*245*
電子電流飽和領域　*246*
電磁波　*100*
電磁波散乱の微分断面積　*123*
電子プラズマ周波数　*102*
電子プラズマ振動　*102*
電磁流体力学　*81*
伝導電流　*82*
電離エネルギー　*14*
電離気体　*26*
電離吸収　*121*
電離周波数　*133*
電離衝突　*16*
電離層　*199*
電離電圧　*14*
電離度　*36*

と

統計加熱　*157*
凍結　*113*
導電率　*83*
トカマク　*68*, *225*, *228*
ドップラー効果　*256*
ド・ブロイ波　*17*
トムソン　*1*
トムソン散乱　*124*, *259*, *266*
ドライバー　*223*
トーラス状低気圧プラズマ　*138*
トーラス状閉じ込め　*220*
ドリフト運動　*55*
ドリフト速度　*55*
トロイダル磁界　*66*
トロイダルドリフト　*67*
トロイダル方向　*225*

索　引

トンネル効果　24

な

ナトリウムD線　189
ナトリウムランプ　189
ナノ科学技術　173
ナビエ・ストークスの方程式　74

に

二次元流れ　73
二次電子放出　22
入射電磁波　123

ね

熱速度　30
熱中性子　213
熱的ゆらぎ　125
熱電子放出　23
熱伝導　76
熱伝導率　76
熱非平衡プラズマ　131, 154
熱ピンチ　144
熱平衡状態　26
熱平衡プラズマ　142
熱放射　186
熱流束　76
熱流束探針　243
熱・流体力学的量　69
燃焼ガスプラズマ　147

の

能動プラズマ分光法　260

は

白熱電球　186
パッシェンの法則　38
波動力学　97
パルス放電プラズマ　42
パルスレーザーデポジション　168

バルマー系列　116
反磁性　53
反転分布　130
反応性イオンエッチング　177

ひ

光ポンピング　195
光励起　19
非協同トムソン散乱　126
飛行時間法　273
比推力　207
左回り偏波　110
非弾性衝突　16
非弾性衝突の断面積　18
火花電圧　38
比容積　33
表皮厚さ　159
表面再結合　25
表面処理　177

ふ

ファラデー暗部　131
ファラデーカップ　275
負イオン　20
フィックの法則　84
不確定性原理　255
複合ミラー　224
負グロー　131
浮動電位　140, 248
プラズマガン　208
プラズマジェット　179
プラズマCVD法　165
プラズマディスプレイ　196
プラズマディスプレイパネル　196
プラズマ電位　242
プラズマのインピーダンス　158
プラズマの流体方程式　70
プラズマパラメータ　48
プラズマプルーム　168

プラズマプロセス　153
プラズマ分光法　260
プラズマ乱れ　127
フラーレン　173
プランク定数　12
プランクの放射則　186, 235
フランクリン　1
ブランケット　233
フーリエの伝熱法則　76
フルート不安定　94
プロセスプラズマ発生法　154
分割電極ファラデー形発電機　205
分散関係　100

へ

平均自由行程　34
平均自由時間　35
平均衝突頻度　35
平衡状態　88
平衡定数　70
ベータ値　89
平衡定数　70
ペニング効果　16
He-Ne レーザー　192
ヘリオトロン　225
ヘリコン波　110
ペレット技術　223
ベンデルシュタイン 7-X　226

ほ

ボーア断面積　12
ボーアの量子仮説　11
ボーア半径　12
ホイッスラー波　110
放射エネルギー密度　129
放射束　129
放出定数　23
放電開始電圧　38
放電セル　197

保存式　70
ホール形発電機　205
ホール起電力　202
ボルツマン定数　29
ボルツマン・ブラソフ方程式　50
ボルツマン方程式　27
ホール電流　82, 202
ホールパラメータ　202
ポロイダル方向　67, 225
ポロイダル面　138

ま

マイクロ放電　148
マイケルソン形干渉計　263
マイスナー効果　171
マグネトロン放電　167
マグネトロン放電プラズマ　162
マックスウェルの電磁界方程式　80
マックスウェル・ボルツマンの速度分布関数　30
マッハ・ツェンダー形干渉計　263

み

右回り偏波　108, 110
ミー散乱　123
ミラー形　219

む

無磁化プラズマ中の電磁波　106
無声放電　148

め

メタルハライドランプ　188
メモリ機能　197

や

YAG レーザー　195

索引

ゆ

誘電体バリア放電　148
誘導（磁界）結合型高周波放電プラズマ　158
誘導結合プラズマ　177
誘導ノイズ　241
誘導放射　129
輸送現象　83, 127

よ

陽光柱　132
容量（電界）結合型高周波放電　154
ヨッフェバー　224
四極子質量分析器　276

ら

ライマン系列　116
ラムザウア効果　18
ラーモア半径　52
ラングミュア探針　243
ランダウ減衰　127

り

リーク検出器　276
リソグラフィー用光源　189
リチャードソンの式　23
利得係数　128
粒子数密度　26
粒子束　33
粒子ビーム生成プラズマ　42

両極性拡散係数　85
両極性電界　85
量子効率　24

る

ルビーレーザー　195

れ

冷陰極放出　24
励起温度　254
励起準位　14
励起状態　14
励起衝突　16
レイリー散乱　123
レイリー・テイラー不安定　89, 92
レーザー　189
レーザーアブレーション法　168
レーザー干渉計　264
レーザー蛍光法　271
レーザー生成プラズマ　42
レーザー発振の条件　190
連鎖反応　209
連続発振　191

ろ

ロゴウスキーコイル法　240
炉心プラズマ　221
ロスコーン　66
ロスコーン不安定　224
ローソン条件　215, 216
ローソン数　216

<著者略歴>

赤﨑 正則(あかざき まさのり)
1952年　九州大学工学部電気工学科卒業
現　在　九州大学名誉教授，工学博士

村岡 克紀(むらおか かつのり)
1963年　九州大学工学部機械工学科卒業
現　在　九州大学名誉教授，中部大学教授，工学博士

渡辺 征夫(わたなべ ゆきお)
1964年　九州大学工学部電気工学科卒業
現　在　九州大学名誉教授，工学博士

蛯原 健治(えびはら けんじ)
1965年　九州大学工学部電気工学科卒業
現　在　元熊本大学教授，工学博士

プラズマ工学の基礎（改訂版）

1984年9月28日	初　版第1刷
1999年3月31日	初　版第13刷
2001年3月5日	改訂版第1刷
2017年8月31日	改訂版第5刷

著　者　赤﨑正則，村岡克紀
　　　　渡辺征夫，蛯原健治

発行者　飯塚尚彦

発行所　産業図書株式会社
　　　　〒102-0072 東京都千代田区飯田橋2-11-3
　　　　電話 03(3261)7821(代)
　　　　FAX 03(3239)2178
　　　　http://www.san-to.co.jp

© AKAZAKI Masanori
　MURAOKA Katsunori　2001
　WATANABE Yukio
　EBIHARA Kenji

印刷・製本　平河工業社

ISBN 978-4-7828-5549-2 C3055